量子
情報科学

Yasushi Watanabe
渡邊靖志

講談社

はじめに

量子情報科学は，量子力学と情報科学とが融合した，近年大きく発展している新しい分野であり，大別すると量子コンピュータ，量子暗号，量子通信の3分野からなっています。

量子情報科学分野の最近の急激な進展

2020年代に入って量子情報科学分野は急激な進展を見せています。

量子コンピュータの進展　量子コンピュータの開発はノイズとの戦いで，その実現は21世紀に入ったころは，まだまだ先のこと（早くて2050年ごろ）と思われていました。

ところがその進展は著しく，とくに2020年代に入って，1,000量子ビット超の冷却原子量子コンピュータの完成が発表されて世界を驚かせました。拡張性が高いといわれている冷却原子量子コンピュータが，それまで進歩をけん引してきた超伝導量子コンピュータといきなり肩を並べたのです。

また，効率的な誤り訂正技術やノイズの影響を極力減らすノイズ抑制・緩和技術なども開発され，誤りをほぼ皆無とする耐故障性量子コンピュータ（FTQC：Fault Tolerant Quantum Computer）の完成もそう遠い未来ではない（2030年代？）と思われています。

その進歩の驚くべき速さの一例を挙げます。トポロジカル量子ビットはノイズに強く誤り率が低い長所をもちますが，アイデア自体が新しくトポロジカル量子の存在も最近確認されたばかりなので，その開発は難しく，実現はまだまだ先と思われていました。ところが2025年2月19日，Microsoft社が8量子ビット搭載のMajorana 1チップの開発に成功したと発表して世界を驚かせたのです。

量子暗号通信分野の進展　一方，量子暗号通信分野でも，原理的に安全な量子暗号，量子もつれ状態（エンタングル状態，entangled state）や量子テレポーテーション技術を積極的に利用したネットワークの構築などが実用化されようとしています（量子情報科学では，エンタングルメントエントロピーなどの言葉が使われているので，本書で「量子もつれ」は，エンタングルメントやエンタングルに統一しました）。

2025 年は国際量子科学技術年　2024 年 6 月 7 日に国連が，2025 年を国際量子科学技術年（IYQ：International Year of Quantum science and technology）とすることを決議しました。1925 年に量子力学がほぼ完成し，2025 年はちょうどその 100 年後であることからです。21 世紀は，量子を最大限に活用する世紀と言えます。

本書の目的と特徴

そんな中，量子情報科学分野の発展を担う人材（量子情報ネイティブ）の育成が急務となっています。本書は，量子世紀を担う人材が輩出するその一助になればと願って作成しました。もちろん，量子情報科学の進展に興味を持つ，またはその分野についてリフレッシュしたい読者にも少しでもお役に立てば幸いと思います。

情報理論は応用数学の 1 分野　量子情報科学の出現で，これまでの情報科学は「古典情報科学」と呼ばれます。「古典」という形容は，量子力学に基づかない力学が古典力学と呼ばれることなどから来ています。古典情報科学は，主に情報理論を主体として発展してきました。

情報理論は応用数学の 1 分野として，数学的に厳密に定義されて発展してきたのです。そのため量子情報理論も，定理とその証明に基づく厳密な取り扱いがなされた数式や記号がいっぱいです。そのため，それらの定理の意味するところやその難し気な証明の理解に疲れてしまって，具体的にどのような場合にそれが役立つのかがわかりにくいことも多々あると思われます。また，たくさん出て来る記号の定義がわからなくなって，定義を探しているうちに先に進む意欲がそがれてしまうこともあるでしょう。

抽象的・数学的すぎる量子力学　一方，量子現象は日常の経験からあまりにもかけ離れていて理解しがたいばかりでなく，量子力学の理論体系も抽象的・数学的すぎるものとして定評があります。

既刊の量子情報科学関連書　さらに，量子情報科学は比較的新しく，今も発展しているため，文献によって専門用語の呼び名や記号（notation）が異なっていたりして混乱します。したがってこれまで発刊された書籍（たとえば，巻末参考文献の「量子情報科学既存書」の項に挙げたもの）の大部分は，初学者にとってかなりハードルが高いものになっていると思われます。

本書の目標　そこで本書は，数学的厳密性は犠牲にして，「とにかくわかりやすく」をモットーに，これらの量子情報科学既存書をまずは「翻訳」することを志しました（各章や節で，これらの量子情報科学既存書のどの部分の「翻訳」なのかを明示したので，必要が生じた場合にそちらをご参照ください）。そして，量子情報科学の本質は何か，どういう魅力があり，どういう進歩をしてきて現在どういう状況にあるのか，近未来はどうなりそうなのかなどについてお伝えし，さらに進んだ専門書や文献への入門書になることを目的としたのです。

その際，できるだけ標準的と思われる専門用語や記号を使用し，混乱が少ないように気を配りました。常識外れの量子の振る舞いを理解するには，量子の性質をうまくイメージすることが重要です。そこで本書では，読者がイメージしやすいように記述することに努めました。

また，量子情報科学の理論的な面だけではなく，技術的・実験的な側面にもできるだけ言及することにしました。この分野の発展にも，理論と技術・実験との相乗効果が重要であると考えるからです。

量子情報科学での量子力学の知識　量子情報科学に必要な量子力学の知識は，物理学として学ぶ量子力学とは相当異なります。それを配慮して量子情報科学に必須の数式については，わかりやすくを最優先にして，量子計算を理解するための数式は第 2 章に，そして主に量子通信・量子暗号の理解のための数式は第 6 章と第 7 章にと，3 つの章に分けてまとめることにしました。

本書での量子力学の取り扱い例　たとえば第 2 章で，今や量子情報科学に必要不可欠なエンタングル状態であるベル状態について，ベル状態測定や量子テレポーテーションとの関係と一緒に説明しました。また，第 6 章で，量子情報科学の理解に必須の概念と思われる密度行列については単に，対角要素（確率の意味をもつ）が非負でその和が 1 になる行列であることを明示しました。また，POVM については数学的に便利な道具に過ぎないことを明らかにして，それらは決して難しい概念ではないことを強調しました。付録には，重要と思われる事項をまとめました。

小見出しの多用　本文では，ここでも多用している小見出しをつけて，何について議論しているかがすぐわかるようにしました。また表を多用して，そこでの話題や記号などの関係が即座に見れるようにしました。とくにいくつも種類があって混乱するエントロピーなどについては，はじめに記号や定義式などをまとめた表を置きました。また，難度が高いが話の流れ上含めざるを得なかった節や概念には，「*」の印をつけました。まずは斜め読みしていただいて大丈夫と思います。

例題，問題，コラム　本書では，読者にとってわかりにくいだろうことや不思議とも思わないだろう重要と思われることなどを，例題や問題として配置しました。問題の略解は講談社サイエンティフィクの Web ページ (https://www.kspub.co.jp/book/detail/5392539.html) に載せていただきましたので，少し考えた後に目を通していただければ幸いです。

いくつかの章末に配置したコラムでは，量子情報科学に関連した話題を紹介しました。頭の休養と新たな刺激になるとうれしいです。

本書の構成

本書は 13 の章と 5 つの付録からなります。本文の構成は次の通りです。第 1 章の序論のあと，量子計算については第 2 ～ 5 章，量子通信は第 6 ～ 10 章，量子暗号は第 11 章，すべてに関係する量子誤り訂正符号については第 12 章，そして第 13 章は現状と展望です。

序論部分　第 1 章「量子力学と情報科学」では，まず，日常の感覚からかけ離れた量子の世界の何が不思議なのかを実感していただくことに努めます。そののち，量子力学と情報科学の歴史，量子情報科学の必然性などについて概説します。続いて，日進月歩で開発が進む量子コンピュータ，量子通信，量子暗号を概観します。

量子計算分野　第 2 章「量子計算の数理」は，量子計算分野で必要な量子力学の基礎についてです。$1 \sim n$ 量子ビットの状態，および量子ビット状態に演算する行列（量子ゲート）の基礎的事項を概観します。

第 3 章「量子計算」では，まず古典コンピュータと量子コンピュータとの違いを概観します。続いて量子コンピュータの代表的な 2 つの方式，量子ゲート方式と量子アニーリング方式コンピュータを紹介します。とくに量子ゲート方式コンピュータでは，大きく 4 種類の計算方式があること，量子アルゴリズムが本質的に重要であることなどを述べます。

第 4 章「量子アルゴリズム」では，主要な量子アルゴリズムであるグローバーの探索とショアの素因数分解などについて考察したあと，それ以外のアルゴリズムやプログラミングツールについて概説します。

第5章「量子ビット候補と操作法」は，各種量子ビット候補の利点・欠点，および，量子ビットの操作法の例についてです。

量子通信分野　第6章「量子情報通信の数理」では，量子情報通信分野で多用される数式や概念についてまとめます。密度行列やPOVMの概念などを簡潔に概説することに努めました。

第7章「古典，量子エントロピー」は，とくに情報通信分野で頻出するエントロピーについてです。まず古典エントロピーを概観したのち，ほぼ同様に定義される量子エントロピーについて概説します。

第8章「エンタングルメントと量子情報通信」では，量子情報で今や欠かせない技術となっているエンタングル状態が量子情報通信にどのように利用されているのかを見ます。

第9章「量子通信路符号化」では，まずは古典通信路についてシャノンの定理などを理解したのち，古典通信路を量子通信路に置き換えるとどのようなメリットや問題があるのかについて考えます。

第10章「量子光(ひかり)通信」は，通信で本質的な役割を果たしている量子光通信について，量子的な面からの概説です。文献[ニールセン]には無いので，文献[佐々木]などを参考にしました。

量子暗号分野　第11章「量子暗号」では，まず古典暗号について考察したのち，盗聴がほぼ不可能と思われている量子暗号の原理と安全性について考察します。

誤り訂正と耐故障性計算　第12章「量子誤り訂正符号と耐故障性計算」は，ノイズによる量子ビットの連続変化をどうやって訂正でき，誤りのない計算ができるのかについてです。

現状と展望　最後に第13章「量子情報科学の現状と展望」は，現状をまとめ，近い将来を展望します。とくに量子コンピュータに関しては，完成はずっと後だろうと20世紀末ごろには思われていたのですが，2020年代に入ってどのように世界の状況が変わったかについて考察します。

付録　付録A「情報科学の数理」では，情報科学で頻繁に使われる数学の基礎的事項をまとめます。

付録B「量子ビットの数理」は，量子力学の基本である線形代数，および量子ビットや演算子（ゲート）の数式についてです。
付録Cは「計算量理論」，付録Dは「アルゴリズムの数式」，付録Eは「シュレーディンガー方程式」について必要と思われる事項をまとめました。

まとめ　21世紀は量子の性質を直接利用する時代と思われます。本書が，より専門的な量子情報科学の書籍や文献への入門的な役割を果たし，より多くの量子情報ネイティブが育つお役に立てたとしたら望外の幸せに思います。

謝辞

編集者の慶山篤さんには，「量子情報科学」という大変トピカルな課題をお勧めいただき，常に適切なアドバイスをいただきました。成蹊大学の浅野雅子さんには，大変お忙しい中原稿をていねいに見ていただき，いくつもの本質的に重要なご指摘をいただきました。いつもながら家族にはあたたかく支えてもらいました。この場をお借りして心から感謝申し上げます。

目　次

コラム

第1章 量子力学と情報科学

量子情報科学は，情報科学が 1920 年代に定式化された量子力学を取り入れて, 1960 年代に誕生し，今も発展している分野です。
この章では，量子とその不思議な性質について概観した後，量子力学と情報科学の進展をたどります。そして，融合した量子情報科学が生み出す量子コンピュータ，量子通信，量子暗号の進展について考察します。

1.1 量子とその性質

量子とは何であり，どのような性質をもっているのでしょうか。この節では，量子の世界を概観します。

1.1.1 量子とは

光は電磁波であり（**図 1.1**），その名の通り波の性質である干渉（interference）や回折（diffraction）などの性質を示します。

しかし，光源を弱くしていって光検出器で検出すると，ポツリポツリとパルスが出力されるのです。また，蛍光スクリーンなどで観測すると，光る点として観測さ

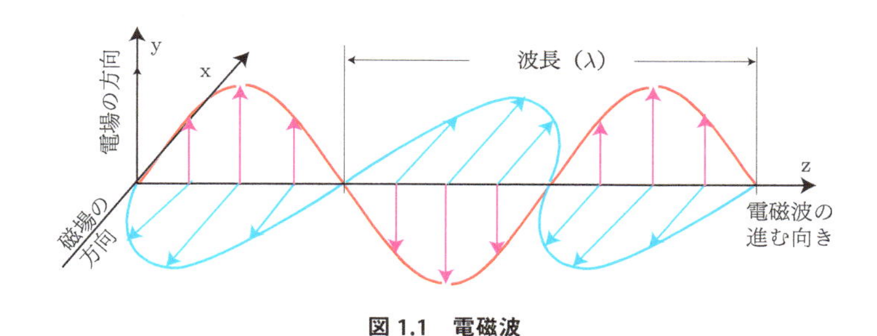

図 1.1　電磁波

れます。すなわち，光は量子化されて粒子としても振る舞い，光子（photon）と呼ばれます。

1900年にプランク[※1]は，溶鉱炉などからの光の波長分布を見事に記述できるプランクの放射公式を発見しました。そしてその公式を理論的に導こうと努力した結果，「光のエネルギーが量子化されること」を発見したのです。

アインシュタイン[※2]は1905年に，「光が粒子として振る舞う（光量子）」と仮定することで光電効果を説明しました。

一方，粒子と思われている電子（electron）は，干渉や回折などの波動性も示すことが示されました。原子（atom）や分子（molecule）なども波動性を示すことがわかったのです。

そこでこのように波動性と粒子性をあわせもつ，光子，電子，原子，分子などを量子（quantum）と呼ぶことにします。光子や電子は，素粒子（elementary particle，基本粒子）に属します。ほかに量子として，原子の中心に位置して質量の大部分を担う原子核（nucleus）や準粒子（quasiparticle）などがあります。準粒子は物質中だけに存在できる粒子で，たとえば，音波が量子化された音響量子（phonon（フォノン），音量子）などがあります。

量子は，重ね合わせ状態やエンタングルメント（量子もつれ）[※3]など大変興味深い現象を起こします。本書では量子というべきところを，粒子と表現することも多々あります。

1.1.2 量子の性質

量子は次のような不思議な性質を持っています。

(1) **粒子性と波動性**：量子は，ときには粒子的に振る舞い，また，ときには波のように干渉・回折現象を示す。

(2) **量子化**：量子のエネルギーなどが飛び飛びの値を示す。また量子は，質量や電荷など固有の量子数（量子を特徴づける物理量）をもつ。

※1 Max K. E. L. Planck（1858-1947，独）プランクは，光のエネルギーが量子化されると提唱したにもかかわらず，光子という概念は終生受け入れなかった。1918年のノーベル物理学賞受賞。

※2 Albert Einstein（1879-1955，独，米）量子論での貢献も大きく，「相対論よりもずっと多くの時間を使って量子論について考えた」と言っている。光電効果の理論によって1921年にノーベル物理学賞を受賞し，日本に招待されて乗っていた船の中でその知らせを聞いた。ほぼ一人で完成させた相対論では，ノーベル賞を受賞していない。

※3 日本語では「量子もつれ」と訳すのが一般的だが，エンタングルメントエントロピーなどの呼び名が定着しているので，本書ではエンタングルとエンタングルメントに統一する。

(3) **不確定性原理：** 量子の互いに共役（きょうやく）な2つの物理量（たとえば位置と運動量）を同時に正確に測定することはできない（付録B.1.3項参照，運動量は運動の勢いを表す物理量で，質量をもつ量子では質量と速度の積)。

(4) **重ね合わせの原理：** たとえば量子ビットでは，0と1の（量子）状態を同時にとることができる。

(5) **観測（測定）による状態（波動関数）の収縮：** 量子の状態は波動関数で表される。量子ビットの例では，0と1の重ね合わせ状態の波動関数は「$\alpha_0 \times$ (0の状態) $+ \alpha_1 \times$ (1の状態)」と書ける。α_0 や α_1 は確率振幅と呼ばれ，一般に複素数である。この（量子）状態を観測（測定）すると，その瞬間に量子は0または1の状態として観測される。0または1の状態が観測される確率は，それぞれ $\frac{|\alpha_0|^2}{|\alpha_0|^2+|\alpha_1|^2}$，$\frac{|\alpha_1|^2}{|\alpha_0|^2+|\alpha_1|^2}$ となる（ボルン※4の確率則)。

(6) **エンタングルメント：** 2個以上の量子が相関状態にあり，一方を観測（測定）すると，残りの量子がどんなに遠方に離れていても瞬時にその状態が決まってしまう現象。

(7) **統計的性質：** 同種量子は区別できない。このことから，量子はボース※5粒子とフェルミ※6粒子の2種類に大別され，フェルミ粒子はパウリ※7の排他原理に従う。すなわち，同種フェルミ粒子は1つの状態に1個しか入ることができないが，ボース粒子にはそのような制限はない（付録B.2.5項参照)。偶数個のフェルミ粒子は，ボース粒子として振る舞い，超伝導や超流動などの興味深い現象を引き起こす。

ボース粒子は整数スピン $(0, 1, 2, \cdots)$，フェルミ粒子は半整数スピン $(\frac{1}{2}, \frac{3}{2}, \frac{5}{2}, \cdots)$ をもつ（(1.4)で定義される $\hbar$ 単位で)。ここでスピンは，自己角運動量（量子化された自己回転の勢い）とも言い，粒子のもつ量子数の1つである。

この議論は2次元の世界では成り立たず，2次元ではエニオン（anyon）の

※4 Max Born（1882-1970，独）1933年のユダヤ人排斥運動によってゲッティンゲン大学教授職を解雇され，家族とともに渡英した。波動関数の確率解釈の提唱により1954年のノーベル物理学賞受賞。

※5 Satyendra N. Bose（1894-1974，印）1924年にボースは，アインシュタインに光子の統計性についての論文を送った。アインシュタインはそれを高く評価し，ドイツ語に翻訳した論文が物理学雑誌に掲載されたため広く知られるようになった。

※6 Enrico Fermi（1901-1954，伊，米）フェルミ分布，フェルミ準位，フェルミ粒子などに名を残す。世界初の原子炉運転でも有名。1938年のノーベル物理学賞受賞。

※7 Wolfgang E. Pauli（1900-1958，スイス）パウリの排他原理などで1945年にノーベル物理学賞受賞。実験は不得意で，パウリが近くを歩くだけで実験装置が壊れると噂された。完全主義者で，他の研究者の仕事に「間違い」を見つけると容赦なく酷評を浴びせたことでも有名。

存在が許される。エニオンの1例が，マヨラナ[※8]準粒子である（付録B.2.5項参照）。

光の粒子性　たとえば波長 $\overset{ラムダ}{\lambda}$，振動数 $\overset{ニュー}{\nu}$ の光は，エネルギー E，運動量 p の光子の集まりで，これらの量の間に次の関係式が成り立ちます。

$$E = h\nu, \quad p = \frac{h}{\lambda}, \quad \lambda\nu = c, \quad E = pc \tag{1.1}$$

ここで h はプランク定数，c は真空中の光速で，その値は現在では次のように定義されています（$\equiv$ は「定義」を表し，記号 $:=$ も同じ意味で使われます）。

$$c \equiv 299,792,458\,\mathrm{m/s} \tag{1.2}$$

$$h \equiv 6.62607015 \times 10^{-34}\,\mathrm{J \cdot s} = 6.62607015 \times 10^{-34}\,\mathrm{kg \cdot m^2/s} \tag{1.3}$$

光速は1983年に(1.2)が，プランク定数は2019年5月20日に(1.3)が定義値となりました。(1.3)で，$\overset{ジュール}{\mathrm{J}}$ はエネルギーの単位です。$\hbar$（エイチバー，換算プランク定数）もよく使われ，次のように定義されます。

$$\hbar \equiv \frac{h}{2\pi} \simeq 1.054572 \times 10^{-34}\,\mathrm{J \cdot s} \tag{1.4}$$

粒子の波動性　ド・ブロイ[※9]は，光が粒子として振る舞うなら，電子など粒子は波の性質ももつ（物質波として振る舞う）のではないだろうかと考え，(1.1)の1番目と2番目の式が，粒子の場合にも成り立つとしました。

改めて，粒子の波長（ド・ブロイ波長）を λ，振動数を ν とし，エネルギーを E，運動量を p とすると，

$$E = h\nu, \quad p = \frac{h}{\lambda} \tag{1.5}$$

と書けます。この予言通り，粒子の干渉，回折などが実証されました。

このような量子の性質を，どのように情報科学に利用するのでしょうか。それにつ

※8　Ettore Majorana（1906-1959?，伊）1937年にマヨラナ粒子の存在を予言した。マヨラナ粒子は，粒子と反粒子が同一のフェルミ粒子（半整数スピン粒子）で，未発見。マヨラナは天才ぶりを発揮していたが，1938年に謎の失踪をした。

※9　Louis de Broglie（1892-1987，仏）1924年，博士論文として物質波のアイデアを提出した。教授陣はアイデアを理解できずにアインシュタインに問い合わせた。その結果，ノーベル賞に値する研究との評価を得てド・ブロイに博士号を授与した。その言葉通り，ド・ブロイは1929年にノーベル物理学賞を受賞した。

いて考える前に，まずは次節で具体的に量子の不思議な振る舞いを見てみましょう。

問題 1.1 量子の世界はなぜ，日常の世界とこんなにも違っているのでしょうか。また，どこにミクロの世界とマクロの世界の境界があるのでしょうか。 ♥

1.1.3 マッハ-ツェンダー干渉計と量子の性質

粒子性と波動性や重ね合わせと干渉などを端的に示してくれるマッハ-ツェンダー干渉計[※10]の実験について概説します。

干渉計の動作 図 1.2 の光源からのレーザー光をビームスプリッター BS1 に入射すると，半分の光は BS1 で反射されて上に向かい，半分の光は BS1 を透過して水平に進みます。2 つの光線はそれぞれ鏡で反射され，BS2 に入射して干渉します。干渉の結果，光線は検出器 C で観測され，検出器 D では検出されません。なぜでしょうか。

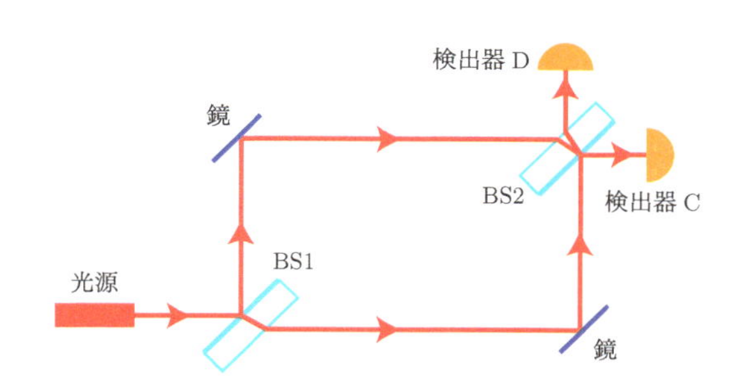

図 1.2 マッハ-ツェンダー干渉計。BS1 と BS2 の太い青線は銀メッキ。

実は，検出器 D に光線が向かう 2 つの光線（BS1 と BS2 で反射した光線と，BS1 と BS2 を透過した光線）は，波長が半波長だけずれるようになっているため，干渉により打ち消し合い（destructive interference），検出器 D には光線は行かなかったのです。一方，検出器 C に向かう 2 つの光線（BS1 で反射し BS2 を透過した光線と，BS1 を透過し BS2 で反射した光線）は，波長が揃い，強め合って（constructive

※10 干渉計は，1891 年にツェンダー（Ludwig L. A. Zehnder（1854-1949，オーストリア））が発表し，翌年にマッハ（Ludwig Mach（1868-1951，オーストリア），Ernst Mach（1838-1916）の息子）が改良した。

interference）検出器 C で検出されるのです。

粒子性と波動性　さて，光源の光強度を小さくして，単一光子を BS1 に入射したらどうなるでしょうか。光子は光線のときと同様に，BS1 では 50%の確率で反射し，50%の確率で透過すると考えられます。さて，この光子が鏡に反射されて BS2 に入射するとどうなるでしょうか。

まず，BS1 で光子が反射した場合について考えてみましょう。この光子は，BS2 でも 50%の確率で反射して検出器 D で検出され，50%の確率で透過して検出器 C で検出されると考えられます。BS1 で透過した光子についても同様であり，個々の光子は，50%の確率で検出器 C で，50%の確率で検出器 D で検出されると推測されます。

重ね合わせの原理　実験結果はどうでしょうか。なんと，**この場合にも光子は検出器 C だけで検出され，検出器 D は反応しない**のです。いったいどのように理解すればよいのでしょうか。

1 個の光子は半分になることはできません。そこで，重ね合わせの原理を導入するしかありません。すなわち，「BS1 で反射した光子と透過した光子の重ね合わせ状態になっている」と考えるのです。そして光線のときと同様に，BS2 で干渉して検出器 C だけで検出されると考えるのです。

ただし，途中の経路に非破壊の検出器などを挿入してどちらの光路を通ったのかがわかるようにすると，干渉は消え（波動性はなくなり粒子性を示して），50%の確率で検出器 D にも光子が検出されるのです※11。

量子遅延選択実験　それでは，BS2 が存在しないときはどうでしょうか。そうです。予想通り，50%の確率で検出器 C と検出器 D で光子は検出されるのです。

それでは，はじめは BS2 が無い状態で光子が BS1 に入射し，入射後に BS2 を挿入したらどうなるでしょうか。BS2 が存在しなければ，光子は粒子的に振る舞うかもしれません。その場合には，BS1 で 50%の確率で反射し，50%の確率で透過すると考えられます。そのため，BS2 が挿入されたとしても片方の道を進み，50%の確

※11　アハラノフ（Yakir Aharonov（1932-，イスラエル））たちが提唱した弱い測定理論（コヒーレンスを壊さないほどの弱い測定を行ったときの理論）の計算によると，このようなどちらの光路を通ったかの実験では，「それぞれの光路を通る光子は，$\frac{1}{2}$ 個になっている」と考えてよいとの結論になり，少しわかったような気がする。コヒーレント状態は，量子状態が保たれている状態。デコヒーレンスにより，量子状態が壊れて古典的な状態になると現代では考えられている。

率で検出器 C と検出器 D で検出されると推測されます。

ところがその実験結果は，BS2 がいつ挿入されるかには関係なく，BS2 が存在すれば干渉し，検出器 C だけで検出されるのです。

以上のような性質は，光子だけでなくすべての量子がもっています。

1.1.4 エンタングル状態

エンタングル状態※12 は，2 つ以上の量子が互いに相関をもつ状態です。

エンタングルメントの例　たとえば，静止したスピン 0 の粒子が，スピン $\frac{1}{2}$ の 2 個の粒子に崩壊（分裂）したとします。2 個の生成粒子は，互いに逆方向に遠ざかっていきます。

親の粒子のスピンが 0 なので（自己回転の向きをもたないので），2 個のスピンの向きは必ず逆向きでなければなりません。それで，一方のスピンの向きが測られた瞬間に，「もう一方の粒子のスピンは，その逆向きである」とわかってしまうのです。一方のスピンが上向きと測定されたらもう一方の粒子は下向きとわかり，右向きと測定されたらもう一方は左向きとわかるというふうに。2 個の粒子間の距離がどんなに離れていてもです。

EPR 相関　1935 年にアインシュタイン-ポドルスキー-ローゼン（Einstein-Podolsky-Rosen）は「このような相関を記述できないのは，量子力学が不完全だから」と主張する論文を発表しました。アインシュタインは，未知の変数（隠れた変数）が存在して，この「不気味な相関」を記述できるだろうと推測していたようです。このような相関を，EPR 相関（EPR steering）といいます。

問題 1.2　EPR 相関を利用すれば，超光速通信が可能になるのでしょうか。 ♥

ベルの不等式と局所実在性　1960 年代はじめにベル※13 は，EPR 相関状態を

※12 英語的には entangled state である。日本語ではほかにエンタングルメント状態やエンタングルド状態も使われるようであるが，本書ではエンタングル状態に統一する。

※13 John S. Bell（1928-1990，アイルランド）量子力学の根幹に関わるベルの最初の論文は，（量子論の主流派の科学者たちの反発を恐れて）目立たない科学雑誌に送られた。そのためか編集作業中に紛れてしまい，2 年後の 2 番目の論文の方が先に出版された。

理論的に考察し，2 粒子の場合の 4 個のエンタングル状態（ベル状態）を定義しました（2.2.3 項参照）。ベルの重要な貢献は，アインシュタインが信奉する「**局所実在性**」(local reality) が正しいとしたときに成り立つベルの不等式を導出したことです。この不等式は，量子力学が正しければ破れる（成り立たない）ことを示したのです。

2022 年のノーベル物理学賞を受賞したアスペ (Alain Aspect (1957-, 仏))，クラウザー (John F. Clauser (1942-, 米))，ツァイリンガー (Anton Zeillinger (1945-, オーストリア)) の 3 氏の受賞理由は，ベルの不等式（より検証しやすい CHSH (Clauser-Horne-Shimony-Holt) 不等式）が破れていることを実証するなど量子情報科学への貢献です。

これらの実験の結果，局所実在性は成り立たないことが実証されました。すなわち，量子の状態は一般に，観測するまで決まっていないのです。アインシュタインは，「月を見るまで，月はそこに無かったと言うのか」と友人に不満を漏らしたそうですが，量子力学では，一般に観測するまで量子の状態は決まらないのです。

3 個の粒子の相関状態の 1 つとして，GHZ 状態 (Greenberger-Horne-Zeilinger state) が有名です。CHSH 不等式の破れの実験は困難で，統計的にもたくさんの事象が必要でした。しかしながら GHZ 状態を使うと，たった 1 回の実験で局所実在性が成り立たないことが実証されるのです（8.4.1 項参照）。

1.2 量子力学と情報科学の進展

この節では，量子力学，そして情報科学が，それぞれどのように発展してきたかについて概観します。

1.2.1 量子力学の進展

表 1.1 に量子論・量子力学の歴史をまとめました。量子力学は 1920 年代にはほぼ確立され，それ以降はミクロの世界の探究にその正しさが実証されてきました。また実社会でも，超伝導，半導体，核融合，原子力など文明の発展に著しい寄与をしてきました。

表 1.1　量子論・量子力学の歴史（文献 [渡邊 1] の表 1.1 と表 1.2）

年号	できごと
1900	プランクがエネルギー量子仮説を提唱
1905	アインシュタインが光電効果を光量子仮説によって説明
1913	ボーアが量子化条件を提唱し，水素スペクトルを説明
1922	コンプトン効果（X 線の粒子性）の発見
1923	ド・ブロイが物質波の考えを提唱
1924	ボース-アインシュタイン統計の提唱
1924	パウリの排他原理の提唱
1925	ウーレンベックとハウトスミットが電子スピンを提唱
1925	ハイゼンベルク，ボルン，ヨルダンが行列力学を定式化
1926	フェルミ-ディラック統計の提唱
1926	シュレーディンガー方程式の発見および行列力学との等価性証明
1926	ボルンが波動関数の確率解釈を提唱
1927	ハイゼンベルクが不確定性原理を提唱
1928	荷電 $\frac{1}{2}\hbar$ スピン粒子とその反粒子を記述するディラック方程式の発見
1932	フォン・ノイマンが量子エントロピーなどを提唱
1935	EPR パラドックス（相関）の提示により，量子論の不完全性を主張
1935	「シュレーディンガーの猫」のパラドックス（量子論の奇妙さ）を提示

1.2.2　情報科学の進展

チューリング※14が計算機（チューリング機械）を数学的に定義したころは，まだコンピュータは未発達の状態でした。

しかしながら，1945 年前後から電子計算機は目覚ましく発展してきています。フォン・ノイマン※15がまとめた計算機アーキテクチャーは，現代コンピュータの動作原理となっています。

とくに 1948 年のトランジスタの発明以後は，光電管が半導体に置き換えられ，半導体チップの微細化・高性能化によってコンピュータの性能が著しく向上しています。

※14 Alan M. Turing（1912-1954，英）第 2 次世界大戦中は暗号解読に従事し，ドイツ軍のエニグマ暗号解読に成功した。しかし戦後も機密扱いだったため，彼に対する周りの評価は不当に低かった。戦後，同性愛の罪で逮捕されてホルモン治療を受け，精神を病んで自死した。2009 年にイギリス政府が彼への不当な処置について謝罪し，名誉が回復された。

※15 John von Neumann（1903-1957，ハンガリー，米）ハンガリー生まれの天才。「量子力学の数学的基礎」の著書も有名。

情報通信分野では，シャノン[※16]がその基礎を築きました。インターネットも普及し，IoT（Internet of Things）が日常となっています。

その発展をまとめるのは容易ではないので，主な情報理論の進歩だけを**表 1.2** にまとめました。

表 1.2 情報理論の歴史

年号	できごと
1936	チューリングがチューリング機械を定義
1936	チャーチ-チューリングのテーゼ提唱
1944	フォン・ノイマン型アーキテクチャーの提唱
1948	シャノンが情報源・通信路符号化第 1・第 2 定理を提唱
1948	ウィーナーが「サイバネティックス」を出版

1.3 量子力学と情報科学の融合

この節では，量子情報科学の進展について概観します。

半導体の動作は量子力学によって理解できますが，現在のところ情報科学の分野での半導体は，古典物理学の範囲で利用されています（量子物理学に基づかない物理学は，古典物理学と称されます）。量子力学を情報科学分野に応用しようという機運は，1960 年代ごろから少しずつ高まってきました。

1.3.1 量子コンピュータ開発

表 1.3 に量子コンピュータ開発に関係が深い出来事をまとめました。とくに量子コンピュータは，1994 年にショア[※17]が素因数分解のアルゴリズムを発見して注目を集めました。量子コンピュータが完成すると，ネット社会で広く利用されている RSA（Rivest-Shamir-Adleman）暗号などが解読されてしまうことがわかったからです。

※16 Claude E. Shannon（1916-2001，米）情報理論の創始者。

※17 Peter W. Shor（1959-，米）ベル研究所勤務中に素因数分解アルゴリズムや誤り訂正の手法を発表して，量子情報科学に大きく貢献。現在 MIT 教授。

表 1.3　量子コンピュータの進展（文献 [渡邊 2] の表 1.1）

年号	できごと
1981	ファインマンが，量子コンピュータの有用性を力説
1985	ドイチュが「量子チューリング機械†1」を定式化
1994	ショアが素因数分解のアルゴリズムを提案
1995	ショアやスティーンが量子誤り訂正アルゴリズムを提唱
1996	グローバーが量子探索アルゴリズムを提唱
1996	アロシュたちが量子デコヒーレンス†2の存在を実験的に検証
1998	門脇・西森が量子アニーリング法を発明
1999	中村・パシュキン・蔡（NEC）が超伝導量子ビットの量子演算に成功
2011	D-Wave 社（カナダ，1999 年-）が D-Wave One（128 量子ビット）を発表
2014	マルティニスたちが 5 量子ビット（超伝導）で基本ゲート忠実度†3 99%達成
2019	1 月 9 日，IBM が世界初の商用 IBM-Q system one（20 量子ビット）を発表
2019	10 月 23 日，Google グループが量子超越性†4を初実証したと発表
2020	D-Wave 社が量子アニーリング方式で 5,000 量子ビット超を実現
2023	理研で 3 月に国産 1 号機，10 月に 2 号機完成。ともに 64 量子ビット
2023	11 月，Atom Computing 社（米国）が，中性原子で 1,180 量子ビット達成を発表
2023	12 月，IBM が超伝導で 1,121 量子ビット達成を発表
2024	12 月，Google が Willow チップで誤り率低減のスケーリングを実証
2025	2 月 20 日に Microsoft が Majorana 1（8 個のトポロジカル量子ビット）を発表
2025	2 月 27 日，Amazon が Ocelot チップ（猫量子ビット）を発表
2025	3 月 3 日，中国科学技術大学の Zuchongzhi-3（105 超伝導量子ビット）が最新の Google チップの 10^6 倍の速度を達成

†1 付録 C.1 節参照
†2 量子の重ね合わせ状態などが壊れる現象
†3 1 から誤り率を引いた値
†4 量子コンピュータが最速の古典コンピュータに比べて超高速に演算すること（実用性は不問）

しかしながら量子計算はノイズ※18（noise）に弱く，量子の特異な性質から誤り訂正は不可能と思われていました。ところが 1996 年にショアとスティーン（Andrew M. Steane（1965-，英））が独立に，誤り訂正は可能であることを示すに至り，技術者や実験家そして理論家が量子コンピュータ開発に本格的に取り組むようになったのです。

現在，量子コンピュータでリードしているのは超伝導方式と中性原子方式です。捕捉イオン方式は，ノイズは小さいけれど多量子ビット化が困難なようです。より詳しくは第 3 章で，現状と展望については第 13 章で述べます。

※18 日本語の「雑音」は，音以外の場合にも広く使用されている。しかしながら漢字の「音」のイメージが強いので，本書ではノイズを用いる。

1.3.2 量子通信分野の進展

量子通信理論分野は，1960 年代にヘルストローム（Carl W. Helstrom（1925-2013，米））が量子通信におけるヘルストローム限界を定式化して研究が進展し始めました。

続いてホレボー（Alexander S. Holevo（1943-，露））のホレボー限界，ホレボー・シュマッハー（Benjamin Schumacher，米）・ウェストモアランド（Mark R. Westmoreland）のノイズあり量子通信路での量子情報符号化定理の研究などがなされてきました（**表 1.4**）。

表 1.4　量子通信分野の進展

年号	できごと
1967	ヘルストロームが 2 つの量子状態識別の測定限界を導出
1973	ホレボー限界の導出
1995	シュマッハーがノイズなし量子通信路での量子情報符号化定理を提唱

1.3.3 量子暗号分野の進展

表 1.5 に量子暗号分野の進展をまとめます。

量子暗号分野の研究は，1984 年にベネット（Charles H. Bennet（1943-，米））とブラッサール（Giles Brassard（1955-，加））が BB84 プロトコルを発表して始まりました。ベネットは 1992 年にそれを改良した B92 を，エカート（Artur Ekert（1961-，英））はエンタングル光子対を用いる方法を提案しました。

2000 年にユアン（Zhiliang L. Yuan，中国）は単一光子でなく 100 個程度のコヒーレント光子を用いる Y00 プロトコルを提案しました。

量子暗号は，原理的に解読不可能として現在も開発・研究が続いています。

表 1.5　量子暗号分野の進展

年号	できごと
1984	BB84 プロトコル（単一光子：縦/横偏光と右/左斜め偏光利用）の提唱
1991	E91 プロトコル（エンタングル光子対利用）の提唱
1992	B92 プロトコル（単一光子：縦/右斜め偏光利用）の提唱
2000	YK98 を発展させた Y00 プロトコル（コヒーレント光利用）の提唱
2018	中国が 2016 年人工衛星「墨子」打ち上げ，7,600 km の量子鍵配送成功

第2章 量子計算の数理

この章では，量子計算に必要な数式を簡潔にまとめます。
ここでは，量子の 2 つの量子状態に注目して，それを量子状態 0 と量子状態 1 とし，量子ビット（qubit）として扱うことにします。2 つの量子状態とは，たとえば電子の 2 つのスピン状態，光の 2 つの偏光状態，2 つのエネルギー準位などです。

2.1 1量子ビットの状態と演算

この節では，1 個の量子ビット（1 量子ビット）の数式について述べます。

量子は，波のようにも粒子のようにも振る舞います。そこで量子の状態を波動関数（wave function）を用いて表します。この節では，波動関数を数式で表して，その性質について考察します。

2.1.1 1量子ビットの状態

まずは量子ビットが 1 個存在するときの状態について考察します。

ケットベクトルと波動関数　波動関数 ψ（プサイ）をディラック※1のケットベクトル（ket vector）$|\bullet\rangle$ を用いて $|\psi\rangle$ と書くことにします。ここで $|\bullet\rangle$ の $\bullet$ には，状態を表す記号または文字を代入します。

ケットベクトル表示　量子ビットの 0 と 1 の状態は，それぞれ $|0\rangle$ と $|1\rangle$ と表

※1　Paul A. M. Dirac（1903-1986，スイス，英）非常に無口でも有名で「dirac が寡黙の単位」にされたくらいである。シュレーディンガーとともに 1933 年のノーベル物理学賞受賞。ディラックは，量子状態を bracket ⟨ ⟩ を用いて表すことを思いついた。

され，2行1列のベクトルを用いて次のように表すことができます[※2]。

$$|0\rangle = \begin{pmatrix} 1 \\ 0 \end{pmatrix}, \quad |1\rangle = \begin{pmatrix} 0 \\ 1 \end{pmatrix} \tag{2.1}$$

重ね合わせ状態　量子力学は線形代数で記述され[※3]（線形代数については付録B.1節参照），状態の重ね合わせ（ベクトルの線形結合）が許されます。

1量子ビットの重ね合わせ状態を $|\psi\rangle$ と表すと，

$$|\psi\rangle \equiv \alpha_0|0\rangle + \alpha_1|1\rangle \equiv \sum_{j=0}^{1} \alpha_j|j\rangle = \begin{pmatrix} \alpha_0 \\ \alpha_1 \end{pmatrix} \tag{2.2}$$

と書けます。$\alpha_j\ (j=0,1)$ は一般に複素数で，a_j と b_j を実数として $\alpha_j = a_j + ib_j$ のように表されます。ここで i は虚数で，$i \equiv \sqrt{-1}$ です。

波動関数の意味　観測可能な量（物理量，observable）は実数で表されます。波動関数は一般に複素ベクトルなので，直接に観測することはできません。つまり量子状態は，「波動関数（複素ベクトル）で表される量子の状態」ととらえることができます。このことから量子情報理論では「波動関数は，物理的実体ではなく，単に量子状態を記述する数学的に便利な道具に過ぎない」と考えるのです（道具主義）。

ブラベクトルとノルム　ブラベクトル（bra vector）は，ケットベクトルの複素共役（complex conjugate）であり，次のように1行2列のベクトルになります。

$$\langle\psi| \equiv \alpha_0^*\langle 0| + \alpha_1^*\langle 1| = \alpha_0^*(1,0) + \alpha_1^*(0,1) = (\alpha_0^*, \alpha_1^*) \tag{2.3}$$

ここで α_j^* は α_j の複素共役で，$\alpha_j^* = a_j - ib_j$ です。

波動関数は通常，ノルム（norm，長さ）が1に**正規化**（normalize，規格化）されます。ノルム $\|\psi\|$ の2乗は，ブラベクトルとその共役であるケットベクトルの積として定義されます。

$$\|\psi\|^2 \equiv \langle\psi\|\psi\rangle \equiv \langle\psi|\psi\rangle = (\alpha_0^*, \alpha_1^*) \begin{pmatrix} \alpha_0 \\ \alpha_1 \end{pmatrix} = |\alpha_0|^2 + |\alpha_1|^2 = 1 \tag{2.4}$$

※2　$|0\rangle$ と $|1\rangle$ のベクトル表示を逆に定義する文献もあるので注意。
※3　これは決して当たり前のことではなく，自然界の美しさ・簡明さを表している。

この正規化の演算は，$|0\rangle$ と $|1\rangle$ が**正規直交基底**（orthonormal basis）であること，すなわち，

$$\langle 0|0\rangle = \langle 1|1\rangle = 1, \quad \langle 0|1\rangle = \langle 1|0\rangle = 0 \tag{2.5}$$

を使っても導出できます。量子計算の分野では，$\{|0\rangle, |1\rangle\}$ の組を**計算基底**（computational basis）と呼びます。ほかにも基底として，たとえば $\cos\theta|0\rangle - e^{i\phi}\sin\theta|1\rangle$ と $\sin\theta|0\rangle + e^{i\phi}\cos\theta|1\rangle$ の θ や ϕ を適切に選んだ正規直交する基底も使用されます。

位相の不定性　ϕ を実数として $|\psi\rangle \to e^{i\phi}|\psi\rangle$ としても (2.4) は変わりません。これは $|e^{i\phi}| = 1$ であり，ノルムを変えないからです。これを位相の不定性（indefiniteness of phase）といいます。位相は干渉効果を問題にする際には重要になります。それ以外の場合は，波動関数には位相因子の自由度があるということを頭に入れておいてください。

量子ビットのイメージ　古典ビットが 0 と 1 の 2 つの状態しかないのに対して，量子ビットは 0 の状態と 1 の状態の重ね合わせ状態が許されることを，どのようにイメージすればよいでしょうか。

それは，量子ビットを長さ 1 の矢印（ベクトル）と考えることです。状態 0 は上向き，1 は下向きのベクトル，重ね合わせ状態は所定の向きのベクトル，というように（付録 B.2.1 項参照）。

ヒルベルト空間　ブラベクトルとケットベクトルの積を**内積**（inner product）といい，内積が定義された複素ベクトル空間をヒルベルト※4空間（Hilbert space）といいます。すなわち量子状態は，ヒルベルト空間内に定義されるベクトルということになります。1 量子ビット状態は独立な正規直交ベクトルが 2 個あるので，2 次元ヒルベルト空間に属します。

2.1.2 ユニタリー行列

ユニタリー変換は，量子状態を変化させますが，内積は変えません。量子ビットのイメージでは，ユニタリー変換は量子ビットを回転させることに対応します。2 行 1 列のケットベクトル (2.2) に，2 行 2 列のユニタリー行列 $\hat{U}$ を演算すると，

※4 David Hilbert（1862-1943，独）現代数学の父と呼ばれる。「ヒルベルトの 23 の問題」の提起でも有名。

$$\hat{U}|\psi\rangle \equiv \begin{pmatrix} U_{11} & U_{12} \\ U_{21} & U_{22} \end{pmatrix} \begin{pmatrix} \alpha_0 \\ \alpha_1 \end{pmatrix} = \begin{pmatrix} U_{11}\alpha_0 + U_{12}\alpha_1 \\ U_{21}\alpha_0 + U_{22}\alpha_1 \end{pmatrix} \tag{2.6}$$

となります※5。

$\hat{U}|\phi\rangle$ をブラベクトル $\langle\phi|\hat{U}^\dagger$ にして，(2.6) との内積をとると，ユニタリー演算子は内積を変えないので

$$\langle\phi|\hat{U}^\dagger\hat{U}|\psi\rangle = \langle\phi|\psi\rangle \tag{2.7}$$

となります。ここで行列の積 $\hat{U}\hat{V}$ は次のように定義されます。

$$\begin{aligned} \hat{U}\hat{V} &\equiv \begin{pmatrix} U_{11} & U_{12} \\ U_{21} & U_{22} \end{pmatrix} \begin{pmatrix} V_{11} & V_{12} \\ V_{21} & V_{22} \end{pmatrix} \\ &= \begin{pmatrix} U_{11}V_{11} + U_{12}V_{21} & U_{11}V_{12} + U_{12}V_{22} \\ U_{21}V_{11} + U_{22}V_{21} & U_{21}V_{12} + U_{22}V_{22} \end{pmatrix} \end{aligned} \tag{2.8}$$

ユニタリー行列の性質　(2.7) より，ユニタリー行列は

$$\hat{U}^\dagger\hat{U} = \hat{I} \text{ すなわち，} \hat{U}^\dagger = \hat{U}^{-1} \tag{2.9}$$

を満たさなければなりません。ただし (2.7) と (2.9) で，$\hat{I}$ は単位行列（恒等行列），$\hat{U}^\dagger$ は $\hat{U}$ の複素共役行列，$\hat{U}^{-1}$ は $\hat{U}$ の逆行列で次のように表されます。

$$\hat{I} = \begin{pmatrix} 1 & 0 \\ 0 & 1 \end{pmatrix}, \quad \hat{U}^\dagger = \begin{pmatrix} U_{11}^* & U_{21}^* \\ U_{12}^* & U_{22}^* \end{pmatrix}, \quad \hat{U}^{-1} = \frac{1}{\det\hat{U}} \begin{pmatrix} U_{22} & -U_{12} \\ -U_{21} & U_{11} \end{pmatrix} \tag{2.10}$$

ここで，$\det\hat{U}$ は行列式（determinant）で，定義は次の通りです。

$$\det\hat{U} \equiv U_{11}U_{22} - U_{12}U_{21} \tag{2.11}$$

問題 2.1　ユニタリー行列の行列式の絶対値は 1 であることを示しなさい。
ヒント：$\det(\hat{U}^\dagger\hat{U}) = \det\hat{U}^\dagger \det\hat{U}$，$\det\hat{U}^\dagger \equiv \det(\hat{U}^T)^* = \det\hat{U}^* = (\det\hat{U})^*$（ここで $(\hat{U}^T)_{jk} \equiv U_{kj}$）を使った。) ♥

※5　このように行列は，量子状態（ベクトル）に演算するので，演算子と呼ばれる。本書では，行列（演算子）に $\hat{U}$ のように文字の上にハットを付けて区別する。また，演算子と行列は，本書では同義語として用いる。ハットを付けない文献も多いし，量子回路図などではハットは一般に省略される。

ユニタリー行列の一般形　α, β を複素数とするとき，2行2列のユニタリー行列の一般形は次のように書けます。

$$\hat{U} = \begin{pmatrix} \alpha & \beta \\ -\beta^* & \alpha^* \end{pmatrix}, \quad |\alpha|^2 + |\beta|^2 = 1 \tag{2.12}$$

2.1.3 エルミート行列と固有値および固有ベクトル

演算子（行列）$\hat{A}$ があり，a を複素数として次式を満たすとき，a は $\hat{A}$ の固有値，$|\psi\rangle$ は $\hat{A}$ の固有状態（eigenstate，固有ベクトル）といいます（行列の分類・性質については，付録 B.1.2 項参照）。

$$\hat{A}|\psi\rangle = a|\psi\rangle \tag{2.13}$$

$\hat{A}^\dagger = \hat{A}$ のとき，$\hat{A}$ をエルミート行列（Hermitian matrix，自己共役行列）といい，a は実数となります。すなわち，a は観測可能な値となり，$\hat{A}$ は測定可能な物理量（observable）に対応します。

問題 2.2　エルミート行列の固有値が実数になることを示しなさい。♥

以下に，量子情報科学で重要な役割を演じる2行2列のユニタリーかつエルミートの行列を列挙します。

2.1.4 パウリ行列

パウリ演算子 $\hat{\sigma}_x, \hat{\sigma}_y, \hat{\sigma}_z$ は次のように定義されます。

$$\hat{\sigma}_x \equiv \hat{X} \equiv \begin{pmatrix} 0 & 1 \\ 1 & 0 \end{pmatrix}, \quad \hat{\sigma}_y \equiv \hat{Y} \equiv \begin{pmatrix} 0 & -i \\ i & 0 \end{pmatrix}, \quad \hat{\sigma}_z \equiv \hat{Z} \equiv \begin{pmatrix} 1 & 0 \\ 0 & -1 \end{pmatrix} \tag{2.14}$$

パウリ行列は，ユニタリーかつエルミートの行列です。量子力学ではパウリ行列は $\hat{\sigma}_x, \hat{\sigma}_y, \hat{\sigma}_z$ と書かれますが，量子計算では $\hat{X}, \hat{Y}, \hat{Z}$ が用いられ，X ゲートなどと呼称されます※6。

※6　本書では，$\hat{X}$ のように演算子（行列）にハットを付ける。しかし量子回路図の量子ゲートや明らかにゲートを意味する場合にはハットを省く。しかし，基準があいまいな場合もあることをお許しを。

問題 2.3 任意の 2 行 2 列のユニタリー行列 $\hat{U}$ は，次のようにパウリ行列と単位行列の線形結合で表されることを示しなさい。

$$\hat{U} = a\hat{I} + ic\hat{\sigma}_x + id\hat{\sigma}_y + ib\hat{\sigma}_z \tag{2.15}$$

ここで a, b, c, d は実数で $a^2 + b^2 + c^2 + d^2 = 1$ です。 ♥

パウリ演算子の積には次のような関係があります。

$$\hat{\sigma}_x\hat{\sigma}_y = -\hat{\sigma}_y\hat{\sigma}_x = i\hat{\sigma}_z, \quad \hat{\sigma}_y\hat{\sigma}_z = -\hat{\sigma}_z\hat{\sigma}_y = i\hat{\sigma}_x, \quad \hat{\sigma}_z\hat{\sigma}_x = -\hat{\sigma}_x\hat{\sigma}_z = i\hat{\sigma}_y \tag{2.16}$$

すなわち，交換関係 $[\hat{A}, \hat{B}] \equiv \hat{A}\hat{B} - \hat{B}\hat{A}$ を用いて

$$[\hat{\sigma}_x, \hat{\sigma}_y] = 2i\hat{\sigma}_z, \ [\hat{\sigma}_y, \hat{\sigma}_z] = 2i\hat{\sigma}_x, \ [\hat{\sigma}_z, \hat{\sigma}_x] = 2i\hat{\sigma}_y, \quad \hat{\sigma}_x^2 = \hat{\sigma}_y^2 = \hat{\sigma}_z^2 = \hat{I} \tag{2.17}$$

となり，行列の積は，(2.17) のように一般に**非可換**です。

$\hat{X}$ ゲートや $\hat{Z}$ ゲートを重ね合わせ状態 (2.2) に演算すると

$$\hat{X}|\psi\rangle = \begin{pmatrix} 0 & 1 \\ 1 & 0 \end{pmatrix}\begin{pmatrix} \alpha_0 \\ \alpha_1 \end{pmatrix} = \begin{pmatrix} \alpha_1 \\ \alpha_0 \end{pmatrix},$$
$$\hat{Z}|\psi\rangle = \begin{pmatrix} 1 & 0 \\ 0 & -1 \end{pmatrix}\begin{pmatrix} \alpha_0 \\ \alpha_1 \end{pmatrix} = \begin{pmatrix} \alpha_0 \\ -\alpha_1 \end{pmatrix} \tag{2.18}$$

となり，$\hat{X}$ ゲートはビット反転演算子として，$\hat{Z}$ ゲートは 2 行目の符号を変える演算子（$|1\rangle$ の位相反転演算子）としてはたらくことがわかります。

2.1.5 アダマール行列

よく使われる演算子（ゲート）として，アダマール（Hadamard※7）演算子（アダマールゲート）があり，アダマール演算子 $\hat{H}$ を行列で表すと次のようになります。

$$\hat{H} \equiv \frac{1}{\sqrt{2}}\begin{pmatrix} 1 & 1 \\ 1 & -1 \end{pmatrix} = \frac{1}{\sqrt{2}}(\hat{X} + \hat{Z}) \tag{2.19}$$

定義からわかるように，$\hat{H}$ をもう一度演算させると元に戻ります。

※7 Jacques S. Hadamard（1865-1963，仏）数学者。素数定理の証明などで知られる。

$$\hat{H}^2 = \left(\frac{1}{\sqrt{2}}\right)^2 \begin{pmatrix} 1 & 1 \\ 1 & -1 \end{pmatrix} \begin{pmatrix} 1 & 1 \\ 1 & -1 \end{pmatrix} = \begin{pmatrix} 1 & 0 \\ 0 & 1 \end{pmatrix} \equiv \hat{I} \tag{2.20}$$

$\hat{H}$ を $|0\rangle$ と $|1\rangle$ に演算すると次のようになります。

$$\hat{H}|0\rangle = \frac{1}{\sqrt{2}} \begin{pmatrix} 1 & 1 \\ 1 & -1 \end{pmatrix} \begin{pmatrix} 1 \\ 0 \end{pmatrix} = \frac{1}{\sqrt{2}} \begin{pmatrix} 1 \\ 1 \end{pmatrix} = \frac{|0\rangle + |1\rangle}{\sqrt{2}} \equiv |+\rangle \tag{2.21}$$

$$H|1\rangle = \frac{1}{\sqrt{2}} \begin{pmatrix} 1 & 1 \\ 1 & -1 \end{pmatrix} \begin{pmatrix} 0 \\ 1 \end{pmatrix} = \frac{1}{\sqrt{2}} \begin{pmatrix} 1 \\ -1 \end{pmatrix} = \frac{|0\rangle - |1\rangle}{\sqrt{2}} \equiv |-\rangle \tag{2.22}$$

行列 $\hat{X}$ を状態 $|\pm\rangle$ に適用すると次のようになります。

$$\hat{X}|\pm\rangle = \pm|\pm\rangle \quad \text{(複号同順)} \tag{2.23}$$

(2.23) から，次の対応が成り立つことがわかります。

$$\hat{Z}|0\rangle = |0\rangle \leftrightarrow \hat{X}|+\rangle = |+\rangle, \quad \hat{Z}|1\rangle = -|1\rangle \leftrightarrow \hat{X}|-\rangle = -|-\rangle \tag{2.24}$$

すなわち，行列 $\hat{X}$ と $|\pm\rangle$ の関係は，行列 $\hat{Z}$ と $|0\rangle$，$|1\rangle$ の関係に対応しているのです。このことは，以後量子誤り訂正などいろいろなところで活用されます。

X, Z, H ゲートの量子回路図　X, Z, H ゲートの量子回路図を**図 2.1** に示します。量子ビットは水平に引いた直線で表します。X, Z, H のゲートは図 2.1 のように四角の中に X, Z, H を描いて示します。

Y ゲートは $\hat{Y} = i\hat{X}\hat{Z}$ ((2.16) 参照) と表されるので，量子回路では Y ゲートの代わりに X ゲートと Z ゲートがよく使われます。

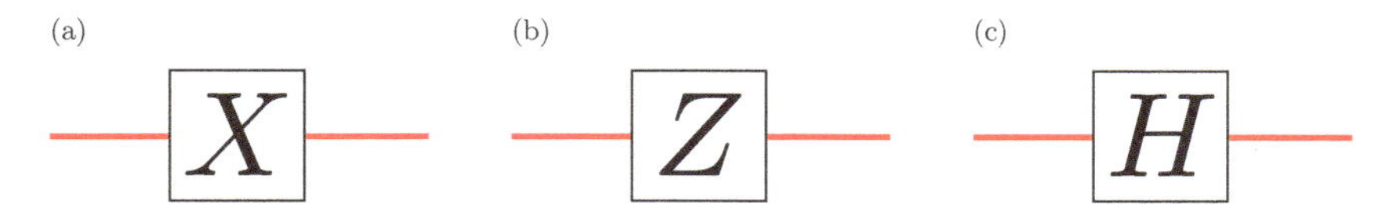

図 2.1　X, Z, H **ゲートの量子回路図**

2.1.6 $\hat{S}$ 行列と $\hat{T}$ 行列

$\hat{S}$ 行列（位相行列ともいうが $\hat{Z}$ 行列と紛らわしい）と $\hat{T}$ 行列（$\frac{\pi}{8}$ ゲート）はエ

ルミートではありませんが，量子計算で重要なユニタリー行列なので，ここで紹介します。その定義は次の通りです。

$$\hat{S} \equiv \begin{pmatrix} 1 & 0 \\ 0 & i \end{pmatrix} = \begin{pmatrix} 1 & 0 \\ 0 & e^{i\pi/2} \end{pmatrix} \tag{2.25}$$

$$\hat{T} \equiv e^{i\pi/8} \begin{pmatrix} e^{-i\pi/8} & 0 \\ 0 & e^{i\pi/8} \end{pmatrix} = \begin{pmatrix} 1 & 0 \\ 0 & e^{i\pi/4} \end{pmatrix} = \begin{pmatrix} 1 & 0 \\ 0 & \frac{1+i}{\sqrt{2}} \end{pmatrix} \tag{2.26}$$

$\hat{S}$, $\hat{T}$, $\hat{Z}$ の関係　次の関係はすぐに示すことができます。

$$\hat{T}^2 = \hat{S}, \quad \hat{S}^2 = \hat{Z} \quad \text{すなわち,} \quad \hat{T} = \sqrt{\hat{S}}, \quad \hat{S} = \sqrt{\hat{Z}} \tag{2.27}$$

T ゲートは非クリフォードゲートの 1 つとして知られています（12.3.2 項参照）。

2.1.7 射影測定

量子ビットの状態を知るには，どうすればよいでしょうか。そのためにはその状態を測定する必要がありますが，量子の世界では (2.2) のような重ね合わせ状態を測定しても，状態 0 または 1 という二者択一の答えしか得られません。何度も同じ状態を用意し，測定を繰り返して初めて，状態 0 や 1 を得る確率が得られるのです（ボルンの確率則）。

射影演算子　実際に測定する方法は，量子ビットの物理的実体によって異なります。数学的には，まず射影測定（projection measurement）という方法を紹介します（たとえば文献 [富田]2.2.2 項を参照）。

(2.2) の $|\psi\rangle$ において状態 0 を得る確率 p_0 は

$$p_0 = |\langle 0|\psi\rangle|^2 = \langle\psi|0\rangle\langle 0|\psi\rangle = |\alpha_0|^2 \tag{2.28}$$

(2.28) の 2 番目の式に $1 = \langle 0|0\rangle$ を挿入すると，$\hat{P}_0 \equiv |0\rangle\langle 0|$ と定義して

$$p_0 = \langle\psi|0\rangle\langle 0|0\rangle\langle 0|\psi\rangle = \langle\psi|\hat{P}_0^\dagger \hat{P}_0|\psi\rangle \tag{2.29}$$

と書けます。確率 p_1 も同様に定義します。

ここで射影演算子（projection operator）$\hat{P}_0$（と $\hat{P}_1$）は次のように定義され，このような測定を射影測定といいます。

$$\hat{P}_0 \equiv |0\rangle\langle 0| \equiv \begin{pmatrix} 1 & 0 \\ 0 & 0 \end{pmatrix}, \quad \hat{P}_1 \equiv |1\rangle\langle 1| \equiv \begin{pmatrix} 0 & 0 \\ 0 & 1 \end{pmatrix} \tag{2.30}$$

射影演算子の性質　$\hat{P}_0$ と $\hat{P}_1$ との和を取ると，次のように恒等演算子になります。

$$\sum_{i=0}^{1} \hat{P}_i = \hat{P}_0 + \hat{P}_1 = |0\rangle\langle 0| + |1\rangle\langle 1| = \hat{I} \tag{2.31}$$

射影演算子 $\hat{P}_i, (i = 0, 1)$ は，次のような性質をもちます。

$$\hat{P}_i^\dagger = \hat{P}_i, \quad \hat{P}_i^2 = \hat{P}_i \tag{2.32}$$

射影測定後の状態と規格化　$\hat{P}_i$ を (2.2) の $|\psi\rangle$ に演算すると

$$\hat{P}_i|\psi\rangle = \alpha_i|i\rangle, (i = 0, 1) \tag{2.33}$$

となり，規格化されません。$\hat{P}_i$ を $|\psi\rangle$ に演算した後の規格化された状態は，

$$\frac{\hat{P}_i|\psi\rangle}{\sqrt{\langle\psi|\hat{P}_i^\dagger \hat{P}_i|\psi\rangle}} = \frac{\hat{P}_i|\psi\rangle}{\sqrt{p_i}} \tag{2.34}$$

となります。

射影測定では，測定直後にもう一度同じ測定を行うと同じ状態が得られます。このような測定を理想測定（ideal measurement）といいます。

固有値射影演算子　任意のエルミート演算子 $\hat{A}$ と状態 $|\psi\rangle$ が (2.13) を満たすとき，$\hat{P}_a|\psi\rangle = a|\psi\rangle$ が成り立つような固有値射影演算子 $\hat{P}_a$ を定義します（参考文献 [石坂] 4.3 節)。すると，固有値 a を得る確率 p_a は

$$p_a = |\hat{A}|\psi\rangle|^2 = \langle\psi|\hat{A}^\dagger \hat{A}|\psi\rangle = \langle\psi|\hat{P}_a^\dagger \hat{P}_a|\psi\rangle = a^2 \geq 0 \tag{2.35}$$

となります。

$\hat{P}_a$ は $\hat{P}_a = |\phi\rangle\langle\phi|$ と書け，$i \to a$ として射影演算子の性質である (2.31)〜(2.34) をすべて満たします。正規直交系 (d 次元) $|\phi_i\rangle$ を定義すると，$\hat{A} = \sum_{i=1}^{d} a_i|\phi_i\rangle\langle\phi_i| = \sum_{i=1}^{d} a_i\hat{P}_{a_i}$ とも書けます。最初の等式はスペクトル分解と言われます（付録 B.1.2 項参照)。

2.1.8 量子力学の公理系

ここで量子力学の 4 つの公理（axiom）をまとめておきます。公理とは，最も基本的な仮定であり，それを元にして定理が導かれます。もし公理に矛盾する実験結果が出てそれが確証された場合は，より正しい公理に変更されるべきものです（参考文献 [石坂] 4.3 節）。

公理 1　量子状態の記述

任意の孤立した量子系に関して，量子状態空間（ヒルベルト空間：内積が定義された複素ベクトル空間）が存在する。量子系は状態ベクトル（state vector，状態空間の単位ベクトル）によって完全に記述できる。量子ビットは 2 次元状態空間に存在し，$|0\rangle$ と $|1\rangle$ がその状態空間の基底をなす。任意の状態ベクトルは $|\psi\rangle = \alpha_0|0\rangle + \alpha_1|1\rangle$ と表される。ここで α_0，α_1 は複素数で，$|\alpha_0|^2 + |\alpha_1|^2 = 1$ と規格化される。

公理 2　時間発展の記述

閉じた量子系の時間発展はユニタリー変換で記述される。時刻 t_1 から t_2 への状態変化 $|\psi(t_1)\rangle \to |\psi(t_2)\rangle$ は，ユニタリー演算子 $\hat{U}(t_1, t_2)$ を用いて次のように表される。

$$|\psi(t_2)\rangle = \hat{U}(t_1, t_2)|\psi(t_1)\rangle \equiv \exp\left(\frac{-i\hat{\mathcal{H}} \times (t_2 - t_1)}{\hbar}\right)|\psi(t_1)\rangle \tag{2.36}$$

ここで $\hat{\mathcal{H}}$ はハミルトニアン（エネルギー演算子，時間に陽に依らないとした），$\hbar \equiv \frac{h}{2\pi}$（$h$ はプランク定数）である。通常 $\hbar$ は $\hat{\mathcal{H}}$ に吸収される（$\hbar = 1$ とおく）。$|\psi\rangle$ は次のシュレーディンガー方程式にしたがう（付録 E.1 節）。

$$i\hbar \frac{d|\psi\rangle}{dt} = \hat{\mathcal{H}}|\psi\rangle \tag{2.37}$$

公理 3　量子測定の記述

量子測定は測定演算子の集まり $\{\hat{M}_m\}$ で記述される。測定直前の状態が $|\psi\rangle$ であるとき，測定結果 m を得る確率 p_m は

$$p_m = \langle\psi|\hat{M}_m^\dagger \hat{M}_m|\psi\rangle \tag{2.38}$$

である。確率の和が 1 であることから次式が成り立つ。

$$\sum_m \hat{M}_m^\dagger \hat{M}_m = \hat{I} \tag{2.39}$$

公理 4　複合系の記述

複合量子系は，各要素量子系の状態 $|\psi\rangle_j$, $(j=1,2,\cdots,n)$ の**直積**（記号 $\otimes$）

$$|\psi\rangle = |\psi\rangle_1 \otimes |\psi\rangle_2 \otimes \cdots \otimes |\psi\rangle_n \tag{2.40}$$

の和（の重ね合わせ状態）として表される。

2.2 2量子ビットの状態，2量子ゲート，量子複製不可能定理，量子テレポーテーション

量子情報科学では，多数の量子ビットが必要となり，それらの重ね合わせ状態やエンタングル状態を作る必要があります。また，少なくとも 2 個の量子ビット間の演算が必要になります。

まずは 2 個の量子ビットや演算の数式について考察しましょう。続いて，量子複製不可能定理を証明します。次に，2 量子ビットのエンタングル状態（ベル状態）をつくり出す量子回路とベル状態測定の量子回路とが，単に量子回路を逆にたどるだけの関係にあることを見ます。最後に，任意の重ね合わせ状態を送受信できる量子テレポーテーション，およびそれとベル状態測定との関係について考察します。

2.2.1 2量子ビットの直積状態

2 つの量子ビット

$$|\psi_1\rangle = \alpha_1|0\rangle + \beta_1|1\rangle = \begin{pmatrix} \alpha_1 \\ \beta_1 \end{pmatrix},\quad |\psi_2\rangle = \alpha_2|0\rangle + \beta_2|1\rangle = \begin{pmatrix} \alpha_2 \\ \beta_2 \end{pmatrix} \tag{2.41}$$

が独立に存在する（エンタングルしていない）ときの状態を考えます。この状態は，2 つの量子ビットの直積で表されます。

$$\begin{aligned}
|\psi_1\rangle \otimes |\psi_2\rangle &\equiv |\psi_1\rangle|\psi_2\rangle \equiv |\psi_1\psi_2\rangle = (\alpha_1|0\rangle + \beta_1|1\rangle) \otimes (\alpha_2|0\rangle + \beta_2|1\rangle) \\
&= \begin{pmatrix} \alpha_1|\psi_2\rangle \\ \beta_1|\psi_2\rangle \end{pmatrix} = \begin{pmatrix} \alpha_1\alpha_2 \\ \alpha_1\beta_2 \\ \beta_1\alpha_2 \\ \beta_1\beta_2 \end{pmatrix} \begin{matrix} \leftarrow |00\rangle \equiv |0\rangle_{10} \\ \leftarrow |01\rangle \equiv |1\rangle_{10} \\ \leftarrow |10\rangle \equiv |2\rangle_{10} \\ \leftarrow |11\rangle \equiv |3\rangle_{10} \end{matrix} \\
&= \alpha_1\alpha_2|00\rangle + \alpha_1\beta_2|01\rangle + \beta_1\alpha_2|10\rangle + \beta_1\beta_2|11\rangle
\end{aligned} \tag{2.42}$$

すなわち，2 量子ビット状態は 4 行 1 列のベクトルとして表され，2 進法では $|00\rangle$, $|01\rangle$, $|10\rangle$, $|11\rangle$ （10 進法では $|0\rangle_{10}$, $|1\rangle_{10}$, $|2\rangle_{10}$, $|3\rangle_{10}$）の 4 つの状態の重ね合わせとなります。すなわち，(2.42) のベクトルの 1 行目は $|00\rangle$ の係数（確率振幅），2 行目は $|01\rangle$ の係数などとなります。

2.2.2 2量子ゲート

2 量子ビット状態に演算するゲートは 4 行 4 列の行列となります。ここでは，制御ゲート（control gate）として CZ ゲート（制御 Z ゲート），CNOT ゲート（制御 NOT ゲート），および SWAP ゲートを定義し，その量子回路図を示します。制御ゲートは，2 つの量子ビットの一方を制御ビット（control bit），もう一方を標的ビット（target bit）とするゲートです。

CZ ゲート，CNOT ゲート，SWAP ゲート CZ ゲートは，制御ビットと標的ビットがともに $|1\rangle$ のときだけ標的ビットの符号を反転させます。一方，CNOT ゲートは，制御ビットが $|1\rangle$ のときだけ標的ビットを反転させます（NOT ゲートは X ゲートなので，CNOT ゲートは CX ゲートそのものです）。SWAP ゲートは 2 つの量子ビットを交換します（$|\psi_1\rangle \leftrightarrow |\psi_2\rangle$）。

CZ ゲート，CNOT ゲート，SWAP ゲートは，4 行 4 列の行列として次のように表されます。

$$\mathrm{CZ} \equiv \begin{pmatrix} 1 & 0 & 0 & 0 \\ 0 & 1 & 0 & 0 \\ 0 & 0 & 1 & 0 \\ 0 & 0 & 0 & -1 \end{pmatrix}, \ \mathrm{CNOT} \equiv \begin{pmatrix} 1 & 0 & 0 & 0 \\ 0 & 1 & 0 & 0 \\ 0 & 0 & 0 & 1 \\ 0 & 0 & 1 & 0 \end{pmatrix},$$

$$\mathrm{SWAP} \equiv \begin{pmatrix} 1 & 0 & 0 & 0 \\ 0 & 0 & 1 & 0 \\ 0 & 1 & 0 & 0 \\ 0 & 0 & 0 & 1 \end{pmatrix} \tag{2.43}$$

CZゲートの演算　CZゲートを(2.42)に演算してみると，

$$\mathrm{CZ}|\psi_1\psi_2\rangle = \begin{pmatrix} 1 & 0 & 0 & 0 \\ 0 & 1 & 0 & 0 \\ 0 & 0 & 1 & 0 \\ 0 & 0 & 0 & -1 \end{pmatrix} \begin{pmatrix} \alpha_1\alpha_2 \\ \alpha_1\beta_2 \\ \beta_1\alpha_2 \\ \beta_1\beta_2 \end{pmatrix} = \begin{pmatrix} \alpha_1\alpha_2 \\ \alpha_1\beta_2 \\ \beta_1\alpha_2 \\ -\beta_1\beta_2 \end{pmatrix}$$
$$= \begin{pmatrix} \alpha_1 \\ \beta_1 \end{pmatrix} \otimes \begin{pmatrix} \alpha_2 \\ -\beta_2 \end{pmatrix} \tag{2.44}$$

となって，第4行の符号が逆転します。この状態は，2つの1量子ビットの直積で表されます。負符号は，2つのベクトルのどちらの2行目につけても問題ありません。なぜなら，4行1列のベクトルとしては同じだからです。

CNOTゲートの演算とエンタングル状態　一方，CNOTゲートを(2.42)に演算してみると，

$$\mathrm{CNOT}|\psi_1\psi_2\rangle = \begin{pmatrix} 1 & 0 & 0 & 0 \\ 0 & 1 & 0 & 0 \\ 0 & 0 & 0 & 1 \\ 0 & 0 & 1 & 0 \end{pmatrix} \begin{pmatrix} \alpha_1\alpha_2 \\ \alpha_1\beta_2 \\ \beta_1\alpha_2 \\ \beta_1\beta_2 \end{pmatrix} = \begin{pmatrix} \alpha_1\alpha_2 \\ \alpha_1\beta_2 \\ \beta_1\beta_2 \\ \beta_1\alpha_2 \end{pmatrix} \tag{2.45}$$

となって，第3行と第4行が入れ替わります。(2.45)の状態は一般にはエンタングル状態（EPR相関状態）となり，2つの量子ビットの直積としては表せません。もう一度CNOTゲートを通すと元に戻り，エンタングル状態は解消されます（$\mathrm{CNOT}^2 = \hat{I}$ より）。

SWAPゲート　その名の通りSWAPゲートは，

$$\mathrm{SWAP}|\psi_1\psi_2\rangle = |\psi_2\psi_1\rangle = |\psi_2\rangle \otimes |\psi_1\rangle \tag{2.46}$$

となって，2つの量子ビットを入れ替えます。

問題 2.4　SWAPゲートが2つの量子ビットを入れ替えることを示しなさい。♥

万能ゲート　任意のユニタリーゲートを生成できるゲートを，万能ゲート（普遍ゲート，universal gate）といいます。1量子ゲートと2量子ゲートであるCNOTゲートは，万能ゲートを成すことが知られています。さらに，ソロベイ（R. Solovay）-キタエフ（Alexei Kitaev（1963-，露））の定理によって，1量子ゲートは十分な精度でHとTに置き換えることができます（Tは非クリフォードゲートであることに注意）。それで，H，T，CNOTのセットが万能ゲートとなります（参考文献[嶋田]）。

CZゲートの量子回路図　**図2.2**にCZゲートの量子回路図を示します。制御ビットは塗りつぶしの点で示します。CZゲートは図2.2(a)のように四角の中にZを描いてもよいですが，その代わりに図2.2(b)のように塗りつぶしの点もよく使われます。つまり，どちらを制御ビットとしても同じだからです。

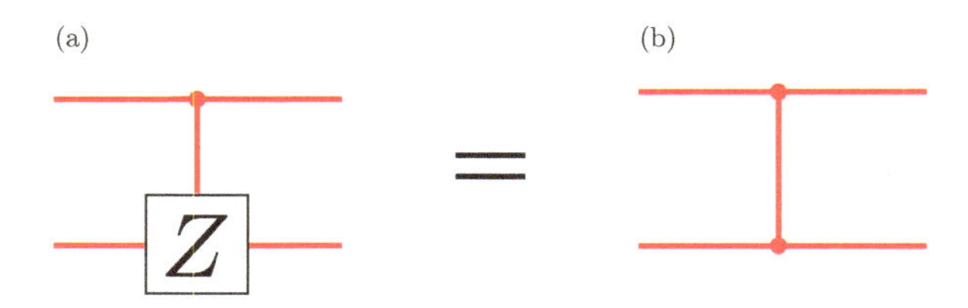

図2.2　CZゲートの量子回路図

CNOTゲートの量子回路図　**図2.3**はCNOTゲートの量子回路図です。CNOTゲートは図2.3(a)のように四角の中にXを描いてもよいですが，その代わりに図2.3(b)のように$\oplus$もよく使われます。$\oplus$は排他的論理和の記号で，$0+0=0, 0+1=1, 1+0=1, 1+1=0$のように演算します。

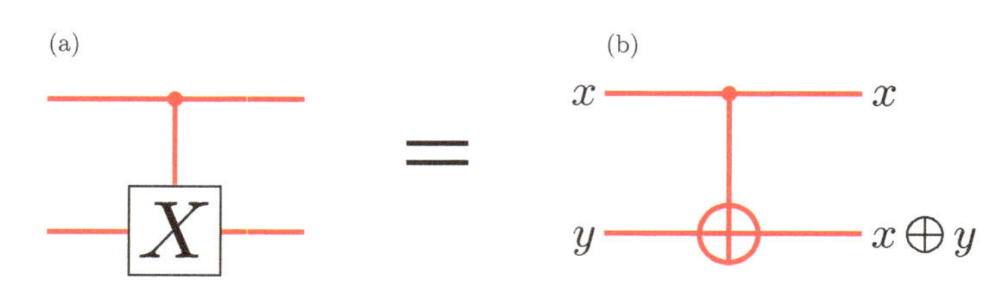

図2.3　CNOTゲートの量子回路図

SWAP ゲートの量子回路図　**図 2.4**(a) は，SWAP ゲートの量子回路図です。SWAP ゲートは図 2.4(b) のように，3 個の CNOT ゲートで作成することができます。

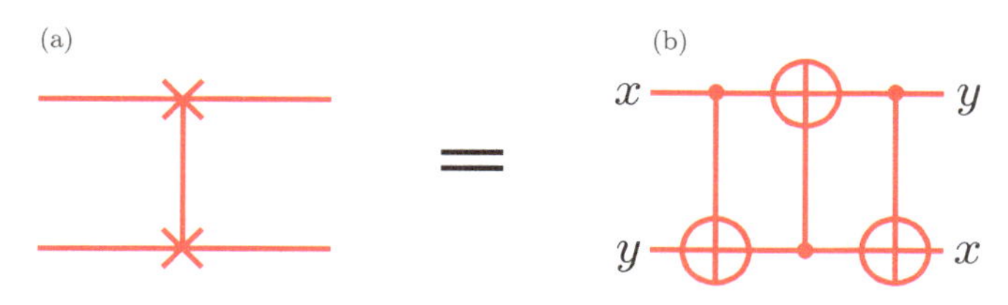

図 2.4　SWAP ゲートの量子回路図

2.2.3　ベル状態とベル状態測定

量子情報にとって重要なエンタングル状態として，ベル状態 $|B_{xy}\rangle$, $(x, y = 0, 1)$ があります (**表 2.1**)※8。これらの 4 つの状態は互いに直交し，2 量子状態の基底として利用できます。この項では，ベル状態とベル状態測定 (Bell-state measurement) について概説します。

エンタングル状態では，たとえば $|B_{00}\rangle$ で 1 番目の量子ビットの状態が 0 と測定されたときは 2 番目の量子ビットの状態も 0 と決まります。逆に 1 番目の量子ビットの状態が 1 と測定されたときは，2 番目の量子ビットの状態も 1 と決まるのです。これは EPR 相関と呼ばれ，2 つの量子ビットがどんなに遠く離れていても一瞬で起こります。

表 2.1　ベル状態をつくり出す量子回路（図 2.5(a) 参照）

入力	出力	記号 1	記号 2
0 0	$\frac{1}{\sqrt{2}}(\lvert 00\rangle + \lvert 11\rangle)$	$\lvert B_{00}\rangle$	$\lvert \Phi^{(+)}\rangle$
0 1	$\frac{1}{\sqrt{2}}(\lvert 01\rangle + \lvert 10\rangle)$	$\lvert B_{01}\rangle$	$\lvert \Psi^{(+)}\rangle$
1 0	$\frac{1}{\sqrt{2}}(\lvert 00\rangle - \lvert 11\rangle)$	$\lvert B_{10}\rangle$	$\lvert \Phi^{(-)}\rangle$
1 1	$\frac{1}{\sqrt{2}}(\lvert 01\rangle - \lvert 10\rangle)$	$\lvert B_{11}\rangle$	$\lvert \Psi^{(-)}\rangle$

※8　文献 [ニールセン] では $B_{xy} \equiv \beta_{xy}$，文献 [富田] などでは表 2.1 の記号 2 が使用される。Ψ と Φ が逆の文献もあるので要注意。

B_{xy} は次のようにまとめて書くことができます。

$$B_{xy} \equiv \frac{1}{\sqrt{2}} \left(|0\rangle|y\rangle + (-1)^x |1\rangle|\bar{y}\rangle \right) \tag{2.47}$$

$\bar{y}$ は y の値を反転した値（$\bar{0}=1, \bar{1}=0$）です。

ベル状態をつくり出す量子回路とベル状態測定量子回路　図 2.5(a) は H（アダマール）ゲートと CNOT ゲートを用いてベル状態をつくり出す量子回路です。また，図 2.5(b) はベル状態測定量子回路です。つまりベル状態測定は，ベル状態 $|B_{xy}\rangle$ の x と y を決定し，4 つのベル状態のどれなのかを同定する測定なのです。図 2.5(b) は，単に図 2.5(a) を逆向きに描いただけです。すなわち，量子回路は可逆で逆にたどることができ，エンタングルメントも元に戻すことができるのです。

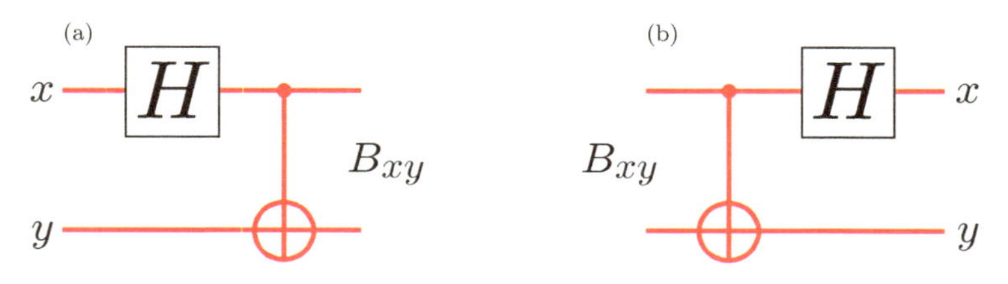

図 2.5　(a) ベル状態をつくり出す量子回路，(b) ベル状態測定量子回路

2.2.4　量子複製不可能定理

ここで量子複製不可能定理（no-cloning theorem）の証明をします。量子複製不可能定理によると，$|0\rangle$ と $|1\rangle$ の重ね合わせ状態はコピーできません。

もしコピー演算子 $\hat{C}$ が存在して，状態 (2.2) を量子ベクトル $|u\rangle$ にコピーできたとすると，

$$\begin{aligned} \hat{C}\left((\alpha_0|0\rangle + \alpha_1|1\rangle) \otimes |u\rangle \right) &= (\alpha_0|0\rangle + \alpha_1|1\rangle) \otimes (\alpha_0|0\rangle + \alpha_1|1\rangle) \\ &= \alpha_0^2|00\rangle + \alpha_0\alpha_1(|01\rangle + |10\rangle) + \alpha_1^2|11\rangle \end{aligned} \tag{2.48}$$

となるはずです。ところが，線形性の性質により

$$\begin{aligned} \hat{C}\left((\alpha_0|0\rangle + \alpha_1|1\rangle) \otimes |u\rangle \right) &= \hat{C}\left(\alpha_0|0\rangle \otimes |u\rangle \right) + \hat{C}\left(\alpha_1|1\rangle \otimes |u\rangle \right) \\ &= \alpha_0|0\rangle \otimes |0\rangle + \alpha_1|1\rangle \otimes |1\rangle \end{aligned}$$

$$= \alpha_0|00\rangle + \alpha_1|11\rangle \tag{2.49}$$

となり，(2.48) と (2.49) は，$\alpha_0 = 1,\ \alpha_1 = 0$ または $\alpha_0 = 0,\ \alpha_1 = 1$ のとき以外は一致しません。したがって，一般の重ね合わせ状態はコピーできないのです。

2.2.5 量子テレポーテーション

任意の量子状態を送受信する技術が，量子テレポーテーションです（たとえば文献 [宮野]）。3個の量子ビットを用いますが，エンタングル状態（ベル状態）と量子複製不可能定理に関連してここで説明します。

量子テレポーテーションの概略　量子情報の世界では，送受信者の2人をアリス（Alice）とボブ（Bob）とする習慣なので，以後本書でもそうすることにします。アリスは未知の量子状態 $|\psi\rangle$ をボブに送りたいとします。単に $|\psi\rangle$ を送付することもできますが，その場合は通信路のノイズによって別の状態に変わってしまう可能性があります。量子テレポーテーションでは状態が瞬時に伝わり，古典通信路による情報を得てその場で操作することによって，状態 $|\psi\rangle$ が送付されるのです。

量子テレポーテーションのプロトコル

(1) まず，アリスとボブは，エンタングル状態（ベル状態）$|\Phi^{(+)}\rangle$ の2個の量子ビット（光子）の一方（第2量子ビット）をアリス，もう一方（第3量子ビット）をボブが保有する。
(2) アリスは，ボブに送信したい状態 $|\psi\rangle$ を第1量子ビットとして，次の演算を行う。第1量子ビットを制御ビット，第2量子ビットを標的ビットとして CNOT ゲートを適用したのち，第1量子ビットにアダマールゲートを適用する。そして，第1量子ビットと第2量子ビットを測定する（図 2.6 のメーターは測定装置を表す）。
(3) アリスは，その測定結果を古典通信路を通じてボブに知らせる（**図 2.6**(a)）。
(4) ボブはその値によって，第3量子ビットに X ゲート，Z ゲートを適用する（図 2.6(a) の二重線は古典通信による操作を表す）。するとボブの第3量子ビットは，なんと状態 $|\psi\rangle$ になっているのである。このとき，アリスとボブにとって，状態 $|\psi\rangle$ は未知のままである。

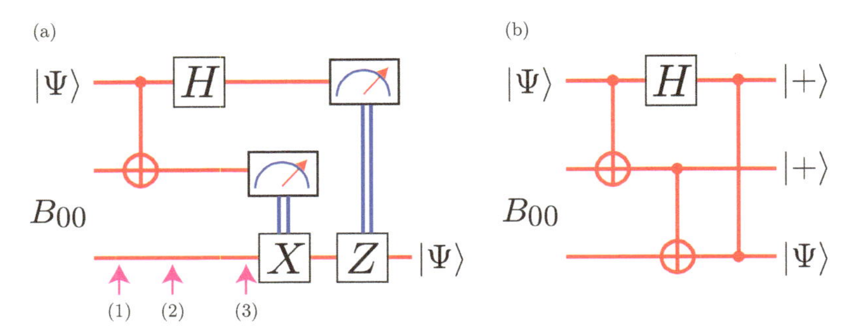

図 2.6　(a) 量子テレポーテーションの量子回路図，(b) 測定を量子ゲートで置換した図

定義 2.1　LOCC の定義

上記の (2) と (4) の局所操作と (3) の古典通信とを合わせた操作・通信を，LOCC（Local Operations and Classical Communication）という。 ♠

量子テレポーテーションが可能な理由　未知の状態 $|\psi\rangle$ がアリスからボブにテレポートできた理由は，図 2.6(a) の (1) ～ (3) の状態を追うと次のようになるからです。

$$\begin{aligned}\text{状態 (1)} &= (\alpha_0|0\rangle_1 + \alpha_1|1\rangle_1) \otimes \frac{1}{\sqrt{2}}(|00\rangle_{23} + |11\rangle_{23}) \\ &= \frac{1}{\sqrt{2}}\left[\alpha_0|0\rangle_1 \otimes (|00\rangle_{23} + |11\rangle_{23}) + \alpha_1|1\rangle_1 \otimes (|00\rangle_{23} + |11\rangle_{23})\right]\end{aligned} \tag{2.50}$$

$$\begin{aligned}\text{状態 (2)} &= \frac{1}{\sqrt{2}}\left[\alpha_0|0\rangle_1 \otimes (|00\rangle_{23} + |11\rangle_{23}) + \alpha_1|1\rangle_1 \otimes (|10\rangle_{23} + |01\rangle_{23})\right] \\ &= \frac{1}{\sqrt{2}}\left[\alpha_0|0\rangle_1 \otimes (|00\rangle_{23} + |11\rangle_{23}) + \alpha_1|1\rangle_1 \otimes (|01\rangle_{23} + |10\rangle_{23})\right] \\ \text{状態 (3)} &= \frac{1}{2}[\alpha_0(|0\rangle_1 + |1\rangle_1) \otimes (|00\rangle_{23} + |11\rangle_{23}) + \alpha_1(|0\rangle_1 - |1\rangle_1) \otimes (|01\rangle_{23} \\ &\quad +|10\rangle_{23})] \\ &= \frac{1}{2}\left[|00\rangle_{12} \otimes (\alpha_0|0\rangle_3 + \alpha_1|1\rangle_3) + |01\rangle_{12} \otimes (\alpha_0|1\rangle_3 + \alpha_1|0\rangle_3)\right. \\ &\quad \left.+|10\rangle_{12} \otimes (\alpha_0|0\rangle_3 - \alpha_1|1\rangle_3) + |11\rangle_{12} \otimes (\alpha_0|1\rangle_3 - \alpha_1|0\rangle_3)\right]\end{aligned} \tag{2.51}$$

すなわち，状態 (3) において，第 1 と第 2 量子ビットがどちらも 0（つまり $|00\rangle_{12}$）

のときには，$|\psi\rangle$ が第 3 量子ビットにそのまま伝わることがわかります。第 2 量子ビットが 1 だったときは，ボブは X ゲートで第 3 量子ビットをビット反転し，第 1 量子ビットが 1 だったときは Z ゲートにより第 3 量子ビットの位相を反転して，第 3 量子ビットを $|\psi\rangle$ に戻しているのです。

測定と量子回路　一般に，量子回路の途中での測定は，ゲートなどをうまく使うことによって，量子回路の最後に持ってくることができます。たとえばアリスの手元に量子ビット 3 がある場合は，測定の代わりに CNOT ゲートと CZ ゲートを適用して量子ビット 3 を $|\psi\rangle$ に変え，ボブに送信することができるのです（図 2.6(b)）。ただしこの場合は，単に第 1 量子ビットを送ったのと同じであり，しかも量子ビットの送受信によってノイズの影響を受ける可能性があります。つまり一般に，LOCC による方法の方が正確度が高いといえます。

ベル状態測定との関係　図 2.6 で量子ビット 1 と 2 を見ると，アダマールゲートの後に CNOT ゲートが適用されています。すなわちこの回路は，図 2.5(b) のベル状態測定量子回路になっていることがわかります。このことを式を示すために，ビット 1 と 2 について，まず (2.50) を次のように書き直します。

$$\text{状態 (1)} = \frac{1}{\sqrt{2}}\left[\alpha_0(|0\rangle_1|0\rangle_2|0\rangle_3 + |0\rangle_1|1\rangle_2|1\rangle_3) + \alpha_1(|1\rangle_1|0\rangle_2|0\rangle_3 + |1\rangle_1|1\rangle_2|1\rangle_3)\right] \tag{2.52}$$

次に 4 つのベル状態の式から次式を得ます。

$$\begin{aligned}|0\rangle_1|0\rangle_2 &= \frac{|\Phi^{(+)}\rangle_{12} + |\Phi^{(-)}\rangle_{12}}{\sqrt{2}}, \quad |0\rangle_1|1\rangle_2 = \frac{|\Psi^{(+)}\rangle_{12} + |\Psi^{(-)}\rangle_{12}}{\sqrt{2}}\\ |1\rangle_1|0\rangle_2 &= \frac{|\Psi^{(+)}\rangle_{12} - |\Psi^{(-)}\rangle_{12}}{\sqrt{2}}, \quad |1\rangle_1|1\rangle_2 = \frac{|\Phi^{(+)}\rangle_{12} - |\Phi^{(-)}\rangle_{12}}{\sqrt{2}}\end{aligned} \tag{2.53}$$

これらを (2.52) に代入して整理すると

$$\begin{aligned}\text{状態 (1)} = \frac{1}{2}\Big[&|\Phi^{(+)}\rangle_{12}(\alpha_0|0\rangle_3 + \alpha_1|1\rangle_3) + |\Psi^{(+)}\rangle_{12}(\alpha_0|1\rangle_3 + \alpha_1|0\rangle_3)\\ &+|\Phi^{(-)}\rangle_{12}(\alpha_0|0\rangle_3 - \alpha_1|1\rangle_3) + |\Psi^{(-)}\rangle_{12}(\alpha_0|1\rangle_3 - \alpha_1|0\rangle_3)\Big]\end{aligned} \tag{2.54}$$

となり，図 2.6 は結局ベル状態測定をしていることになるのです。

2.3 3量子ビットの状態と3量子ゲート

次に量子ビットが 3 個ある状態について考えます。

2.3.1 3量子ビットの直積状態

3 つの量子ビット

$$|\psi_j\rangle = \alpha_j|0\rangle + \beta_j|1\rangle = \begin{pmatrix} \alpha_j \\ \beta_j \end{pmatrix}, \quad (j = 1, 2, 3) \tag{2.55}$$

が独立に存在する（エンタングル状態になっていない）ときの状態は，3 つの量子ビットの直積で表されます。

$$\begin{aligned} |\psi_1\rangle \otimes |\psi_2\rangle \otimes |\psi_3\rangle &\equiv |\psi_1\rangle|\psi_2\rangle|\psi_3\rangle \equiv |\psi_1\psi_2\psi_3\rangle \\ &= (\alpha_1|0\rangle + \beta_1|1\rangle) \otimes (\alpha_2|0\rangle + \beta_2|1\rangle) \otimes (\alpha_3|0\rangle + \beta_3|1\rangle) \\ &= \alpha_1\alpha_2\alpha_3|000\rangle + \alpha_1\alpha_2\beta_3|001\rangle + \cdots + \beta_1\beta_2\beta_3|111\rangle \\ &= \begin{pmatrix} \alpha_1\alpha_2\alpha_3 \\ \alpha_1\alpha_2\beta_3 \\ \vdots \\ \beta_1\beta_2\beta_3 \end{pmatrix} \begin{matrix} \leftarrow |000\rangle \equiv |0\rangle_{10} \\ \leftarrow |001\rangle \equiv |1\rangle_{10} \\ \vdots \\ \leftarrow |111\rangle \equiv |7\rangle_{10} \end{matrix} \end{aligned} \tag{2.56}$$

すなわち，3 量子ビット状態は 8 行 1 列のベクトルとして表され，2 進法では $|000\rangle, |001\rangle, \cdots, |111\rangle$（10 進法では $|0\rangle_{10}$, $|1\rangle_{10}$, $\cdots$, $|7\rangle_{10}$）の 8 つの状態の重ね合わせとなります。つまり，量子ビットが 1 個増えるごとに状態の数は 2 倍になるのです。

2.3.2 トフォリ（CCNOT）ゲート

トフォリゲート（Toffoli gate，CCNOT ゲート）は，第 1 と第 2 量子ビットが 1 のとき，第 3 量子ビットを反転するゲートで，8 行 8 列の行列として次のように表されます。トフォリゲートの量子回路は，図 2.3 の CNOT ゲート図にもう 1 本制御ビットを加えた回路になります。

$$\mathrm{CCNOT} = \begin{pmatrix} 1 & 0 & 0 & 0 & 0 & 0 & 0 & 0 \\ 0 & 1 & 0 & 0 & 0 & 0 & 0 & 0 \\ 0 & 0 & 1 & 0 & 0 & 0 & 0 & 0 \\ 0 & 0 & 0 & 1 & 0 & 0 & 0 & 0 \\ 0 & 0 & 0 & 0 & 1 & 0 & 0 & 0 \\ 0 & 0 & 0 & 0 & 0 & 1 & 0 & 0 \\ 0 & 0 & 0 & 0 & 0 & 0 & 0 & 1 \\ 0 & 0 & 0 & 0 & 0 & 0 & 1 & 0 \end{pmatrix} \tag{2.57}$$

トフォリゲートを 8 行 1 列のベクトルに演算すると，ベクトルの第 7 行目と第 8 行目を入れ換えることがわかります。CNOT ゲートと同じく，トフォリゲートにより一般にエンタングル状態がつくられます。トフォリゲートも非クリフォードゲートです。

2.4 n 量子ビットの状態と n 量子ゲート

同様にして，n 量子ビットが独立に存在する（エンタングル状態になっていない）ときの状態を考えます。

$$|\psi_j\rangle = \alpha_j 0\rangle + \beta_j|1\rangle = \begin{pmatrix} \alpha_j \\ \beta_j \end{pmatrix}, \quad (j = 1, 2, \cdots, n) \tag{2.58}$$

n 個の (2.58) の直積は

$$\begin{aligned} &|\psi_1\rangle \otimes |\psi_2\rangle \otimes \cdots \otimes |\psi_n\rangle \equiv |\psi_1\rangle|\psi_2\rangle \cdots |\psi_n\rangle \equiv |\psi_1\psi_2\cdots\psi_n\rangle \\ &= (\alpha_1|0\rangle + \beta_1|1\rangle) \otimes (\alpha_2|0\rangle + \beta_2|1\rangle) \otimes \cdots \otimes (\alpha_n|0\rangle + \beta_n|1\rangle) \\ &= \alpha_1\alpha_2\cdots\alpha_n|00\cdots0\rangle + \alpha_1\cdots\alpha_{n-1}\beta_n|0\cdots01\rangle + \cdots + \beta_1\beta_2\cdots\beta_n|111\cdots1\rangle \\ &= \begin{pmatrix} \alpha_1\alpha_2\cdots\alpha_n \\ \alpha_1\cdots\alpha_{n-1}\beta_n \\ \vdots \\ \beta_1\beta_2\cdots\beta_n \end{pmatrix} \quad \begin{matrix} \leftarrow |00\cdots0\rangle \equiv |0\rangle_{10} \\ \leftarrow |0\cdots01\rangle \equiv |1\rangle_{10} \\ \vdots \\ \leftarrow |11\cdots1\rangle \equiv |2^n - 1\rangle_{10} \end{matrix} \end{aligned} \tag{2.59}$$

となります。すなわち，n 量子ビットの重ね合わせ状態は 2^n 行 1 列のベクトルとして表され，2 進法では $|0\cdots00\rangle$，$|0\cdots01\rangle$，$\cdots$，$|1\cdots11\rangle$（10 進法で表すと，

$|0\rangle_{10}, |1\rangle_{10}, \cdots, |2^n-1\rangle_{10}$）の 2^n 個の状態の重ね合わせとなります。10 進法の添え字の 10 を省略することも多いですが，ほとんど混乱は生じないでしょう。

$\{|0\cdots00\rangle, |0\cdots01\rangle, \cdots, |1\cdots11\rangle\}$ は n 量子ビット系での計算基底となります。また，n 量子ビット状態に演算する量子ゲートは，2^n 行 2^n 列のユニタリー行列となります。

コラム❶ 量子エネルギーテレポーテーション

量子テレポーテーションは不思議ですが，ここでは，物理的実体であるエネルギーがテレポートされるという量子エネルギーテレポーテーション（QET: Qusntum Energy Transportation）について概説します（参考文献 [Hotta]）。

どうやってエネルギーがテレポートされるというのでしょうか。図 2.7 は，量子エネルギーテレポーテーションの概念図です。

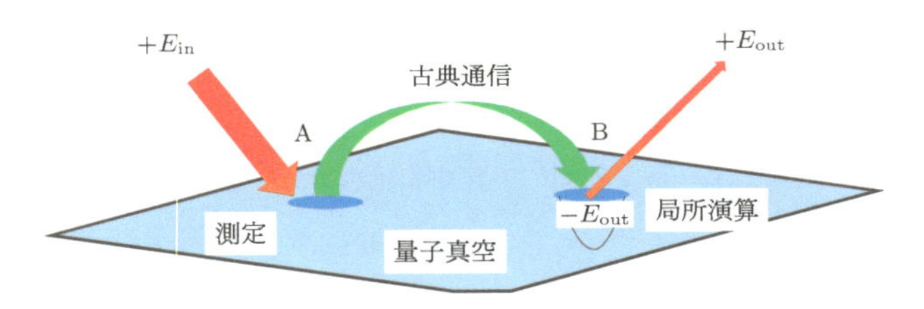

図 2.7 量子エネルギーテレポーテーションの概念図（文献 [Hotta] の図を和訳）

QET のカギは，量子揺らぎとエンタングルメントです。まず，基底状態の多体系を用意します。基底状態は，空間の各点でエンタングル状態にあります。アリスが点 A で基底状態を測定すると系のエンタングル状態が壊れ，全系にエネルギー $E_{\rm in}$ を注入したことになります。

アリスが，遠くに離れた点 B にいるボブに古典通信で測定結果を知らせます。ボブがその情報に基づいて点 B の基底状態に操作すると，$E_{\rm in}$ の一部 $E_{\rm out}$ $(0 < E_{\rm out} \leq E_{\rm in})$ が取り出せるというのです。$E_{\rm out}$ は，ゼロ点エネルギー（量子揺らぎ）を取り出したことになるのです。ただし，B 点での状態は負エネルギー状態（$-E_{\rm out} < 0$）となり，点 B での合計エネルギーは 0 です（通常，基底状態のエネルギーを 0 とします）。

こうしてエネルギー保存則にも，相対性原理にも矛盾しない量子エネルギーテレポーテーションが実現可能なのです。今や有名な量子テレポーテーションは，状態を遠くに移すだけなので，より適切には量子状態テレポーテーション（QST：Quantum State Teleportation）と呼ばれます。それに対して QET は，QST と違って物理的実体であるエネルギーをテレポートできるのです。

QET は，2008 年に東北大学の堀田昌寛によって理論的に発見されました。しかしながら，なかなか信じてもらえませんでした。発見者自身もその結果に驚き，何度も数式を見直したそうです。

その理論は，徐々に正しさが認められていきましたが，やっと 14 年後の 2022 年 3 月に米国とカナダのグループが世界で初めて実験に成功し，QET を実証したと発表しました。グループは NMR（Nuclear Magnetic Resonance）技術とトランスクロトン酸（transcrotonic acid）という分子の 3 つの隣り合った炭素原子 C_1, C_2, C_3 を用いました。これらの 3 個の炭素原子を ^{13}C にして，他の ^{12}C と区別できるようにしてあります（^{13}C と通常の ^{12}C は原子核が違っていて，^{13}C は ^{12}C 原子核に中性子が 1 個余分にあって安定な原子核をもつ原子です）。C_1 のエネルギーを測定してエネルギーが与えられ，C_2 を介して C_3 に情報を伝え，C_3 にエネルギーがテレポートされることが確認されました。もしこれが古典的なエネルギー移動だったなら約 1 秒かかるところ，37 ms でエネルギーが遷移したのです。

2023 年 1 月にストーニーブルック大学の池田一毅は，IBM の量子コンピュータの 2 個の量子ビットを用いて QET を確認しました。続く論文では，ベル状態（エンタングル対）を用いてさらに遠くへ量子エネルギーをテレポートできることも示しました。

これまでの実験では，取り出された量子エネルギーは熱として消費されてしまいました。2024 年 9 月 6 日，取り出した量子エネルギーを量子ビットに貯蔵できたことが発表されました（文献 [Xie]）。同じく IBM の量子コンピュータを用いて，エンタングルした量子ビット対の片方を測定し，その情報を第 3 の量子ビットに貯蔵することに成功したのです。

残念ながらそのエネルギーはゼロ点エネルギーなのでわずかであり，マクロの世界の役には立たないと思われますが，少なくとも量子情報科学分野では，QET プロトコルが有効な手法の 1 つになるかもしれません。

第3章 量子計算

量子情報科学で最近ホットな話題の 1 つが，量子コンピュータです。この節では，量子コンピュータとは何であり，従来のコンピュータ（古典コンピュータ）とどう違い，何が期待できるのかを概観します。

3.1 古典コンピュータと量子コンピュータ

まずは古典コンピュータの進展を眺めたのち，量子コンピュータの特徴について概観します。

3.1.1 古典コンピュータ

現代のコンピュータは，半導体の著しい進展に支えられています。半導体の動作を理解・説明する基礎理論が量子力学であることは言うまでもありません。

なぜ「古典」コンピュータと呼ぶ？ 現代のコンピュータが，なぜ古典コンピュータ（classical computer）と呼ばれるのでしょうか。「古典」と呼ばれる理由は，量子コンピュータと区別するためです。すなわち古典コンピュータは，量子力学を直接的には活用していないのです。量子力学に基づかない力学などは，古典力学などと呼ばれます。重力を時空の歪みとして記述する一般相対性理論も，古典論なのです。なぜなら，量子力学に基づかないからです。一般相対性理論と量子力学を融合する努力が現在も続けられています。

アナログコンピュータとデジタルコンピュータ 古典コンピュータは，アナログコンピュータとデジタルコンピュータとに大別されます。デジタルコンピュータは0と1の2つのビット※1（デジタル量）を利用して計算を行いますが，アナログコンピュータは，物理量を連続量として計算します。

アナログコンピュータは1920年代から1960年代にかけて活躍しましたが，デジタルコンピュータの驚異的な進歩・発展によって，現代では特殊目的にしか使われていません。そのため本書では，古典コンピュータとしてデジタルコンピュータだけを考えることにします。

古典ゲート　デジタルコンピュータの計算の基本は，古典ゲートです。古典ゲートにはNOT, AND, NAND (not AND)，OR, NOR (not OR)，XOR (exclusive OR) などがあります（**図 3.1**）。NOTは1入力・1出力で，ビットを反転します ($0 \to 1,\ 1 \to 0$)。AND, NAND, OR, NOR, XORは2入力・1出力で，その入出力は**表 3.1** の通りです。

XORは量子演算でも重要で記号は $\oplus$（排他的論理和）で表され，計算は次のように表されます。つまり，数値は2を法とする数になります。

$$0 \oplus 0 = 0, \quad 0 \oplus 1 = 1, \quad 1 \oplus 0 = 1, \quad 1 \oplus 1 = 0 \tag{3.1}$$

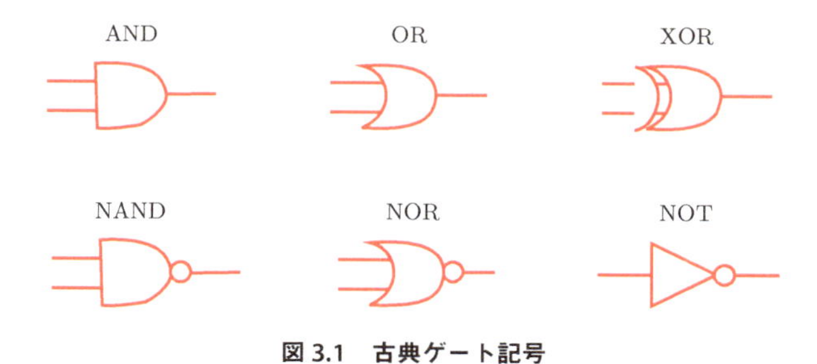

図 3.1　古典ゲート記号

表 3.1　AND, NAND, OR, NOR, XOR の入出力

入力	AND	NAND	OR	NOR	XOR
0 0	0	1	0	1	0
0 1	0	1	1	0	1
1 0	0	1	1	0	1
1 1	1	0	1	0	0

※1　bit は binary digit からの造語。binary は2進法，digit は数字（昔は指）の意味。

万能ゲート　古典コンピュータでは，AND ゲートと NOT ゲートだけ（または NAND ゲートだけ）で他のすべてのゲートをつくることができます。それで，AND ゲートと NOT ゲート（または NAND ゲート）を万能ゲート（universal gate，普遍ゲート）といいます。

問題 3.1　NOT，AND，OR，NOR，XOR ゲートを NAND ゲートだけを用いて作成しなさい。 ♥

ゲートの可逆性　NOT ゲートの入出力は，逆にたどることができます。つまり，出力のビット値がわかれば入力のビット値がわかり，これを「可逆である（reversible）」といいます。ところが AND ゲートなど 2 入力・1 出力の回路は，逆にたどることはできません（非可逆，irreversible)。これが古典ゲートと量子ゲートの著しい違いです。ただし，古典ゲートに余計な配線をして可逆にすることは常に可能です。

ムーアの法則とそのかげり　半導体技術の進歩は著しく，集積回路も IC（Integrated Circuit）から LSI（Large Scale Integration)，VLSI（Very LSI)，ULSI（Ultra LSI）と進歩してきました。その恩恵によって私たちは，パソコン（personal computer）やスマホ（smartphone）などを享受しているのです。

ムーアの法則（Moore's law）は，チップ（集積回路）あたりの部品数が 2 年で 2 倍になるとの予測です。1970 年代からのデータをフィットしてみると，2.4 年に 2 倍の勢いで伸びてきましたが，最近はその伸びが鈍ってきているようです。

プロセスルール（最小加工寸法）も，今や $2\,\mathrm{nm}$（ナノメートル，$1\,\mathrm{nm} = 10^{-9}\,\mathrm{m}$）以下になろうとしています。つまり量子の世界に近づいてきて，量子効果を何とか抑制しつつ，0 か 1 のデジタル回路を作成している状況です。このことは，量子の性質を直接利用する量子コンピュータ開発を推進すべき時代が来ていることを如実に示しているといえます。

3.1.2 量子コンピュータ

量子コンピュータは，デジタルコンピュータと同じく，ビットを用いて計算します。しかし量子コンピュータのビットは，その量子的性質がフルに活用されるため，

量子ビット（qubit）と呼ばれます。

量子コンピュータの超並列性　量子コンピュータは，古典コンピュータに比べて圧倒的なスピードで計算するといわれています。なぜなのでしょうか。

その理由は，量子コンピュータの「超並列性」にあります。超並列性は，量子特有の「重ね合わせの原理」によります。すなわち，各量子ビットは0と1の重ね合わせ状態をとれるのです（(2.2) 参照)。

すると，1量子ビットでは2個の状態，2量子ビットでは4個の状態というように，量子ビットが増えるごとに状態の数が2倍ずつ増加し，n 量子ビットでは 2^n 個の状態が同時にとれて，計算も同時にできてしまいます。つまり，各ステップで 2^n 個の計算が同時にできてしまうのです。

表 3.2 に，n 量子ビットのときの状態の数の例をまとめました。この宇宙に含まれる全原子数が約 10^{80} 個ですから，400量子ビットあるとそれを大きく超えてしまうのです。

表 3.2　n 量子ビットの量子状態の数

量子ビット数（n）	50	100	200	400
量子状態の基底の数（2^n）	1.1×10^{15}	1.3×10^{30}	1.6×10^{60}	2.6×10^{120}

量子アルゴリズムの必要性　しかしながら，せっかく計算できた 2^n 次元の重ね合わせ状態の計算結果は，各量子ビットを読み出した瞬間に，たった1つの結果だけに「収縮」してしまうのです。その収縮は確率的に起こり，各量子ビットは0または1の値としてデジタル化します。そして，2^n 個の状態が，0や1が合計 n 個並ぶ，たった1個のビット列として観測されるのです。

すなわち，**「量子コンピュータはアナログ・デジタル計算機である」**といえるのです。つまり，計算途中では 2^n 次元の計算を同時にアナログで行い，出力はたった1個のビット列（デジタル数値）となるのです。しかもほとんどの場合は，望む計算結果ではありません。

測定では，状態のもつ確率が高いほどその状態に収縮しやすく，結果として得られやすいのです。つまり量子アルゴリズムは，求めたい計算結果の状態の確率を高めて，ほぼ100%にするために必要なのです。

誤り訂正と誤り耐性量子計算　古典コンピュータに比べて格段に難しいのが，ノイズへの対処です。

古典コンピュータでのビットはデジタルで，0 と 1 しかありません。たとえば，電圧で 0 V を 0，1 V を 1 と定義したとすると，古典コンピュータでは電圧が測定できて，0.51 V だったら 1 に，0.49 V だったら 0 と解釈することができます。さらに，誤り訂正技術の成熟度も高く，古典コンピュータでの誤り率は無視できるほど小さいのです。

それに対して量子コンピュータは，計算時はアナログ計算であり，ほんの小さなノイズもうまく修正できないと，間違った結果を出してしまいます。しかも，計算中に量子ビットを測定してしまうと，各ビット値が 0 か 1 に確定してしまって，アナログの超並列計算が途中で終わってしまうのです。さらに，量子複製不可能定理によって，任意の量子ビットのコピーはできないのです。

「この三重苦では，量子ビットの連続的な誤りは訂正できないだろう。だから量子コンピュータは実現不可能だろう」とずっと思われてきました。ところが 1995 年，ショアは量子コンピュータでの誤り訂正（error correction）が可能であることを示したのです（12.2.3 項参照）。それで量子コンピュータ開発の機運が一気に高まったのです。

量子コンピュータの分類　量子コンピュータは「量子ゲート方式」（3.2 節）と「量子アニーリング方式」（3.3 節）とに大別されます。以前には「万能型と特化型」や「デジタル型とアナログ型」などに分類されました。

しかしながら，特化型の代表的存在である量子アニーリング方式も特殊な装置の追加により万能型に変換可能なことや，量子コンピュータ自身がアナログ・デジタルコンピュータであることなどから，上記の分類法が一般的になりました。

3.2 量子ゲート方式コンピュータ

まずは量子ゲート方式コンピュータについて概観します。古典コンピュータがゲート式であることに対応して，量子ゲートを用いるのが量子ゲート方式コンピュータです。

3.2.1 汎用量子計算モデル

量子ゲート方式コンピュータを用いる場合の汎用量子計算モデルは，**表 3.3** の 4 つに大別されます※2。

表 3.3 汎用量子計算モデル

量子計算モデル	概要
量子回路	標準型。量子ビットをまず初期化し，順次ゲート演算して最後に測定
測定型（一方向型）	特殊な初期状態を準備後 1 量子ビットずつ測定し，最後に残りのビットを測定
断熱型	エネルギー演算子を断熱的に変化させてシュレーディンガー方程式を解く
トポロジカル型	マヨラナ準粒子の組み換えによって演算

以下にそれぞれの計算モデルの概略を述べます。

量子回路型計算モデル　標準型量子計算といえる量子回路型計算モデルです。必要な量子ゲートを次々に量子ビットに適用していって，最後に量子ビットを測定して計算結果を得ます。

測定型量子計算モデル　測定型量子計算モデルは**一方向型量子計算モデル**とも呼ばれ，量子回路計算モデルと計算内容が等価であることが示されています。この計算モデルは，2001 年にラッセンドルフ（Robert Raussendorf（1973-），独）とブリーゲル（Hans J. Briegel（1962-），独）によって提案され，次のように計算を行います。

(1) n 量子ビットのエンタングルした初期状態である**リソース**（resource）状態を作成する。リソース状態を，**ユニバーサル量子状態**，または**クラスター状態**ともいう。
(2) 1 量子ビットをある角度（ブロッホ球での角度：付録 B.2.1 項参照）の量子軸で測定する。
(3) その結果に基づいて次の量子ビット角度を古典コンピュータで計算し，計算した角度を量子軸として次の量子ビットを測定する。個々の測定が，結果的に個々の量子ゲートに対応する。
(4) (3) を所定の回数（m 回とする）だけ繰り返す。

※2　文献 [渡邊 2] 5.1 節に手を入れた。

(5) 残った $n-m$ 個の量子ビットを測定する。測定した量子ビットの値は，欲しい量子演算の結果になっている。

この方法の特長は，量子的段階（リソース状態の作成）と，古典的段階（測定）とが分離されていることです。最初のリソース状態はユニバーサルであり，どんな計算にも使えます。また，リソース状態の難しい部分の作成は，成功するまで繰り返すことができます。

測定型量子計算モデルは，光量子による計算やトポロジカル量子計算に最適であり，また，「量子誤り耐性計算を，表面符号（surface code）に基づいて簡潔に実現可能」という利点を持ちます（文献 [小柴]）。

断熱型量子計算モデル　エネルギー演算子（ハミルトニアン）をまず簡単な初期状態に設定し，断熱的に望みの終状態へと変化させて**シュレーディンガー方程式**を解く方法が，断熱型量子計算モデルです※3（付録 E.2.2 項参照）。

断熱型量子計算モデルは，2000 年にファーヒ（Edward Farhi（1952-, 米））たちが提案しました。それまでの方法では，問題関数（ハミルトニアン）を変えずに，答えとなる変数を探していました。一方，断熱型量子計算モデルは，問題関数の形を断熱的に変えて答えを求めるという，逆転の発想ともいえる方法です。

トポロジカル型量子計算モデル　トポロジカルな準粒子，エニオンの 1 種であるマヨラナ準粒子（付録 B.2.5 項参照）の組み換え（組みひも理論）で演算します。この方法も，計算内容は量子回路計算モデルと理論的には等価になります。

トポロジカル量子計算モデルは，1999 年にザナルディ（Paolo Zanardi）とラセッティ（Mario Rasetti）が提案し，2006 年にキタエフ（Alexey Y. Kitaev（1962-, 露））がマヨラナ準粒子の活用を提案しました。

この方法の最大の強みは，トポロジカルな現象を使うので環境ノイズに強い（コヒーレンス時間が長い）ことです。また，量子誤り訂正もトポロジカルにコードでき，誤り耐性計算が可能です。開発はまだまだと思われていましたが，2025 年になって Microsoft 社が Majorana 1 チップ作成を発表して世界を驚かせました（p. iii と表 1.3 参照）。

※3 「断熱的」の元々の意味は，系に熱（すなわちエネルギー）の出入りが無いことである。しかし量子力学での断熱的とは，「系をエネルギー演算子の基底状態に保ったまま，ゆっくりと熱の出入り無しに系を変化させること」である。より具体的には，量子力学での断熱的とは「2 つのエネルギーレベルが交わらないほどゆっくりということ」を意味する。つまり，断熱的とは，2 つのエネルギーレベルが交わらずにそれぞれ別のレベルに遷移することである。

3.2.2 量子ゲート方式での量子回路の例

量子回路図では，各量子ビットは横線で表され，左から右に演算が行われていきます。ここではその例として，足し算量子回路を概観することにします（参考文献 [佐々木] 第 1 部 5.2 節）。

足し算量子回路　**図 3.2** は足し算量子回路です。**表 3.4** は，入力に対する出力結果です。

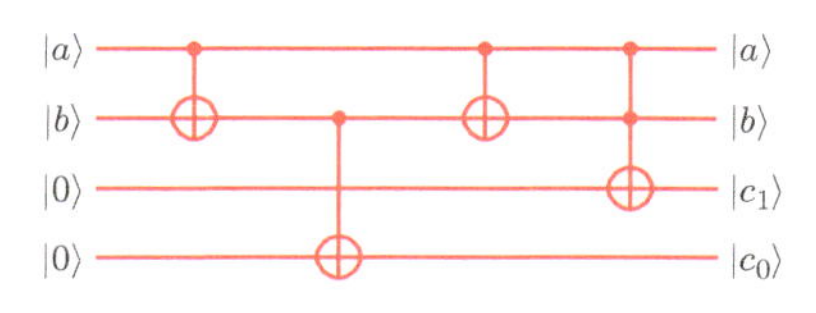

図 3.2　足し算量子回路

表 3.4　足し算量子回路の結果

a	b	c_1	c_0	足し算（2 進法）
0	0	0	0	$0+0=0$
1	0	0	1	$1+0=1$
0	1	0	1	$0+1=1$
1	1	1	0	$1+1=10$

$|a\rangle$ と $|b\rangle$ を両方とも重ね合わせ状態 $\frac{1}{\sqrt{2}}(|0\rangle+|1\rangle)$ にすると，表 3.4 の 4 つの結果がすべて得られます。しかしながら残念なことに，この 4 つの結果をすべて一挙に読み出すことはできません。4 個の量子ビットを測定すると，どれか 1 つの結果または無意味な結果がランダムに得られるだけです。

もちろん，重ね合わせ状態を用いずに計算すれば正しい結果が得られますが，それでは古典コンピュータと変わりません。重ね合わせ状態を用いて望みの結果を得るためには，量子アルゴリズムが必要なのです（第 4 章参照）。

3.2.3 ノイズ対策と量子ゲート方式コンピュータ

この項では，量子ゲート方式コンピュータでのノイズ対策について概観します。

論理量子ビットと物理量子ビット　量子ゲート方式では誤り耐性量子コンピュータ（FTQC：Fault Tolerant Quantum Computer）を目指して，いろいろな誤り訂正符号が考案されてきました。誤り訂正に必要なことは，誤り訂正可能な論理量子ビット（logical qubit）を用いて演算を行うことです（12.2 節と 12.3 節参照）。論理量子ビットは一般に複数の物理量子ビット（physical qubit）から構成されます（物理量子ビットは，個々の量子ビットのことです）。

表 3.2 によると数百の量子ビットで膨大な計算ができますが，その量子ビットは実は論理量子ビットなのです。さらに，計算に必要な補助量子ビットも含めると，誤り耐性量子計算には少なくとも数百万物理量子ビットが必要と見積もられていました。

しかし，2001 年に提案された GKP（Gottesman-Kitaev-Preskill）量子ビット（10.1.2 項参照）は，たった 1 個で論理ビットになっています。GKP 量子ビットは，多数の状態を重ね合わせて作成します。GKP 量子ビットの作成については，捕捉イオンでは 2019 年，超伝導量子ビットでは 2020 年に成功し，光では古澤明（1961-）たち東大グループが 2024 年 1 月に世界で初めて実現したと発表しました（参考文献 [東大]）。

さらに 2024 年 9 月 5 日に，理研が新たな誤り訂正符号である「多超立方体符号」を開発したと発表しました（文献 [後藤 1]）。この符号は，たとえば 216 物理量子ビットで 64 論理量子ビットを符号化できるので，符号化率（論理量子ビット数を物理量子ビット数で割った値）が約 0.3 となり，従来法に比べて格段に高めることができます。しかも専用の高性能な符号化器や復号器を開発することにより，従来と同程度の誤り訂正性能を発揮できるといいます。

NISQ と誤り抑制・緩和　少し前まで，誤り耐性量子コンピュータが実現するのは，まだまだ先のことと思われていました。そこで，当面は誤り訂正無しの NISQ（ニスク）（Noisy Intermediate Scale Quantum）コンピュータで成果を出そうという提案がなされていました。

そんな中，いろいろな誤り抑制（error suppression）技術や誤り緩和（error mitigation）技術が開発され，ノイズの影響を軽減する努力が続けられています。誤り抑制と誤り緩和の違いは何でしょうか。専門家の間でも統一見解はないようです（ただ，誤り訂正（error correction）については，誤り訂正符号により誤りを訂正する方法ということは一致しているようです）。

ここでは，IBM の見解にしたがって，誤り抑制はハードウェアの調整によってノイズを減らす技術，誤り緩和は NISQ デバイスで得た結果をより正しい結果に修正する技術，と分類することにします（参考文献 [IBM]）。**表 3.5** に誤り抑制技術の例，**表 3.6** に誤り緩和技術の例をまとめました。

表 3.5　誤り抑制の技法の例（参考文献 [IBM]）

誤り抑制の技法	内容
digital dynamical decoupling	理想に近いパルス波形で量子回路を操作
derivative removal by adiabatic gate	標準パルス波形調節で 0 と 1 状態のみに保つ

表 3.6　誤り緩和の技法の例

誤り緩和の技法	内容
zero-noise extrapolation	複数個の異なるノイズの測定値によってゼロノイズに外挿
probabilistic error cancellation	各量子ゲートのノイズモデルからゼロノイズの値を予想
Clifford data regression	量子シミュレーション† 結果からゼロノイズの値を予想

† クリフォードゲートでの計算は古典コンピュータで正確にシミュレート可（12.3.3 項参照）

また，上記のように，誤り訂正符号の改良の進化も著しく，誤り耐性量子コンピュータ実現もそう遠くないとの期待が膨らんでいます。それで現在は，「少ない論理量子ビット数でも量子ゲート方式コンピュータを製造して，古典コンピュータと組み合わせた量子・古典ハイブリッド計算で成果を出していくことを優先したい」という機運が高まってきているようです（第 13 章参照）。

3.3 量子アニーリング方式コンピュータ

量子アニーリング方式コンピュータは，**量子アニーラ**と略されます。量子アニーラは，主に組み合わせ最適化問題を解く専用量子コンピュータです。ただし，量子アニーリング方式コンピュータも汎用計算が可能になるように改良できます（文献 [グランブリング]）。そのためには，非疑似古典回路を付加して制御性が向上し，さらにノイズを極限まで改善するか，または誤り訂正を実装する必要があります。

組み合わせ最適化問題は，扱うパラメータ数が増えると指数関数的に組み合わせの数が増大し，古典コンピュータで解くのは不可能になります。

量子アニーラは，最適化問題のほかに，サンプリング，量子シミュレーションにも活用されています。サンプリングとは，計算を多数回繰り返して得た答えから，最適化の最適値を求めたり，母集団の分布についての知見を得る方法です。

この節では，まず，社会の至るところで組み合わせ最適化問題があることを見ます。続いて，量子アニーリング法とはどんな方法か，量子アニーラはどのようにして最適化を実現しているのか，について概観します。

3.3.1 組み合わせ最適化問題

世の中には，至るところに組み合わせ最適化のニーズがあります。たとえば「**巡回セールスマン問題**」は，「決められた地点（N 個）を必ず 1 回訪れ，全地点を最短距離（または，最小費用，最短時間）で巡るにはどのように回ればよいかという問題」であり，その組み合わせの数は

$$\frac{(N-1)!}{2} \equiv \frac{(N-1)\times(N-2)\times\cdots\times 1}{2} \tag{3.2}$$

となります。たとえば $N = 30$ とすると，4.4×10^{30} 通りという膨大な数になります。

問題 3.2 (3.2) では，なぜ組み合わせの数が $\frac{(N-1)!}{2}$ になるのでしょうか。 ♥

このような**最適化問題**は **NP 困難問題**（Non-deterministic Polynomial time hard problem，付録 C.2.1 項参照）として知られています。NP 困難問題では，最適化するべき要素の数が増えると古典コンピュータでは時間がかかり過ぎて，解を得るのが不可能になるのです。

表 3.7 に，世の中で解くことが期待されている最適化問題の例を挙げます。最適化により，たとえば，たった数%だけでも製造工程や輸送距離などを効率化できれば，生産・運搬効率などがそれだけ上がり，コストも軽減できます。社会での最適化のニーズは大変大きいものがあります。

3.3.2 量子アニーリング法

アニーリング（annealing）とは焼きなましのことで，熱せられた金属などをゆっくり冷やすことによって内部のひずみなどを軽減する方法です。1998 年，西森秀稔（ひでとし）(1954-) と門脇正史（ただし）が量子アニーリング法を発明しました。その方法は，物性物理学でのイジング模型（Ising model）の基底状態を効率よく求めようとして開発されたものです。

表 3.7　社会での最適化問題の例（文献 [渡邊 2] 表 6.1）

最適化の対象	最適化の内容
交通・物流・製造工程	道筋，行程についての距離・費用などの最適化
機械学習（AI）	学習データの希望出力と実際との差の最小化
創薬	リード化合物†1創製の最適化
金融サービス	ポートフォリオ†2の最適化，リスクの軽減
無線通信	実時間リソースの最適化
メディアテクノロジー	ターゲット広告の最適化（ユーザー履歴分析）
圧縮センシング†3	スパース推定†4の最適化
ハードウェア検定	弱点発見
ソフトウェア検定	バグ発見
ナップザック問題†5	容量・強度・費用制限の中での品物の選択の最適化

†1 最終的な医薬品を導き出す化合物
†2 金融商品を，リスク軽減のために分散するときの組み合わせ内容
†3 不十分な量の観測データから元の画像などを復元する技術
†4 多数パラメータ高次元データの解析で，大多数を 0 にする推定
†5 付録 C.2.3 項参照

イジング模型　イジング模型では，2 次元格子の各点に上向きまたは下向きのスピンが置かれ，互いに相互作用しているという設定です（**図** 3.3(a)）。この基底状態を求めることは格子点が増えるにつれて至難の技となり，新たな方法が切望されていました。

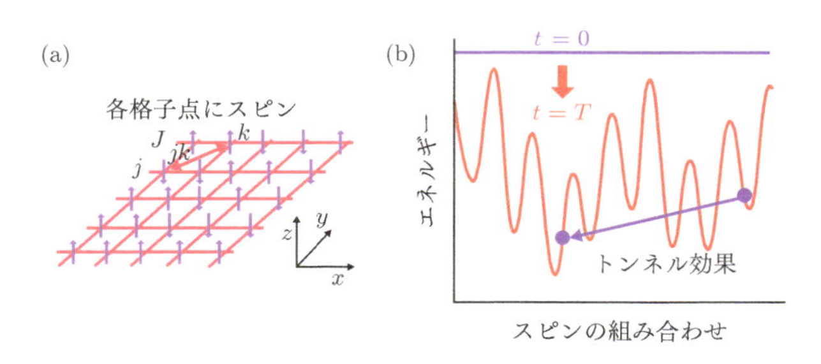

図 3.3　(a) イジング模型，(b) 量子アニーリング法

量子アニーリング法　イジング模型を解く方法として量子アニーリング法が提案されるまでは，古典的なシミュレーテッドアニーリング法が知られていました。**表 3.8** は，量子アニーリング法とシミュレーテッドアニーリング法の比較です。量

表 3.8 量子アニーリング法とシミュレーテッドアニーリング法

アニーリング法	最低エネルギー状態への遷移
量子	横磁場を弱くしていき，量子ゆらぎとトンネル効果により遷移
シミュレーテッド	温度を下げていき，熱ゆらぎで確率的に遷移

子アニーリング法では，量子ゆらぎとトンネル効果によって，シミュレーテッドアニーリング法よりも高速に最低エネルギー状態に行き着く例が見つかっています。

この項では，量子アニーリング法によって，最終的にどのようにイジング模型の基底状態に落ち着くのかについて概観します。

イジング模型では，図 3.3(b) のように，スピンの各組み合わせによってエネルギー状態にたくさんの局所的最小値があります。量子アニーリング法では，横磁場（スピンを横向きにする）を弱くしていくと，トンネル効果によって一番低いエネルギー状態である基底状態に落ち着くという仕組みです。

量子アニーラではまず，最適化したい問題をイジング模型のハミルトニアンに焼き直します（付録 E.3 節参照）。量子アニーラでは，各格子点のスピンを量子ビットとして扱います。つまり，各量子ビット間の結合を，求めたいハミルトニアンの値に設定するのです。

量子アニーリング法では，まず，横磁場をかけることに相当する操作をして各量子ビットを横向き（すなわち，上向きスピンと下向きスピンの重ね合わせ状態）に初期化し，横磁場を少しずつ弱くしていって最終的に 0 にします。

途中で局所的最小値に落ち着きそうになっても，量子揺らぎとトンネル効果によって，最終的に基底状態に到達する，と期待されています。最後にその各ビット値を測定して読み出します。

D-Wave 社　カナダのスタートアップ企業 D-Wave※4 社は，量子ゲート方式コンピュータの開発を目指して会社を立ち上げたものの，なかなかうまくいきませんでした。そんなとき，「量子アニーリング方式ならうまくいくかも」というヒントを得て，世界で初めて量子コンピュータの商用化に成功したのです。

量子ビット数も，2020 年当時，量子ゲート方式コンピュータが達成した 50 ビット程度よりはるかに多い 5,000 ビットを達成しました。しかし 2024 年 1 月に D-Wave

※4　D-Wave という名は，当初，量子ビットを高温超伝導体でつくろうとしたことにある。高温超伝導体の波動関数では d 波の角運動量が効いていることからの命名。量子化された角運動量は整数値をとり，d 波は角運動量が 2 のことである。結局，高温超伝導体は使われなかった。

社は 1,200 量子ビットのモデルを発表しました。ノイズを軽減し，量子ビット間の連結も増強したモデルです。つまり，量子ビット数の多さよりも，質を追求したわけです。

さらに D-Wave 社は今後，量子ゲート型にも挑戦するとのことです。量子アニーリング方式の組み合わせ最適化問題への応用にも陰りが見えているということでしょうか。

古典イジングマシン　量子によらずにイジング問題を解く方法も考案され，実際に商用化されて成果を挙げているようです（**表 3.9**）。

表 3.9　古典イジングマシン（文献 [後藤 2]）

イジングマシン	概要
CIM†1	光パラメトリック発振器のネットワーク
FPGA†2	シミュレーテッドアニーリング法を実装
SBM†3	ハミルトン方程式をシンプレクティック・オイラー法で超並列数値計算

†1 Coherent Ising Machine. 発振の 2 つの状態がスピンの上向き/下向きに対応
†2 Field Programmable Gate Array
†3 Simulated Bifurcation Machine

コラム ❷ DNA コンピュータ (1)

DNA（deoxyribonucleic acid）は日常語として定着していますが,「DNA コンピュータとは？」と疑問に思う読者が多いことでしょう。DNA コンピュータは，どのような計算をどのようにして行うのでしょうか。ここではまずは DNA について簡潔に復習し，DNA コンピュータもその 1 種である自然コンピュータについて概観します。

◆ DNA について

DNA は 4 種類の塩基 A (adenine), C (cytosine), G (guanine), T (thymine) のうち A と T，C と G が対になって二重らせんを形成し，遺伝子情報を保有しています。4 種類の塩基のうちの 3 個の配列がコドン（codon）となり，20 種類のアミノ酸を符号化しています。コドンは $4^3 = 64$ 種類あるので，複数のコドンが同種のアミノ酸に対応しているのです。また，タンパク質合成開始と終止を表す符号（アミノ酸）もあります。

◆ タンパク質合成

タンパク質合成の際には，二重らせんがほどけて mRNA（messenger RNA）に遺伝子情報の一部が転写（transcription）されます。個々のタンパク質の合成は，mRNA の情報を読み取り，それぞれ3個の塩基に対応するアミノ酸を tRNA（transfer RNA）が運んできて，次々とアミノ酸を連結して行われます。アミノ酸が連結して折りたたまれ，必要に応じて修飾されたものがタンパク質です。つまり塩基配列が翻訳（translation）されて，タンパク質が合成されるのです。

◆ 自然コンピュータ

DNA コンピュータや量子コンピュータは，自然コンピュータ（natural computer）と呼ばれる「コンピュータ」に含まれます。

自然計算（natural computing）とは，「自然界における様々な現象に潜む計算的な性質や情報処理的な原理，およびそれらの現象によって触発される計算過程」を意味します（文献 [小林]）。

自然計算の研究目的は何でしょうか。それは次の3つにまとめられます。

(1) 自然による計算メカニズムの研究：自然研究に触発された情報処理的メカニズムの探究，具体的な問題を解決する新しいアルゴリズムの開発，そしてそれらを計算可能性や計算量などの観点から理論的に探究すること。
(2) 計算による自然への理解：人工生命系の設計・コンピュータシミュレーションなど自然現象の計算的・構成的な研究を通じて，生命現象など自然系への理解・知見を得ること。
(3) 人間社会に有用な応用分野の探究：これらの計算的な知見に基づいて応用分野を切り開くこと。

◆ 分子コンピューティング

自然計算の代表的な分野が分子コンピューティング（molecular computing）です（分子計算というと分子構造や分子反応などの研究分野を指すので，「分子コンピューティング」という言葉を用います）。DNA コンピューティングはその主要な1分野です。

分子コンピューティングの歴史は1970年代にさかのぼり,「酵素によるDNAの修飾を計算と見なす」という論文が発端となりました。DNAコンピュータ研究の火付け役となった研究は,1994年のエーデルマン(Leonard M. Adelman(1945-, 米))の有向ハミルトンパス問題(Hamilton path problem)でしょう。NP完全問題の1つとして有名なこの問題を見事にDNAコンピュータで解いてみせたのです。ちなみにエーデルマンはRSA暗号考案の一人です。これ以降の話はコラム3に譲ります。

第4章 量子アルゴリズム

この章では，量子ゲート方式コンピュータにおいて本質的に重要な役割を演じる量子アルゴリズム，およびプログラムツールについて概観します。

4.1 ドイチュのアルゴリズム

1985年にドイチュ※1は，量子コンピュータならではのアルゴリズムを示しました。

コインの真偽判定問題　ドイチュの問題は「コインの真偽判定問題」とも言われます。正しいコインの表と裏はもちろん異なりますが，偽コインの裏と表は同じとします。古典では，表と裏の合計2回観測しないとコインの真偽はわかりませんが，量子では1回の計算・測定で真偽が判別できてしまうのです。

問題を数学的に扱うために，オラクル関数（oracle function）$f(x)$ を導入します※2。古典的には2回（$f(0)$ と $f(1)$ の両方）の計算が必要なところを，量子コンピュータでは1回だけの計算で済んでしまうのです。

オラクル関数の定義　$x = \{0, 1\}$ として，関数 $f(x) = \{0, 1\}$ を定義します。関数 $f(0)$ と $f(1)$ の値によって，コインの真偽は次のように判断できます。

$$\text{コインは} \begin{cases} \text{真：} & (f(0) \neq f(1)) \\ \text{偽：} & (f(0) = f(1)) \end{cases} \tag{4.1}$$

量子回路　**図4.1** にドイチュの問題の量子回路図を示します。量子ビットを2個（制御ビットと標的ビット）を用意します。判定ゲート $\hat{U}_f$ は，制御ビットの値が x,

※1　David E. Deutsch（1953-，英）オックスフォード大学教授だが無給で教育義務もない（自身の自由の確保のため）。量子論の多世界解釈のもとに量子コンピュータの振る舞いを理解している。

※2　oracle は神託（神のお告げ）という意味。ブラックボックス関数ともいう。

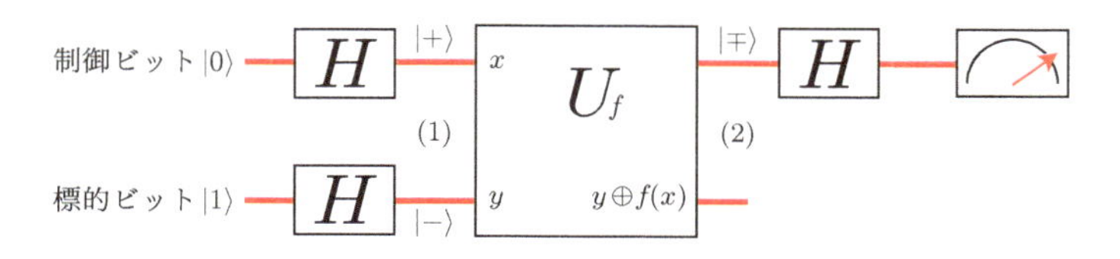

図 4.1　ドイチュの問題の量子回路図

標的ビットが y のとき，標的ビットを $y \oplus f(x)$ とする演算を行います。ここで $\oplus$ は排他的論理和であり，次式が成り立ちます。

$$0 \oplus 0 = 0,\quad 0 \oplus 1 = 1,\quad 1 \oplus 0 = 1,\quad 1 \oplus 1 = 0 \tag{4.2}$$

まず制御ビットを $|0\rangle$ に，標的ビットを $|1\rangle$ に初期化します。図 4.1 の (1) の状態（制御ビットと標的ビットの両方にアダマールゲート $\hat{H}$ を通した後）は，次のような状態です。

$$\begin{aligned} \text{状態 (1)} &= \frac{1}{2}\left[(|0\rangle + |1\rangle) \otimes (|0\rangle - |1\rangle)\right] \\ &= \frac{1}{2}\left[|0\rangle \otimes (|0\rangle - |1\rangle) + |1\rangle \otimes (|0\rangle - |1\rangle)\right] \end{aligned} \tag{4.3}$$

これを判定ゲート $\hat{U}_f$ に通すと，(2) の状態は，次のようになります。

$$\begin{aligned} \text{状態 (2)} &= \frac{1}{2}\left[|0\rangle \otimes (|0 \oplus f(0)\rangle - |1 \oplus f(0)\rangle) + |1\rangle \otimes (|0 \oplus f(1)\rangle - |1 \oplus f(1)\rangle)\right] \\ &= \frac{1}{2}\left[|0\rangle \otimes \left(|f(0)\rangle - |\overline{f(0)}\rangle\right) + |1\rangle \otimes \left(|f(1)\rangle - |\overline{f(1)}\rangle\right)\right] \\ &= \begin{cases} \text{異}: |-\rangle \otimes \frac{1}{\sqrt{2}}\left(|f(0)\rangle - |\overline{f(0)}\rangle\right) \\ \text{同}: |+\rangle \otimes \frac{1}{\sqrt{2}}\left(|f(0)\rangle - |\overline{f(0)}\rangle\right) \end{cases} \end{aligned} \tag{4.4}$$

ここで，次の関係を使いました。

$$\begin{cases} \text{異}: & \overline{f(0)} = f(1),\quad (f(0) = 0, f(1) = 1) \text{ または } (f(0) = 1, f(1) = 0) \\ \text{同}: & \overline{f(0)} = \overline{f(1)},\quad (f(0) = f(1) = 0 \text{ または } f(0) = f(1) = 1) \end{cases} \tag{4.5}$$

(2) の状態から制御ビットがアダマールゲート $\hat{H}$ を通ると

$$\hat{H}|+\rangle = |0\rangle,\quad \hat{H}|-\rangle = |1\rangle \tag{4.6}$$

となるので，測定すると，コインが偽のとき（$f(0)$ と $f(1)$ が同じとき）は 0，真のとき（異なるとき）は 1 が得られます。

ドイチュのアルゴリズムでは，図 4.1 で見るように $f(x)$ は $\hat{U}_f$ で 1 回しか計算されていません。それなのに 1 回の計算で判定できてしまうことは，量子コンピュータの不思議なところと感心せざるを得ません。

なぜ量子アルゴリズムでは，たった 1 回の計算で済むのでしょうか。そこに，量子ビットの重ね合わせ状態が活躍しているのです。すなわちドイチュのアルゴリズムでは，オラクル関数 $f(0)$ と $f(1)$ を同時に計算し，その情報をうまく測定できるようにしているのです。

4.2 ドイチュ-ジョサのアルゴリズム

ドイチュのアルゴリズムは興味深いけれども，たった 1 回か 2 回の違いでした。ドイチュのコイン真偽問題を n 量子ビットに拡大して量子コンピュータの威力を示したのが，ドイチュ-ジョサ（Richard Jozsa（1953-，豪））のアルゴリズムです。すなわち，古典的方法では最大 $(2^{n-1}+1)$ 回かかるところをたった 1 回で判定できるのです。

4.2.1 ドイチュ-ジョサ問題のオラクル関数

ドイチュ-ジョサ問題のオラクル関数 $f(x)$ は $x=0,1,2,\cdots,2^n-1$ に対し，「一定」または「均等」のどちらかであるとします。

$$f(x)=\begin{cases}\text{一定}\rightarrow\text{すべての }x\text{ に対して }f(x)=0\text{（または 1）}\\\text{均等}\rightarrow\text{半分の }x\text{ では }f(x)=0\text{，残りの半分の }x\text{ では }f(x)=1\end{cases}\tag{4.7}$$

古典コンピュータで一定か均等かを判断するには，$f(x)$ の値を最大 $2^{n-1}+1$ 回求める必要があります。たとえば 2^{n-1} 回ずっと 0 が続いた場合，次に 0 が出れば $f(x)$ は一定，1 が出たらやっと均等とわかります。もちろん運がよければたった 2 回で 0 と 1 が出て，均等と判断できます。ドイチュ-ジョサアルゴリズムでは，たった 1 回の計算で済むのです。

4.2.2 ドイチュ-ジョサ問題の量子回路図とアルゴリズム

ドイチュ-ジョサの問題の量子回路図を**図 4.2** に示します。図 4.2 で量子ビットに

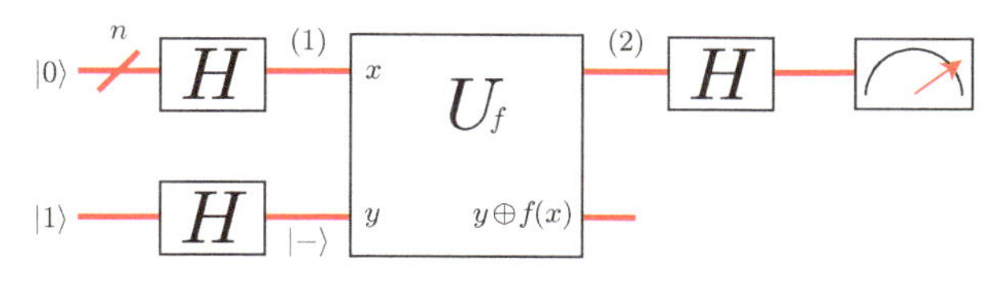

図 4.2　ドイチュ-ジョサ問題の量子回路図

斜めの棒と n があるのは，n 個の量子ビットが使われていることを表します。したがって，たとえば $\hat{H}$ ゲートは n 個すべてに演算されます。n 個の量子ビットを $|0\rangle$ に，1 個の補助（ancilla（アンシラ））ビットを $|1\rangle$ に初期化します。

状態 (1) は次のように書けます。

$$\text{状態 (1)} = \frac{1}{\sqrt{2^n}} \sum_{a=0}^{2^n-1} |a\rangle \tag{4.8}$$

$\hat{U}_f$ ゲート後の補助ビットの状態　$\hat{U}_f$ ゲートを通した後の補助ビットは，各状態 $|a\rangle$ に対して次のようになります。

$$\frac{1}{\sqrt{2}}\left(|0 \oplus f(a)\rangle - |1 \oplus f(a)\rangle\right) = \begin{cases} |-\rangle : & f(a) = 0 \\ -|-\rangle : & f(a) = 1 \end{cases} = (-1)^{f(a)}|-\rangle \tag{4.9}$$

(4.9) の最後の等式は，1 番目の等式を 1 つにまとめたものです。

符号をキックバック　$(-1)^{f(a)}$ は 1 か -1 かの単なる数値です。つまり $\hat{U}_f$ ゲートは，状態 $|a\rangle$ のそれぞれに $(-1)^{f(a)}$ の符号を与えていることになります。すなわち補助ビットは，状態 $|a\rangle$ へ符号 $(-1)^{f(a)}$ をキックバックしているのです。すると状態 (2) は，次のようになります。

$$\text{状態 (2)} = \frac{1}{\sqrt{2^n}} \sum_{a=0}^{2^n-1} (-1)^{f(a)} |a\rangle \tag{4.10}$$

$f(x)$ が一定のとき　(4.10) において $f(x)$ が一定のときは，$f(a) = f(0)$ としてよく，$(-1)^{f(0)}$ は和の外に出てしまいます。すると n 個の各量子ビットの状態は $|+\rangle$ なので，アダマールゲート $\hat{H}$ の演算により全量子ビットが $|0\rangle$ に戻ります。したがって，n ビットの測定結果は 0 となります。

$f(x)$ が均等のとき　一方，(4.10) において $f(x)$ が均等のときは，2^n 個の状態の係数に，0 にはならない係数（確率振幅）が必ず存在します。したがって，n ビットの測定結果は 0 にはなりません。

ドイチュ-ジョサ問題の結果　すなわち，「一定」のときは全ビット列が 0 となるので，観測結果は 0 となります。一方，「均等」のときは観測結果は 0 でないので，たった 1 回の計算で「一定」と「均等」とが区別できたことになります。

「$f(x)$ が均等のときには，観測結果は 0 ではない」ことを次の例題で見てみましょう。

例題 4.1　2 量子ビットでのドイチュ-ジョサ問題

ドイチュ-ジョサ問題を 2 量子ビットの場合に考察しなさい。

解答例　図 4.2 で状態 (2) の各量子ビットにアダマールゲート（第 0 量子ビットへの $\hat{H}$ を $\hat{H}_0$，第 1 量子ビットへの $\hat{H}$ を $\hat{H}_1$ とする）を通すと

$$
\begin{aligned}
&\frac{1}{2}\hat{H}_0\hat{H}_1\sum_{a=0}^{3}(-1)^{f(a)}|a\rangle \\
&= \frac{1}{2}\hat{H}_0\hat{H}_1\left((-1)^{f(0)}|00\rangle + (-1)^{f(1)}|01\rangle + (-1)^{f(2)}|10\rangle + (-1)^{f(3)}|11\rangle\right) \\
&= \frac{1}{4}\left((-1)^{f(0)}|++\rangle + (-1)^{f(1)}|+-\rangle + (-1)^{f(2)}|-+\rangle + (-1)^{f(3)}|--\rangle\right) \\
&= \frac{1}{4}\left[\,(-1)^{f(0)}(|0\rangle+|1\rangle)(|0\rangle+|1\rangle) + (-1)^{f(1)}(|0\rangle+|1\rangle)(|0\rangle-|1\rangle)\right. \\
&\quad \left. + (-1)^{f(2)}(|0\rangle-|1\rangle)(|0\rangle+|1\rangle) + (-1)^{f(3)}(|0\rangle-|1\rangle)(|0\rangle-|1\rangle)\,\right] \\
&= \frac{1}{4}\Big[\left((-1)^{f(0)} + (-1)^{f(1)} + (-1)^{f(2)} + (-1)^{f(3)}\right)|00\rangle \\
&\quad + \left((-1)^{f(0)} - (-1)^{f(1)} + (-1)^{f(2)} - (-1)^{f(3)}\right)|01\rangle \\
&\quad + \left((-1)^{f(0)} + (-1)^{f(1)} - (-1)^{f(2)} - (-1)^{f(3)}\right)|10\rangle \\
&\quad + \left((-1)^{f(0)} - (-1)^{f(1)} - (-1)^{f(2)} + (-1)^{f(3)}\right)|11\rangle\Big]
\end{aligned}
\tag{4.11}
$$

となります。(4.11) を見ると，$f(x)$ が一定の場合は $|00\rangle$ 以外の係数は 0 になり，ビット列の測定結果は 0 となります。一方，$f(x)$ が均等の場合は，$|00\rangle$ の係数は 0 になり，$|01\rangle, |10\rangle, |11\rangle$ の係数に 0 ではないものが必ずあります。

よって，$f(x)$ が均等の場合と一定の場合との区別がたった 1 回の計算でできるこ

とがわかります。 ♦

4.3 グローバーの量子探索アルゴリズム

ドイチュ-ジョサのアルゴリズムは，量子コンピュータの素晴らしい能力を示す大変興味深いものでしたが，実社会で役に立ちそうもないアルゴリズムでした。

量子コンピュータが実社会に役立つことを示したのは 1994 年のショアのアルゴリズムと 1996 年のグローバー（Lov K. Grover（1961-，印，米））のアルゴリズムでした。しかもその両方とも，ネット社会に欠かせない暗号解読に役立つ（暗号が解読されてしまう）ことが興味深いところです。

この節では，説明が比較的しやすいグローバーのアルゴリズムをまず概観します。グローバーが発見したのは，**量子探索アルゴリズム**です。膨大な数（N 個）の無秩序なデータの中から，目的のデータを探し出すアルゴリズムです。古典コンピュータでは 1 個 1 個探索するので，目的のデータが 1 個しかない場合には，非常に運がよい場合はたった 1 回で，運が悪いと $(N-1)$ 回，平均 $\frac{N}{2}$ 回探索することになります。

4.3.1 量子探索アルゴリズムの概要

ここではまず，量子探索アルゴリズムの概要をつかみましょう。

量子での探索の回数　グローバーのアルゴリズムを用いると，N 個のデータの中から目的のデータを約 $\sqrt{N}$ 回で探索できます。

たとえば 100 兆個のデータがあった場合は，グローバーのアルゴリズムでは約 1,000 万回で済むことになります。探索問題について，グローバーのアルゴリズムが最速であることが証明されています。すなわち，これ以上の改善は望めません。

どのようにしてそれを実現するのでしょうか。そのカギは，量子超並列性です。n 個の量子ビットでは，2^n 個の状態がつくれることになります（2.4 節参照）。つまり，2^n 個のデータに一斉に問い合わせることができるのです。

オラクル関数　x は $0,1,2,\cdots,N-1$ の値をとるものとして，次のようにオラクル関数 $f(x)$ を定義します。

$$f(x) = \begin{cases} 1: & \text{目的のデータ} \\ 0: & \text{それ以外} \end{cases} \tag{4.12}$$

アルゴリズム自身は，どのデータが正解なのかわかっていません。N 個の x について $f(x)$ を約 $\sqrt{N}$ 回呼び出すことによって，目的のデータの確率を1に近づけていくのです。

量子探索アルゴリズムの概要　最初に，$2^n \geq N$ となるように n 個の量子ビットを $|0\rangle$ に初期化します。そして n 個の量子ビットそれぞれにアダマールゲートを適用し，$|0\rangle$ と $|1\rangle$ の重ね合わせ状態にします。すると，(4.8) のように 2^n 個の状態が重ね合わさった状態がつくられます。その状態を $|\psi\rangle$ とおくと，

$$|\psi\rangle = \frac{1}{\sqrt{2^n}}(|0\rangle + |1\rangle + |2\rangle + \cdots + |2^n - 1\rangle) \tag{4.13}$$

と表されます。その結果，N $(\leq 2^n)$ 個のデータに一度に同時にアクセスすることができるのです。オラクル関数に (4.13) の各数値を代入することにより，求めるデータかそうでないかが，たった1回の演算でわかってしまうのです。

しかしながら，私たちはそのままではせっかくわかった目的のデータの番号を知ることができません。なぜでしょうか。実は，目的のデータの番号を知るためには，各ビットの値を測定しなければならないのです。ところが，そのまま測定しても各量子ビットが0または1として観測され，たった1個のビット列（n ビット）の値が得られるだけなのです。しかもほとんどの場合，得られた値は，目的のデータの番号とは無関係な値です。

そこで，グローバーのアルゴリズムの出番となります。グローバーは，目的のデータの番号（ビット列）だけが観測されるように，その番号の確率振幅を1に近づけるアルゴリズムを考案したのです。確率振幅とは，各状態の係数のことです。(4.13) では $\frac{1}{\sqrt{2^n}}$ が，それぞれの状態の確率振幅です。確率振幅の絶対値の2乗がその状態を観測する確率となります。

量子での探索回数が約 $\sqrt{N}$ 回である理由　ここで，なぜ探索回数が約 $\sqrt{N}$ 回なのかがわかります。それは，量子では確率振幅のままで探索するからです（確率振幅の絶対値の2乗が確率なので）。つまりグローバーの量子探索は，**確率振幅増幅アルゴリズム**なのです。

4.3.2 量子探索アルゴリズムの実際

それでは，グローバーの量子探索アルゴリズムを見てみましょう。**図 4.3** は，目的のデータが 1 個だけの場合です。

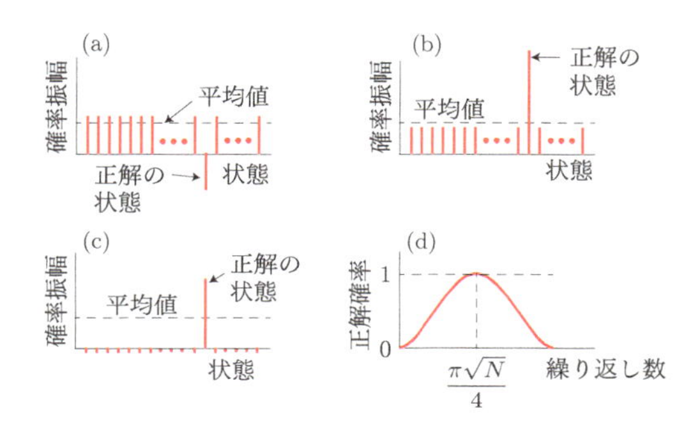

図 4.3　グローバーの量子探索の概念図

量子探索アルゴリズム

1. $2^n \geq N$ となるように n 個の量子ビットを用意し，まず各ビットを状態 $|0\rangle$ に初期化する。
2. 各ビットにアダマールゲートを適用すると，各量子ビットは $|0\rangle$ と $|1\rangle$ の重ね合わせ状態になり，全体として (4.13) のような 2^n 個の重ね合わせ状態ができる。このとき，各々の状態の係数（確率振幅）はすべて $\frac{1}{\sqrt{2^n}}$ になる。
3. オラクル関数によって目的のデータを見つけ，その確率振幅の符号だけを変える（図 4.3(a)）。
4. すべての状態の確率振幅の平均値を計算し，各確率振幅を平均値の周りに反転させる（すなわち，次の 3 つの操作をする。まず，各確率振幅から平均値を引く。続いて，各状態の確率振幅の符号を反転させる（図 4.3(b)）。最後に各確率振幅に平均値を加える）。すると，目的のデータの確率振幅が他に比べて増加する（図 4.3(c)）。
5. 3. と 4. を約 $\sqrt{N}$ 回繰り返すと，目的のデータの確率振幅だけがほぼ 1 になる（図 4.3(d)）。そこで各ビットを測定すると，目的のデータの番号が観測されることになる。

N 個のデータのうち，目的のデータが 1 個の場合は，$\frac{\pi}{4}\sqrt{N}$ 回繰り返すと，目的のデータ番号を測定する確率が 1 になります（数式による説明については，付録 D.1 節をご覧ください）。

複数個の場合　目的のデータが複数個（$m\,(>1)$）ある場合は，m 個のビット列の確率振幅が大きくなります。したがってこの場合は，グローバーのアルゴリズム（個々の探索は約 $\sqrt{\frac{N}{m}}$ 回の繰り返し）を少なくとも m 回繰り返して行い，目的のデータ番号をすべて列挙する必要があります。m がわからない場合は，m の値を推測して，何度か試して m を推定するしかないようです。

例題 4.2　量子探索の最速化？

量子探索で，オラクル関数が 1 の状態の番号を出力して測定すれば，たった 1 回で探索が終わるのではないでしょうか。

解答例　量子演算には**ユニタリー性**が要求されるので，残念ながら量子コンピュータではそれは不可能です。ユニタリー性とは，簡単に言えば，測定以外の演算ではプロセスを逆にたどれることです（2.1.2 項参照）。

ご提案の演算は，その演算によってそれまでの情報が失われてしまうので，逆にたどれません。したがって，ユニタリー演算ではないので，量子コンピュータでは実現不可能なのです。◆

例題 4.2 のように，「**量子ゲートは，ユニタリーゲートでなければならない**」という厳しい要請があり，その制限のもとに最適な量子アルゴリズムを考案する必要があるのです。

例題 4.3　4 個のデータの場合のグローバーのアルゴリズム

データが 4 個のとき，グローバーのアルゴリズムは 1 回で収束することを示しなさい。

解答例　データが 4 個のときは，2 量子ビットの重ね合わせで $|00\rangle, |01\rangle, |10\rangle, |11\rangle$ の 4 つの状態がつくれます。いま，目的の状態が $|01\rangle$ であるとします。つまりオラクル関数で，$f(1)=1, f(0)=f(2)=f(3)=0$ が返ってくるとします。

はじめの (4.13) の状態において，$n=2$ のとき，それぞれの状態の確率振幅は $\frac{1}{2}$

です（各状態の係数（確率振幅）の絶対値の 2 乗の和が 1 であることから，各係数は $\frac{1}{2}$ となります）。

$|01\rangle$ の係数の符号を反転すると，それぞれの確率振幅は $\frac{1}{2}, -\frac{1}{2}, \frac{1}{2}, \frac{1}{2}$ となり，その平均値は

$$\text{確率振幅の平均値} = \frac{\frac{1}{2} - \frac{1}{2} + \frac{1}{2} + \frac{1}{2}}{4} = \frac{1}{4} \tag{4.14}$$

となります。

次に各確率振幅から平均値を引き，続いて各確率振幅の符号を反転させると，それぞれの確率振幅は $-\frac{1}{4}, \frac{3}{4}, -\frac{1}{4}, -\frac{1}{4}$ となります。最後に，それぞれに平均値を足すと値は $0, 1, 0, 0$ となり，$|01\rangle$ の状態のみが確率振幅 1 となります。

よって，測定すると 2 つのビットの値は 01 となり，正しい答えが 1 回の操作で得られたことになります。別の状態が目的の状態であっても，同様に 1 回で収束します。 ◆

問題 4.1 データの数が 4 個あって，探したいデータが 2 個のとき，グローバーのアルゴリズムはどうなるでしょうか。また，探したいデータが 3 個のときはどうでしょうか。 ♥

問題 4.2 16 個のデータのうちの 1 個を探す場合，グローバーのアルゴリズムはどうなるでしょうか。また，探したいデータが 4 個のときはどうでしょうか。 ♥

4.3.3 量子探索アルゴリズムの応用

グローバーの量子探索アルゴリズムは，暗号解読以外にもいろいろ応用できます。

暗号関係　一斉探索により，暗号（パスワード，共通鍵暗号，ハッシュ値（hash）など）を発見・解読することが可能です。

パスワードは，ネットバンキングやネットを通じての発注など，ネットワーク経由でログインするときなどに使われています。

共通鍵暗号とは，送信者と受信者とが共通の鍵を持つものです。

ハッシュ値は固定長の数値であり，データに**ハッシュ関数**を演算して得られます。データをほんのちょっとでも改ざんするとハッシュ値はまったく異なった数値になるので，改ざん防止などに使用され，タイムスタンプやブロックチェーンなどに利用されています。タイムスタンプは，ある時刻以降にデータが改ざんされていないこ

とを保証するために，その時刻を安全な形で記録しておく技術です。また，ブロックチェーンは，分散型台帳とも言われ，ネットワーク上の複数のコンピュータに取引情報を同時に安全に記録していく技術で，ビットコインなどに使用されています。

量子コンピュータが完成した際に量子探索アルゴリズムでパスワードや共通鍵暗号などが探索されてしまうことを避けるには，どうすればよいでしょうか。グローバーの量子探索アルゴリズムの場合は，N 個のデータの場合 $\sqrt{N}$ 回の繰り返しが必要なので，対策としてパスワードなどの長さをたとえば2倍にすれば安全であることがわかります。

NP 完全問題　SAT（satisfiability problem，充足可能性問題，付録 C.2.2 項参照）など，解くのが困難な問題として分類される NP 完全問題も一斉探索によって解くことができます。

最小値探索問題　N 個の未整理の膨大なデータの中から最小値（または最大値）を探すアルゴリズムは，グローバーのアルゴリズムを変形して実行可能です。

これらの量子探索は，データ数が大きくなると量子コンピュータをもってしても解けなくなります。

4.4 ショアの素因数分解アルゴリズムと RSA 暗号

グローバーの量子探索アルゴリズムは2次加速（古典探索の場合の平方根の回数で探索）であったのに対し，ショアのアルゴリズムは指数加速（古典計算では指数関数的時間がかかるのに対して，量子では多項式時間で解ける）を実現して，量子コンピュータの威力（脅威）を世界に知らしめました。

ショアのアルゴリズムと暗号の解読　量子ゲート方式コンピュータが実用化されると，ショアの素因数分解アルゴリズムによって **RSA 暗号**などが簡単に解読されてしまいます。RSA 暗号は，ネットワークの暗号化などで現在広く使われています。WWW（World-Wide Web）ホームページのアドレス（URL, Uniform Resource Locator）に，以前の http に代わって，最近は https が使われていることが多いです。この最後の s は，RSA 暗号などで暗号化されていることを表します。ここで，http は hyper text transfer protocol の略で，s は SSL/TLS（secure socket layer/transport layer security）の暗号システムを使っていることを意味します。https では，URL の前に鍵マークがついています。

この節では，まず RSA 暗号について簡単に説明し，続いてショアの素因数分解アルゴリズムの流れを説明します[※3]。

4.4.1 RSA 暗号

RSA 暗号は**公開鍵暗号**の 1 種です。公開鍵暗号では，公開された鍵で暗号化し，秘密鍵で復号します。

RSA 暗号準備 以下の数学用語 gcd や mod などについては付録 A.4 節をご覧ください。

(1) 十分に大きな（現在は 300 桁以上の）2 つの素数 p と q を用意し，$N \equiv pq$ とします。大きな桁の素数を見つけること自体は，現代の古典コンピュータでも可能です。2002 年に AKS（Agrawal-Kayal-Saxena）法が発見され，多項式時間で素数判定ができることが示されました。しかし時間がかかりすぎることにより，実用的には，確率的に判定する従来からのミラー-ラビン（Miller-Rabin）法などが有効です。

(2) 整数 d を，積 $(p-1)(q-1)$ と互いに素であるようにランダムに選びます。すなわち d は，次式を満たします。

$$\gcd\left((p-1)(q-1),\ d\right) = 1 \tag{4.15}$$

(3) 次式を満たす整数 e（「d の逆数」）を求めます。

$$ed \equiv 1 \pmod{(p-1)(q-1)} \tag{4.16}$$

公開鍵（e と N）を用いて暗号化 平文をいくつかのかたまり（ブロック）に分け，各ブロック（j）を数値（m_j，$j = 1, 2, \cdots$）に変換し，次のように暗号化 (encode) して送付します。

$$m_j \to m'_j \equiv (m_j)^e \pmod{N} \tag{4.17}$$

※3 素因数分解は，整数を素数の積として表すことである。ショアのアルゴリズムは一般に因数を探す方法であり，因数は必ずしも素数とは限らない。しかし，RSA 暗号で因数分解すべき整数は素数の積であり，素因数分解という言葉を使っても問題ない。

秘密鍵（d）で復号　送られてきた各暗号ブロック m'_j は，次のようにして復号（decode）できます（例題 4.4 参照）。

$$(m'_j)^d \equiv m_j \pmod N \tag{4.18}$$

このように，公開鍵暗号では，公開されている鍵を使って誰でも暗号化することができます。しかしながら，復号することは，秘密鍵を知っている人にしかできないのです。

例題 4.4　**秘密鍵 d で復号できることの証明**

(4.18) が成り立つことを，次の**フェルマーの小定理**を用いて示しなさい。

$$g^{p-1} \equiv 1 \pmod p \tag{4.19}$$

ここで g は，素数 p と互いに素である任意の整数です。

解答例　(4.16) より，k を整数として $ed = k(p-1)(q-1)+1$ と書けます。

$$(m'_j)^d \pmod N = (m_j)^{ed} \pmod N \equiv m_j \times (m_j)^{k(p-1)(q-1)} \equiv m_j \pmod{pq} \tag{4.20}$$

となって (4.18) が示されました。ここでフェルマーの小定理 (4.19) により，$(m_j)^{p-1} \equiv 1 \pmod p$，$(m_j)^{q-1} \equiv 1 \pmod q$ なので，$(m_j)^{k(p-1)(q-1)} \equiv 1 \pmod{pq}$ となることを用いました。◆

RSA 暗号と素因数分解　RSA 暗号が現在何事もなく利用されているのは，数百桁に及ぶ 2 つの素数（p と q）の積 N の素因数分解が古典コンピュータでは事実上不可能だからです。量子コンピュータでは，そのような素因数分解がショアのアルゴリズムによって短時間にできてしまうのです。公開鍵の 1 つである N の素因数分解ができてしまうと，もう 1 つの公開鍵 e から秘密鍵 d を求めることができ，暗号文が解読できてしまうのです。

ショアのアルゴリズムは，どのようにして素因数分解を高速化しているのでしょうか。

4.4.2 ショアの素因数分解アルゴリズムの概要

以下にその流れをまとめます。

素因数分解アルゴリズムの流れ

(A) N と互いに素な x ($1 < x < N$, $\gcd(N, x) = 1$) を選ぶ（x が N と互いに素であることは，ユークリッド互除法で確認可能)。
もし x が N と互いに素でなかったとき（$\gcd(N, x) > 1$ のとき）は，最大公約数 $\gcd(N, x)$ が（素）因数なので，その値を出力して終わる。

(B) 次式を満たす最小の正の整数 r（**位数**，order）を探す。

$$x^r \equiv 1 \pmod N \tag{4.21}$$

(C) r が奇数のときは，(A) に戻る。

(D) r が偶数のとき，(4.21) より

$$x^r - 1 = (x^{r/2} + 1)(x^{r/2} - 1) \equiv 0 \pmod N \tag{4.22}$$

なので，$(x^{r/2} + 1) \pmod N$ または $(x^{r/2} - 1) \pmod N$ が（素）因数の候補となる。

(E) これらが因数でなかった場合は（A）に戻る。因数が見つかるまでにそれほど多く繰り返す必要がないことがわかっている（N が素数の場合は無限ループになってしまうが，RSA 暗号解読の場合にはその心配はない)。

この（B）の部分が，量子コンピュータで行うべきショアのアルゴリズムです。(4.21) において，位数 r を求める問題は**離散対数問題**といわれ，N が数百桁以上になると古典コンピュータで解くのはほぼ不可能なのです。それ以外の部分は，古典コンピュータで行っても問題ありません。

4.4.3 位数 r を求めることによる素因数分解の例

ショアのアルゴリズムの説明の前に，簡単な例で位数 r の意味について考えてみましょう[※4]。

※4 いうまでもなく，例題 4.5 の $N = 15$ は，1 桁目が 5 なのですぐに 5 が因数であるとわかり，$1 + 5 = 6$ なので 3 が因数であることもわかるが，ここでは位数を求める方法の簡単な例として挙げている。

例題 4.5　位数 r を求めることによる $N = 15$ の素因数分解

$N = 15$ を，位数 r を求めることによって素因数分解しなさい。

解答例　$N = 15$ と互いに素である数 x は，$2, 4, 7, 8, 11, 13, 14$ の 7 個あります。

まず，$x = 2$ のときを考えてみます。$x^j = 2^j \equiv y \pmod{15}$ を $j = 0, 1, 2, \cdots, N-1$ について計算すると $y = 1, 2, 4, 8$ となってまた元に戻り，それを繰り返すことがわかります。すなわち $r = 4$ であり，偶数なので，因数候補を計算してみると，

$$x^{r/2} + 1 = 2^2 + 1 = 5, \quad x^{r/2} - 1 = 2^2 - 1 = 3 \tag{4.23}$$

となって因数が求まります。

15 と互いに素な別の数でも同様にして位数（r）を求め，因数が求まるか否かを調べてみます。すると，すべて位数が偶数になり，因数が求まらないのは 14 のときだけです（**表 4.1**）。◆

表 4.1　$N = 15$ の素因数分解（位数 r を求めて）

$N = 15$ と素である x	2	4	7	8	11	13	14
位数（r）	4	2	4	4	2	4	2
素因数分解成功？	○	○	○	○	○	○	×

問題 4.3　例題 4.5 で $x = 14$ の場合に，$r = 2$ となること，および，因数が求まらないことを確かめなさい。♥

問題 4.4　$N = 35$ を，位数 r を求めることによって素因数分解しなさい。ここで，35 と互いに素な任意の整数 x を選び，素因数が見つかればよいものとします。♥

4.4.4　位数 r を求めるショアのアルゴリズム

ショアのアルゴリズムでは，次のように離散フーリエ変換を利用して位数 r を求めます（文献 [細谷，宮野，佐川，ニールセンなど]）。

位数 r を求める処方

1. $L \geq \log_2 N$，$n \equiv 2L+1$ として，n 量子ビットの第 1 レジスタと L 量子ビットの第 2 レジスタを用意する。ここでは，レジスタは，一かたまりの量子ビットの意味（このような n と L の設定は，位数 r 発見の確率を高めるため）。
2. 第 1 レジスタのすべての量子ビットを $|0\rangle$ に初期化した後，各ビットにアダマールゲートを適用する。すると，各量子ビットは $|0\rangle$ と $|1\rangle$ の重ね合わせ状態になり，$|0\rangle, |1\rangle, |2\rangle, \cdots, |2^n-1\rangle$ の 2^n 個の状態ができる。この状態は (4.13) と書くことができる。このとき，各々の状態の係数（確率振幅）はすべて $\frac{1}{\sqrt{2^n}}$ となる。
3. 第 1 レジスタの各状態（$|j\rangle$）について，第 2 レジスタに $x^j \pmod N$ を入れる。
4. 第 2 レジスタを測定する。すると第 1 レジスタには特定の状態だけが残る。
5. 第 1 レジスタの各状態に離散フーリエ変換をする。すると $\frac{2^n}{r}$ の整数倍の状態の係数（確率振幅）の絶対値だけが大きくなる。
6. 第 1 レジスタを測定して位数 r を求める。

離散フーリエ変換を行う理由は，周期性を利用して目的の周期に対応する状態の確率振幅を大きくするためです。これだけではわかりにくいでしょうから，次の例題でショアのアルゴリズムをたどってみます。

例題 4.6　ショアのアルゴリズムの例

$N = 15, x = 2, n = 9$ $(2^n = 2^9 = 512)$ の場合について，ショアのアルゴリズムによって素因数分解しなさい。

解答例　第 1 レジスタの状態が j $(j = 0, 1, 2, \cdots, 2^n-1)$ のときの第 2 レジスタは $2^j \pmod{15}$ であり，$1, 2, 4, 8$ の繰り返しになります。第 2 レジスタを測定して，たとえば 8 が得られたとすると，第 1 レジスタで残るのは，$j = 0, 1, 2, \cdots, 2^n-1$ のうちの 4 番目，8 番目，12 番目など，すなわち $j = 3, 7, 11, \cdots, 511$ だけとなります。

離散フーリエ変換の後に第 1 レジスタで係数（確率振幅）の絶対値が大きいのは，k を整数として状態が $\left|k \times \frac{2^n}{r}\right\rangle$（ただし，$k \times \frac{2^n}{r} \leq 2^n$）のときだけです。$\frac{2^n}{r} = \frac{512}{4} = 128$ ですから，係数（確率振幅）の絶対値が大きいのは，$|0\rangle, |128\rangle, |256\rangle, |384\rangle$ の 4 つの状態となります。

したがって，第 1 レジスタの測定後の値は $0, 128, 256, 384$ のどれかとなり，$128, 384$

の測定結果のときは，$r=4$ と求まって素因数が得られることになります（文献 [西野]）。測定値が 256 の場合は，$r=4$ でなく $r=2$ となりますが，$2^{2/2}-1=1$, $2^{2/2}+1=3$ より，偶然ながら因数 3 が求まります。

ショアのアルゴリズムの数式による説明については，付録 D.2 節をご覧ください。◆

例題 4.7　量子探索高速化の別の方法？

量子探索について，新たな提案です。例題 4.2 の方法が許されないなら，その代わりにショアのアルゴリズムのように，同じく n 量子ビットの第 2 レジスタを用意して，そこにオラクル関数 $f(x)$ が 1 を与える x の値を書き込む方法はどうでしょうか。第 2 レジスタのビット列を測定すれば，欲しいデータのビット列だけが残っていて，たった 1 回で探索できると思うのですが。

解答例　大変残念ですが，同じく n 量子ビットの第 2 レジスタでは，この演算も，例題 4.2 と同じことが言えて，ユニタリー演算ではありません。したがって，量子コンピュータでは実現できません。◆

4.4.5 量子フーリエ変換の応用アルゴリズム

ショアのアルゴリズムの中核は量子フーリエ変換です。ほかに量子フーリエ変換を利用するアルゴリズムとして，周期発見問題，離散対数問題，位相推定問題などがあります。これらを**表 4.2** にまとめました（参考文献 [石坂] 3.3 節，[富田] 6.1 節）。

表 4.2　量子フーリエ変換の応用例

問題	タスク
周期発見	$f(a)=f(a+ns \pmod N)$ を満たす自然数 s の発見
因数分解	$x^r\equiv 1 \pmod N$ を満たす最小の自然数 r の発見（$\gcd(x,N)=1$）
離散対数	$g^x\equiv 1 \pmod p$ を満たす最小の自然数 x の発見（$\gcd(g,p-1)=1$）
位相推定	$\hat{U}\vert u\rangle=e^{i\varphi}\vert u\rangle$ の φ を k ビットの精度で推定

4.5 その他の量子アルゴリズム

ショアやグローバーのアルゴリズムは，現代社会を支える暗号（セキュリティ）に密接に関係しています。しかし，暗号とは直接関係がない量子アルゴリズムももちろん開発されています。また，量子アニーリング方式コンピュータが主に活躍する組み合わせ問題の最適化も，量子ゲート方式コンピュータで可能です。

量子アルゴリズムは，誤り耐性量子コンピュータが実現可能になる時期の観点から，NISQ アルゴリズム（短期的）と，誤り耐性量子コンピュータを活用する本格的（長期的）量子アルゴリズムとに大別されます（**表 4.3**）※5。

表 4.3　主な量子アルゴリズムと NISQ 計算の可否

量子アルゴリズム	NISQ	内容
変分アルゴリズム	○	最小値（最大値）の探索
量子動的シミュレーション	△	量子系の時間発展。目的はエネルギー準位など
化学計算	△	分子の定常状態の計算
グローバー	×	量子探索
ショア	×	素因数分解など
量子シミュレーション	×	新物質・新材料などの創製
量子位相推定（QPE）	×	固有値問題の計算や解法
多重積分	×	多重積分計算
方程式	×	（偏）微分，連立 1 次などを解く

4.5.1 NISQ アルゴリズム

NISQ デバイスは，耐故障性量子コンピュータが実現するより前の 数千 ～ 数万量子ビット規模で，誤り訂正機構が不十分ながら誤りが抑制・緩和された量子ゲート方式コンピュータをいいます（誤り抑制・緩和技術の概要については 3.2.3 項参照）。

ここでは，NISQ デバイスを古典コンピュータとともに用い，実用的に役立つ計算を行う場合について考えてみます。

量子・古典ハイブリッドアルゴリズム　NISQ デバイスでは，ノイズの影響の

※5　たとえば https://dojo.qulacs.org/ja/latest/index.html に詳しい説明がある。

ために短いアルゴリズムしか使えません。NISQ アルゴリズムは，そんな環境においても十分実用的な計算を行うためのものです。古典コンピュータと一緒にはたらくので，量子・古典ハイブリッドアルゴリズムともいわれます。

この計算方式では，NISQ デバイスは得意なパートだけを受け持ち，目的の精度が得られるまで古典コンピュータとの間で結果をやり取りしながら計算します。

NISQ アルゴリズム候補　NISQ アルゴリズムの候補として，変分アルゴリズム，量子ダイナミクスシミュレーションアルゴリズム，量子化学計算アルゴリズムの 3 つが挙げられています※6。

現時点では，変分アルゴリズムがまずは有望な NISQ アルゴリズムであると考えられています。量子ダイナミクスシミュレーションと量子化学計算については，NISQ で可能かどうかの見通しがまだ立っていないようです。開発の進歩は速いものの，NISQ 時代はしばらくは続くと思われ，まずは簡単な系で経験を積んで，より高度な計算に挑戦することになるでしょう。

変分アルゴリズム　変分原理※7に基づく変分法（variational method）を用いるアルゴリズムが変分アルゴリズムであり，計算を何度も繰り返して最小値（最大値）を探す方法です。変分アルゴリズムでは，適当なパラメータをもつ波動関数を NISQ デバイスでつくり，その波動関数に依存する目的関数（エネルギーなど）を最小化（または最大化）します。

古典コンピュータではパラメータの最適化を行い，NISQ デバイスでは波動関数の生成と物理量の測定を受け持ちます。新たなパラメータを NISQ デバイスに送り，NISQ デバイスからの結果を古典コンピュータが受け取ってパラメータを更新することを，改善がほとんどなくなるまで繰り返します（文献 [御手洗]）。

表 4.4 に，量子回路計算モデル（3.2.1 項参照）を用いる変分アルゴリズムの例を挙げます。

表 4.5 は教師あり機械学習の例です。教師なし機械学習では，与えられたデータのクラスタリング（性質が近い複数のグループに分ける）が基本です（文献 [嶋田]）。

量子ダイナミクスシミュレーションアルゴリズム　ダイナミクス（dynamics, 動力学）では，状態や動きの時間変化を追います。量子ダイナミクスシミュレーショ

※6　たとえば https://dojo.qulacs.org/ja/latest/notebooks/2.1_NISQ_and_long_term.html

※7　変分原理とは，「変数の関数として表される物理量が，変数のある点で最小値または最大値をとるとき，その点での物理量の変化量は 0 である」という原理。

表 4.4　変分アルゴリズムの例

略称	英語	日本語
VQE	Variational Quantum Eigensolver	変分量子固有値ソルバー
QCL	Quantum Circuit Learning	量子回路機械学習
QAOA	Quantum Approximate Optimization Algorithm	量子近似最適化アルゴリズム

表 4.5　教師あり機械学習の例（文献 [嶋田] 表 4.3）

タスク	入力	出力
スパムフィルタ	メール	ラベリング
画像認識	画像	ものの種類・位置
超解像	低解像度の画像	高解像度の画像
音声認識	音声データ	文字列
機械翻訳	外国語・日本語	日本語・外国語
物性予測	化学式	機能・性質

ンでは，シュレーディンガー方程式（付録 E 参照）を解いて，目的の物理系や化学系の時間変化をシミュレートします。その目的は，物質（結晶や分子）の最も安定な状態（基底状態）やそのエネルギー準位，励起状態のエネルギー準位，物理量の期待値を求めることなどです。

古典コンピュータでもシュレーディンガー方程式を解くことができますが，扱う粒子やスピンの数が増えると，計算時間が指数関数的に増大します。そこで，量子ダイナミクスシミュレーション部分を NISQ デバイスが受け持ちます。

量子化学計算アルゴリズム　量子化学計算アルゴリズムは，目的の分子の定常状態（時間変化がない状態）をシュレーディンガー方程式を解くことによって，基底状態のエネルギー準位や分子の形状，励起エネルギー準位などを求めるアルゴリズムです。新物質（とくに新薬，新触媒）などの発見に貢献が期待されます。

4.5.2 本格的量子アルゴリズム

本格的量子アルゴリズムは，誤り耐性量子コンピュータが実現したときに活躍するアルゴリズムです。グローバー（4.3 節）やショア（4.4 節）のアルゴリズムは，本格的量子アルゴリズムの例です。

実用上最も重要なアルゴリズムは，新物質・新材料などを創製する量子シミュレーションです。ほかにQPE（Quantum Phase Estimation，量子位相推定）アルゴリズムも，固有値問題の計算，および固有値問題の解法を応用した計算に活躍が期待されます。

そのほかには，量子多重積分，微分方程式，偏微分方程式，連立1次方程式などを解く量子アルゴリズムも開発されています。連立1次方程式の解は機械学習に，多重積分は金融工学などにも重要です。

4.5.3 量子プログラミングツール

アルゴリズムは，当然ソフトウェアとしてプログラミング言語で書かれます。現在，クラウドを通じていろいろな量子コンピュータにアクセスできますが，その（古典）言語はPython（パイソン）が多いようです。Pythonは，AI（Artificial Intelligence，人工知能）の機械学習などでもよく使われています。

量子コンパイラ　ユーザが書いたプログラムを量子コンピュータが実行可能な機械語に変換するのが，量子コンパイラです。

個々の量子コンピュータには，量子ビット相互接続状況（トポロジー）など，それぞれ特有の構造があります（参考文献 [東野]）。たとえばIBM127ビットのibm_washingtonでは，量子ビット0は1と14としか隣り合っていません。そのため，量子ビット0と2の間にCNOTを行いたいときは，量子ビット1と2を入れ替えて（SWAPして）CNOTを行い，またSWAPで元に戻す必要があります。そのような詳細はユーザは知らなくてもよいことで，個々の量子コンピュータ特有の量子コンパイラが処理してくれるのです。

表4.6　量子プログラミングツールの例（ネットなどから）

ツール	企業・研究所	備考
Q# †1	マイクロソフト	量子アルゴリズム開発・実行用（Visual Studioに統合）
QuTiP†2	理研など	オープンソース化。量子系の数値計算に特化
IBM QC†3	IBM	量子回路作成が可視化され，わかりやすい
Qiskit	IBM	オープンソース化。Pythonベースで使いやすい
Cirq	Google	オープンソース。Pythonによる量子回路の記述などが可能

†1 C#にちなんでQ#と命名。C#は，C_{++} の改良版に記号 $^{++}$ を追加して $_{++}$ が#になったことから。
†2 Quantum Toolbox in Python
†3 Quantum Composer（量子回路構成が五線譜への作曲に似ていることから）

ユーザが書くプログラムに必要なツールは，量子コンピュータを提供する企業などが必要なライブラリなども含めて用意していることが一般的です。**表 4.6** に量子プログラミングツールの例を挙げます[※8]。いろいろなアルゴリズムをプログラム化した本も出版されています（たとえば文献 [湊]）。

※8 たとえば https://gigxit.co.jp/blog/blog-9896/ などが参考になる。

第5章 量子ビット候補と操作法

本章では，量子ビットが満たすべき条件を考察したのち，候補の種類・特徴（長所・短所など），開発状況を概観します。そして，量子ビットの操作法の典型的な例について考察します。
量子ビット候補の選択・性能向上は量子コンピュータのハードウェアの中心課題であり，開発努力が日夜続けられていて，その進展に目が離せません。

5.1 量子ビットが満たすべき条件

量子ゲート方式コンピュータ実現のために量子ビットが満たすべき条件として，2000年にディビンチェンゾ（David P. DiVincenzo（1959-，米））が次の項目を挙げました。

量子ビットが満たすべき条件（ディビンチェンゾ）

1. 拡張可能（scalable）なシステムであること
   量子ビットの増加に伴って，規模，動作回数，ノイズ，誤り率などが急激に増大しないこと。
2. 量子ビットを初期化できること
3. コヒーレンス時間が，演算（ゲート操作）時間に比べて十分長いこと
   コヒーレンス時間は，量子ビットの重ね合わせ状態やエンタングル状態が壊れるまでの時間です。デコヒーレンス時間ともいいます。
4. 基本ゲートを構成できること
   万能ゲートの例として，回転ゲートとCNOTゲートが挙げられます（2.2.2項と付録B.2.3項参照）。
5. 量子ビットの状態を読み出せる（測定できる）こと
6. 静止している量子ビットは，飛行量子ビットに変換できること

7. 量子ビットを別の場所へ確実に伝達可能なこと

この最後の 2 項目は，量子メモリなどとのやり取りや量子情報通信への応用のためです。量子アニーリング方式コンピュータでは，条件 4. は直接関係ありませんが，各量子ビット間の結合の強さなどを設定できることが必要となります。

これらは当たり前とも思える条件ですが，まだ開発が始まったばかりの 2000 年に書かれた条件として，拡張性を最初に挙げたのはさすがです。今や拡張性が，量子コンピュータ開発のメインテーマになっている感があります。

5.2 量子ビット候補の概要

この節では，現在主に開発されている量子ビット候補について，その概要をまとめます。

量子ビットは，（準）安定な $|0\rangle$ と $|1\rangle$ の 2 つの状態をもつ量子系ならどういうものでも候補になり得ます。

$|0\rangle$ と $|1\rangle$ 状態の候補　表 5.1 は，$|0\rangle$ と $|1\rangle$ 状態の候補です。

表 5.1　$|0\rangle$ と $|1\rangle$ 状態の候補

量子ビットの状態の候補	$|0\rangle$ 状態/$|1\rangle$ 状態
エネルギー準位	基底準位/準安定励起準位
$\frac{1}{2}$ スピン	上向き/下向き（電子，原子核，原子など）
在り/無し	電子，電荷，光子，電流，パルスなどの無し/在り
電流	右回り/左回り（磁束量子上向き/下向き）
光子	縦/横偏光，右回り/左回り偏光，2 つのスクイーズド光†1 など
猫状態†2	「シュレーディンガーの猫状態」の 2 つの直交状態
トポロジカル状態	マヨラナ準粒子が対消滅して真空/フェルミオン生成

†1 直交する位相 2 成分の一方を縮小した光子（10.1.2 節参照）
†2 シュレーディンガーの猫にちなむ直交する極端な 2 状態（8.4.3 項と 10.1.2 項参照）

5.3 量子ビット開発の歴史と現状

歴史的には，1990年代に捕捉（捕獲，trapped）イオン量子ビットの開発が活発化し，2000年代に入ると核磁気共鳴（NMR）量子ビットによって，ショアのアルゴリズムによる簡単な素因数分解が実証されました。

2010年代に入ると超伝導量子ビットが着実に数を伸ばし，量子アニーリング方式ではD-Wave社が現在5,000量子ビットを超えています。2019年10月には，マルティネス（John M. Martinis（1958-，米））たちGoogleグループが，53個の超伝導量子ビットを1cm × 1cmのチップに組み込んで，量子超越性（quantum supremacy）[※1]を初めて達成したと発表し，量子コンピュータ時代がまさに到来しつつあることを世界に知らしめました。

しかし，核磁気共鳴，捕捉イオン，超伝導の量子ビットは，将来への拡張性（scalability）が比較的困難といわれています。そんなとき，2023年11月にAtom computing社が冷却原子で1,000個以上の量子ビット作成に成功したと発表しました（文献[リープリーパー]）。IBMが超伝導量子ビットで1,000個を超えたと発表する前だったので話題を呼びました（参考文献[古田]）。

さらに，2024年1月には，古澤をはじめとするグループが，GKP光量子ビットの作成に世界で初めて成功したと発表しました（3.2.3項でも言及）。誤り訂正を実現するためには一般に，多数の物理量子ビットからなる論理量子ビットが必要です。ところがGKP量子ビットは1物理量子ビットで済むので，耐故障性量子コンピュータ開発が格段に容易になると期待されます。

さらにさらに，2024年5月には，フランスのスタートアップ企業「Alice & Bob」のグループが，猫状態超伝導量子ビット（表5.1と**表5.2**参照）における量子ビット反転のコヒーレンス時間が10秒（従来の1万倍）を超え，必要量子ビット数を$\frac{1}{200}$に減らすことができると発表して話題となりました。

量子ビット候補は表5.2のように多数あり，それぞれの開発はまさに日進月歩の状況です。

問題 5.1 捕捉イオンなどはレーザー冷却で冷やすそうですが，熱いイメージのレーザーでどうやって冷却するのでしょうか。 ♥

※1 量子超越性は，量子コンピュータが同時代の最速古典コンピュータに比して圧倒的な速さで計算を行うこと。ただし，その計算が実用的か否かは不問。

表 5.2　主な量子ビット候補の概要

量子ビット候補	$\|0\rangle/\|1\rangle$ の状態	概要
捕捉イオン	エネルギー準位など	RF[†1]と静電場によって 1 列に捕捉
冷却原子	エネルギー準位など	レーザー集束などで捕捉
冷却分子	核スピンなど	分子の回転エネルギー準位なども利用
超伝導回路	エネルギー準位など	半導体技術を応用して超伝導回路を製作
光子（光パルス）	無し/在り，偏光など	光速移動の光パルスを重ねて演算
シリコン	電子スピンなど	量子ドット（電子を基板上に閉じ込めた構造）
核磁気共鳴	原子核スピン	NMR[†2]技術で操作
色中心[†3]	電子スピンなど	ダイヤモンドなどの欠陥を利用
トポロジカル量子	マヨラナ準粒子[†4]対消滅	マヨラナ準粒子の組み換えで演算

†1 Radio Frequency，ラジオ波
†2 Nuclear Magnetic Resonance，核磁気共鳴，医療分野では MRI（MR Imaging）
†3 ダイヤモンドの NV など。NV は炭素原子が窒素（N）に置換，V は隣の空孔（vacancy）
†4 トポロジカル超伝導体などで生成される準粒子

表 5.3 に，主な量子ビットを比較します（ネットなどから作成）。coh. time はコヒーレンス時間です。

表 5.3　主な量子ビット候補の現状（2024 年 11 月末現在，参考文献 [MCPC] など）

量子ビット	演算時間（s）	coh. time（s）	温度	ビット数	企業など
超伝導回路	$10^{-8} \sim 10^{-7}$	$10^{-3} \sim 10$	10 mK	1,121	IBM
捕捉イオン	10^{-6}	10	室温	32	IonQ
冷却原子	10^{-8}	600	10 ～ 300 K	1,180	At.Com.[†1]
シリコン	10^{-6}	0.1 ～ 1	0.1 ～ 1.5 K	12	Intel
色中心	10^{-8}	10	10 ～ 300 K	10	Q.Brill.[†2]
光子	10^{-13}	0.03	室温	113	中国[†3]

†1 Atom Computing Inc.，アメリカスタートアップ企業
†2 Quantum Brilliance，オーストラリア-ドイツスタートアップ企業
†3 中国科学技術大学

問題 5.2　冷却原子なのに，室温で操作可能なのはなぜでしょうか。 ♥

問題 5.3　捕捉イオンや冷却原子で，なぜ超高真空が必要なのでしょうか。 ♥

表 5.4 主な量子ビット候補の長所・短所（量子ゲートコンピュータ：2024 年 11 月現在）

量子ビット候補	長所	短所
超伝導回路	高速演算，集積可能性	超極低温，ビット非同一
捕捉イオン	完全結合，ビット同一性，高精度	超高真空，拡張性，低速演算
冷却原子	完全結合，ビット同一性，高精度	超高真空，低速演算
シリコン	従来技術，集積可能性	ビット非同一
色中心	室温でも可，拡張性	正確に量子ビット配置困難
光子	室温常圧，誤り耐性，高速演算	光子損失ノイズ

5.4 量子ビットの操作法

操作の方法は，量子ビットの種類によって異なります。この節では，量子ビットの初期化，ゲート操作，読み出しなどの操作の例を紹介します。

5.4.1 電磁波による量子ビットの操作

量子ビットの操作に一般に使われる方法は，電磁波（光）の照射です。量子ビットは，通常 2 つのエネルギー準位をもち，基底状態を $|0\rangle$，比較的長い寿命をもつ準安定励起状態を $|1\rangle$ としています。量子ビット操作には，それ以外の励起状態も用いられます。

ラビ振動　ここでは一般的に，任意の 2 つのエネルギー準位 E_a(状態 $|a\rangle$) と E_b (状態 $|b\rangle$) を考え，2 つの準位間のエネルギー差を $\Delta E = E_b - E_a > 0$ とします。エネルギー ΔE,（すなわち振動数 $\frac{\Delta E}{h}$，h はプランク定数）の電磁波を照射すると，2 つの準位間の遷移が起きます。その遷移確率は，電磁波の強度と照射時間によって変わります（ラビ[※2]振動，付録 B.2.4 項参照)。

初期状態が $|a\rangle$ のときに電磁波を時間 t だけ照射すると，励起状態 $|b\rangle$ へ遷移する確率 $P_{a\to b}$ は

$$P_{a\to b} = \sin^2\left(\frac{\Omega t}{2}\right) \tag{5.1}$$

で与えられます（**図 5.1**)。ここで Ω は**ラビ振動数**と呼ばれ，その値は電磁波の強さ

※2　Isidor I. Rabi（1898-1988，米）MRI などで使われる核磁気共鳴の発見により 1944 年のノーベル物理学賞受賞。

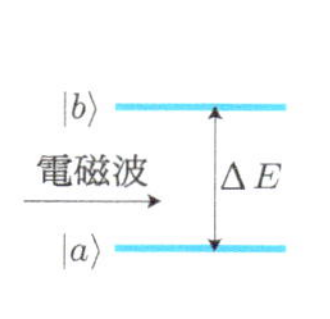

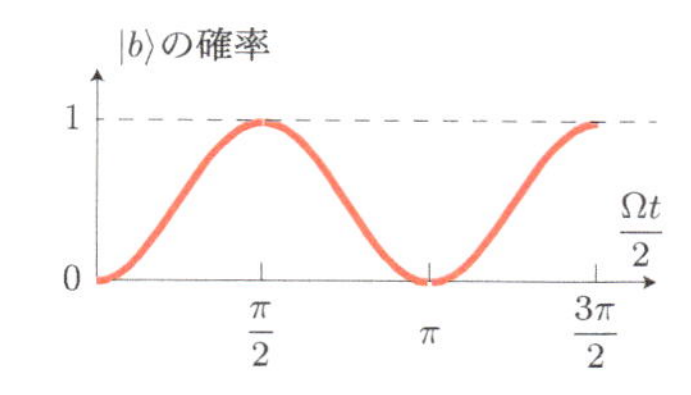

図 5.1　ラビ振動

などによって決まります。

電磁波を $\Omega t = \pi$ となる時間だけ照射する（**π パルス**という）と，$|a\rangle$ の状態は，$|b\rangle$ に 100%遷移します。逆に，$|b\rangle$ の状態は，$|a\rangle$ に 100%遷移します。

ビット反転（X ゲート）　状態 $|0\rangle$ に π パルスを照射すると状態 $|1\rangle$ になり，状態 $|1\rangle$ に π パルスを照射すると状態 $|0\rangle$ になります。これはビット反転，すなわち X ゲートに対応します。

位相反転（Z ゲート）　状態 $|0\rangle$ に $\Omega t = 2\pi$ の時間だけ照射する（**2π パルス**）と，元の $|0\rangle$ に戻ります。状態 $|1\rangle$ に 2π パルスを照射すると状態 $|1\rangle$ に戻りますが，その確率振幅の符号（位相）が反転します。これは位相反転，すなわち Z ゲートに対応します。

アダマールゲート（H ゲート）　状態 $|0\rangle$ または $|1\rangle$ に電磁波の位相を適切に選んで $\frac{\pi}{2}$ パルスを照射すると，(2.20) や (2.21) のように $|0\rangle$ と $|1\rangle$ の重ね合わせ状態になります（(B.17) 参照)。すなわち，アダマール（Hadamard）ゲート（H ゲート）が実現できます。

量子ビットの初期化　ここでは捕捉イオン $^{40}\mathrm{Ca}^{+}$ の場合について，初期化と読み出しがどのようになされるかについて考えます（参考文献 [高橋]）。

図 5.2 でエネルギー準位は $n^{2S+1}L_{2J+1}$ で表されます。ここで n は主量子数，S はスピン，L は軌道角運動量（$L = 0, 1, 2 \to \mathrm{S, P, D}$），$J$ は全角運動量（$\boldsymbol{J} = \boldsymbol{L} + \boldsymbol{S}$）です。

$|0\rangle$ への初期化は，レーザー照射による光ポンピングを用います。すなわち，$|1\rangle$ を励起状態に上げ，自然放射によって $|0\rangle$ に遷移することなどを使います。$|1\rangle$ への初期化は，$|0\rangle$ に π パルスを照射して行うことができます。

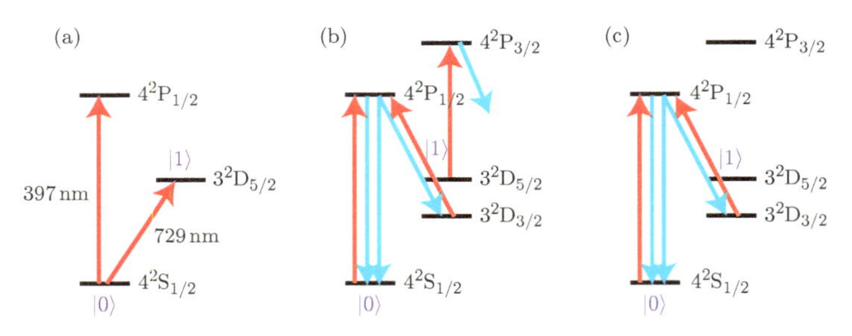

図 5.2 (a) $^{40}\mathrm{Ca}^+$ のエネルギー準位，(b) 初期化，(c) 読み出し

量子ビットの読み出し　同じく捕捉イオン $^{40}\mathrm{Ca}^+$ の場合について考えます。量子ビットの測定で $|0\rangle$ か $|1\rangle$ を読み出すには，レーザーにより $4^2\mathrm{P}_{1/2}$ へ励起されるか否かで判断します。すなわち，397 nm の蛍光が検出されれば $|0\rangle$，無ければ $|1\rangle$ と判断します。このような蛍光は連続的に発生できるので，光子検出器の検出効率が 100%でなくても問題無く判断できます。

5.4.2 電磁波による CZ ゲートの操作

超伝導量子ビットの場合の CZ 操作について，2023 年 6 月に東大・理研グループによって実証された新しい方法を紹介します（文献 [理研 1]）。

トランズモン※3 量子ビットは，製造過程のばらつきのため，共鳴振動数も個々の量子ビットによって異なります。従来の 2 量子ビット操作では，ばらつきを補正するために磁場をかけましたが，この方法ではノイズも配線も増えてしまう問題がありました。

新しい方法は，磁石を使わない方式で，量子ビット当たり 2 個だったジョセフソン接合（×印）も 1 個になり，環境磁場もほとんど感じなくなりました。**図 5.3**(a) は光学顕微鏡写真で，下部の拡大図の左右が 2 つの量子ビット，上部がカプラー (coupler) です。共鳴振動数のばらつきについては，図 5.3(b) のように第 3 の量子ビットをカプラーとして用いることで，一定の共鳴振動数で操作できるようになりました。

CZ ゲートは，図 5.3(c) の赤，または青の矢印の遷移について，2π パルスとすることで位相が負になり実現できます。CNOT ゲートは，CZ ゲートの前と後にアダマールゲートを適用することで実現可能です。

※3　transmon：並列 LC 回路の L を，超伝導ジョセフソン接合（非線形）にした超伝導量子ビット。

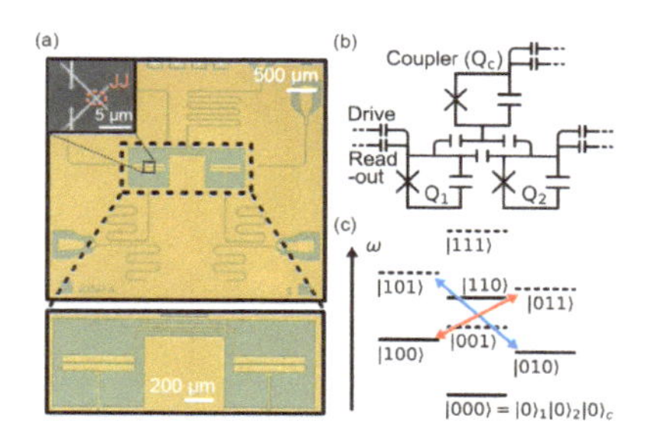

図 5.3　超伝導量子ビット 1, 2 とカプラー。(a) 光学顕微鏡写真，(b) 回路図（(a) の拡大部分），(c) エネルギー準位と遷移（文献 [理研 1]）

5.4.3 電磁波以外による量子ビットの操作の例

ここでは，量子ドットの電子スピン量子ビットの例を考えます（文献 [理研 2]）。量子ドットは，数十 nm の大きさに電子（や正孔（hole））が閉じ込められた系です。

読み出しと初期化　閉じ込められた単一電子のスピンは，0.5 ～ 1 T（テスラ）の磁場でスピンのエネルギー準位がゼーマン効果（Zeeman effect）によって分離します。上向きスピンは励起状態 $|1\rangle$ に，下向きスピンは基底状態 $|0\rangle$ に分かれます。

エネルギー選択トンネル法（従来法）　量子ドットの近傍にある電極の電圧を調節し，そのフェルミ準位（電子が下から詰まった最上部の準位）が 2 つのエネルギー準位の中間に来るように設定します。すると，もし励起状態 $|1\rangle$ に上向きスピン電子が存在すれば，障壁をトンネルして電極に電子が移り（**図 5.4**(a)），量子ドッ

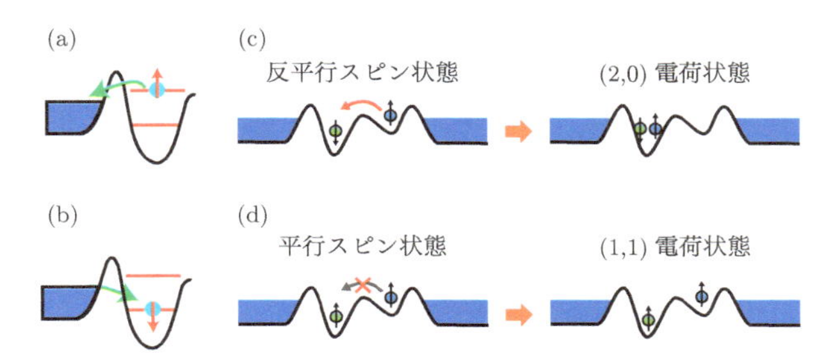

図 5.4　電子スピン量子ビット。(a) 従来法読み出し，(b) 従来法初期化，(c) と (d) は新しい方法（文献 [理研 2]）

ト近傍につくられたQPC（Quantum Point Contact）に電流が観測されます。すなわち，量子ドットには上向きスピン電子が存在したことがわかります。

量子ドット中に電子が存在しない場合は，電極から基底状態に下向きスピン電子がトンネルして移り，QPCに逆向きの電流が観測され，$|0\rangle$ に初期化されたことになります（図5.4(b)）。

しかし，この方法は実時間トンネル現象を利用するため測定に時間がかかり，高精度な測定も難しいという問題がありました。

スピンブロッケード法（2024年2月発表の方法） 同じ向きのスピンの電子は，パウリ排他原理により1つの準位には入れません（スピンブロッケード，spin blockade)。図5.4(c)と(d)は，いろいろな改良を加えた2重量子ビットにこの原理を使ったものです。読み出しに従来法では100 μs かかっていましたが，新しい方法では2 μs で済みます。精度も80%だったのが99.6%に改善されました。

5.4.4 光量子コンピュータの例

ここでは，3個の光パルスでループ型光量子コンピュータを実証した東大武田俊太郎たちの研究について紹介します（成果は2023年7月25日付で学術雑誌に掲載されました)。光量子コンピュータでは，情報を乗せた光パルス（論理量子ビットとして振る舞う）に5種類の基本的な計算※4の組み合わせを行うことでどのような計算でも可能なことが知られています。

武田と古澤は2019年9月にループ型光量子コンピュータの発明を発表しました。そして武田たちは，2021年11月に開発した**光量子プロセッサ**を用いて光量子計算に必要な5つの計算のうち3次位相操作を除く4つの計算ができることを示しました。3次位相操作も，特殊な補助光パルスをこのプロセッサに入力すれば可能であることが理論的に示されました。

そして武田たちは今回，3個の光パルスでループ型光量子コンピュータの拡張可能性を実証したのです（**図5.5**)。さらに2025年1月17日には，猫状態光パルスをこのプロセッサに入力して世界で初めて非線形計算を実現したと発表されました(文献 [東大 NTTNICT])。

※4 変位操作，位相シフト操作，スクイーズ操作，ビームスプリッタ操作，3次位相操作。

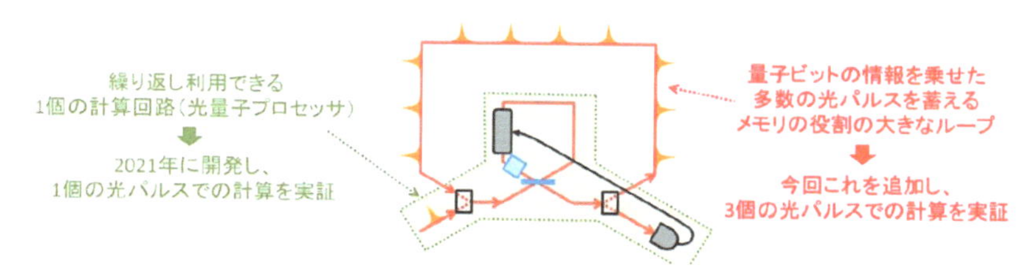

図 5.5　光ループ型演算（文献 [武田]）

コラム ❸ DNA コンピュータ (2)

エーデルマンはどのように DNA コンピューティングを行ったのでしょうか。そして，現在の状況はどうなっているのでしょうか。ここでは，これらについて概説します。

◆ 分子演算

まずは主な分子演算を**表 5.5** にまとめます（文献 [赤間]）。

表 5.5　分子演算（文献 [赤間]）

分子演算	概要
融解	加熱して二本鎖 DNA を一本鎖に分離する操作
アニーリング	相補的な 2 本の一本鎖 DNA が結合して二本鎖になる
マージ	2 本の試験管の溶液を 1 本の試験管に流し込む操作
ゲル電気泳動	緩衝液中で電圧をかけると軽いものほど速く泳動する
増幅	PCR を適用して DNA を複製する操作

◆ PCR 法

PCR（Polymerase Chain Reaction）法は 1983 年にマリス※5 によって考案された方法で，次の 3 つの段階を n 回繰り返すと，DNA 配列は $2^n - 2n$ 個に増幅されます。

※5　Kary B. Mullis（1944-2019，米）バイオテクノロジー社に勤務していた 1983 年，交際中の同僚とドライブ中に PCR 法のアイデアがひらめいた。周りの同僚には理解されなかったが，同年の暮れに実験が成功した。本人は自身の奇行などで受賞はないと思い込んでいたが，1993 年にノーベル化学賞を受賞。

(1) 増幅したい DNA の溶液を 92 ～ 97°C で 1 分程度加熱し，融解させる（1 本鎖にする）。
(2) (42 ～ 70)°C に冷却し，それぞれの 1 本鎖の端にプライマーを結合させる。
(3) (65 ～ 80)°C で DNA ポリメラーゼにより，それぞれの DNA を 2 本鎖にする。

プライマーは DNA の端の配列と相補的な短い配列で，PCR が開始されるための導火線の役目をします。

◆ 有向ハミルトンパス問題の解法

エーデルマンの方法が注目されるのは，DNA のもつ並列性に加えて，プログラミング可能性（programmability）を示したことでしょう。ここでその解法の概略を見てみましょう。

エーデルマンは**図 5.6**(a) に示す有向ハミルトンパス問題を解きました。頂点と辺からなる図をグラフといい，辺が向きをもつものを有向グラフといいます。有向ハミルトンパス問題は，始点から各頂点を 1 回だけ通って終点に行きつくパスの有無を問う問題です。

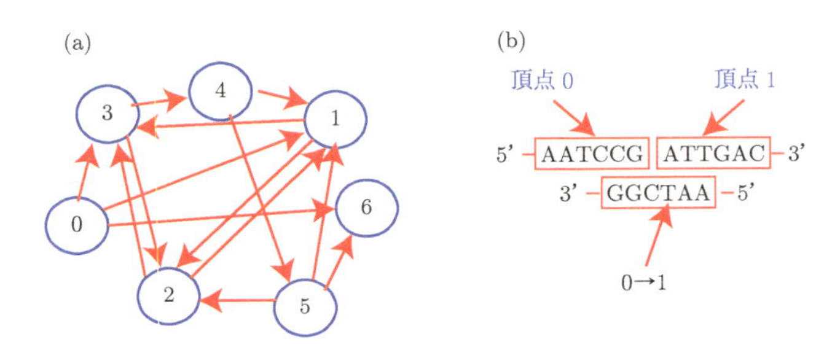

図 5.6 (a) 有向ハミルトンパス問題。(b)DNA 符号化と接続の例

1. 問題を DNA に符号化する。ここでは 6 個（エーデルマンは 20 個）の塩基の符号化で解法を説明します（文献 [小林]）。始点（頂点 0）を AATCCG，頂点 1 を ATTGAC と符号化します。0 から 1 への矢印があれば，頂点 0 の後半 3 塩基と頂点 1 の前半 3 塩基をつないだ CCGATT の相補配列 GGCTAA で符号化します。
2. すべての可能なパスをもつ DNA を生成する。すべての頂点と有向辺とを符号化した DNA 断片を酵素リガーゼとともに 1 つの試験管に入れます。

すると，たとえば頂点 0 の DNA 断片と 1 の DNA 断片は $0 \rightarrow 1$ の断辺の DNA によって図 5.6(b) のように連結します。

3. 始点で始まり終点で終わる DNA 配列を抽出する。2. で得られた試験管から，始点が 0，終点が 6 に符号化された DNA 配列だけを分離します。このためにまず融解し 1 本鎖にしてから，頂点 0 および頂点 6 の配列の相補配列をもつプライマーを用いて増幅します。
4. 頂点数が 7 個ある DNA を抽出する。頂点数が 7 個に相当する長さの DNA 配列のみを抽出します。すなわち，ゲル電気泳動法を用いて正しい長さの DNA 配列の部分だけを選び，増幅します。
5. 各頂点をすべて含む DNA 配列を抽出する。3. で頂点 0 と 6 は含むことはわかっているので，1 ～ 5 の頂点すべてを含む DNA 配列を抽出します。まず融解して 1 本鎖にして，1 の頂点の相補配列をもつ小磁石をつけた DNA 断片を結合させ，磁石で抽出します。この操作を頂点 2 から頂点 5 まで繰り返して，すべてを含む DNA 配列を抽出します。これを増幅して DNA 配列を確かめてすべてを含めば，有向ハミルトンパスを発見したことになります。

エーデルマンのこの方法は，DNA のプログラム化が可能であることを示して画期的でしたが，全部を試す方法なので，当時は結果を得るまでに 1 週間を要しました。今ではかなり短時間で検証可能かもしれません。しかし，7 個の頂点を 200 個に増やすと必要な溶液は地球の質量を超えてしまうという計算があるように，よりよいアルゴリズムが必要です。また，大きな系になると誤りも蓄積するので，誤り訂正についても考慮しなければなりません。

◆ DNA コンピュータの現状と展望

DNA コンピューティングの一番活躍が期待される分野は，「ミクロの決死圏」を実現する分子ロボットと思われます。人体の目的の場所に薬を届けたりガン細胞を破壊したりする医薬品を，思いのままにプログラムできるのですから，まさに DNA コンピューティングが実力を発揮できる領域であり，現在も活発に研究されて大きな成果を挙げつつあります。

第6章 量子情報通信の数理

量子情報・暗号分野に必要な量子の数式は，物理学での量子力学とかなり異なります。この章では，とくに量子情報通信分野に重要な概念やその数式を簡潔にまとめます。

6.1 密度行列

この節では，とくに量子情報通信分野において重要な役割を演じている密度演算子（密度行列，density matrix）について考察します。

6.1.1 密度行列の定義

なぜ密度行列が必要なのでしょうか。実は，密度行列は一般の量子状態を表すことができるのです。これまでは，量子状態をケットベクトルで表してきました。

ここで導入する密度行列は，いろいろな状態が混合した状態をも表すことができるのです（参考文献 [ニールセン] 2.4 節，[富田] 4.1 節，[石坂] 4.4 節）。

純粋状態を表す密度行列　ケットベクトル $|\psi\rangle \equiv \alpha|0\rangle + \beta|1\rangle$ とそのブラベクトル $\langle\psi|$ の積を $\hat{\rho}$ とすると，$\hat{\rho}$ は

$$\hat{\rho} \equiv |\psi\rangle\langle\psi| = \begin{pmatrix} \alpha \\ \beta \end{pmatrix} (\alpha^*, \beta^*) = \begin{pmatrix} \alpha\alpha^* & \alpha\beta^* \\ \beta\alpha^* & \beta\beta^* \end{pmatrix} \tag{6.1}$$

となり，2 行 2 列の行列になります。$\hat{\rho}$ は「量子状態を表す行列」であり，密度行列（密度演算子）と呼ばれます。

(6.1) のような波動関数のケットベクトルとブラベクトルの積として表される状態は，**純粋状態**（pure state）と呼ばれます。

$\alpha = \sqrt{p}$, $\beta = \sqrt{1-p}$ とおくと，(6.1) は

$$\hat{\rho}_{\text{pure}} = \begin{pmatrix} \sqrt{p} \\ \sqrt{1-p} \end{pmatrix} (\sqrt{p}, \sqrt{1-p}) = \begin{pmatrix} p & \sqrt{p(1-p)} \\ \sqrt{p(1-p)} & 1-p \end{pmatrix} \tag{6.2}$$

と表されます。ここで p は，のちに確率の意味をもつことがわかります。

混合状態を表す密度行列　$\hat{\rho}$ が (6.1) のような 1 つの状態ベクトルだけでは表すことができないとき，$\hat{\rho}$ の記述する状態を混合状態（mixed state）と呼び，

$$\hat{\rho}_{\text{mix}} \equiv \sum_{j=0}^{d-1} p_j |\psi_j\rangle\langle\psi_j| \equiv \sum_{j=0}^{d-1} p_j \hat{\rho}_j \tag{6.3}$$

のように表します。(6.3) を，$\hat{\rho}$ の**固有値分解**（正規直交分解）といいます。ここで，$|\psi_j\rangle$ はその系（d 次元ヒルベルト空間）の正規直交基底です。また，p_j はその系を測定したとき $|\psi_j\rangle$ の状態が検出される確率であり，次式を満たします。

$$\sum_{j=0}^{d-1} p_j = 1, \quad 0 \leq p_j \leq 1 \tag{6.4}$$

2 次元系（$d=2$）の場合は，(6.3) で $p_0 \equiv p$, $p_1 \equiv 1-p$ とおいて

$$\hat{\rho}_{\text{mix}} = p|0\rangle\langle 0| + (1-p)|1\rangle\langle 1| = \begin{pmatrix} p & 0 \\ 0 & 1-p \end{pmatrix} \tag{6.5}$$

のように書けます。

(6.2) と比較してわかるように，混合状態は対角行列となり，非対角要素が 0 になっています。しかし $\hat{\rho}_{\text{mix}}$ は，ユニタリー変換すると非対角要素が現れることにご注意ください。純粋状態が重ね合わせ状態の場合は，(6.2) のように非対角要素が現れますが，もちろん純粋状態の密度行列も対角化可能です。すなわち，密度行列は対角化可能で，その対角要素は非負であり，その和（トレース）が 1 という性質をもっているのです。

6.1.2 密度行列の性質

密度行列は，次の性質をもっています。

$$\text{Tr}\hat{\rho} = 1, \quad \hat{\rho} \geq 0, \quad \text{Tr}\hat{\rho}^2 \leq 1 \tag{6.6}$$

(6.6) の Tr は，対角要素の和をとる演算です。また，1 番目の性質は (6.4) と $|\psi_i\rangle$

の規格直交性から明らかです[※1]。2 番目の性質は，対角行列の各要素が非負という意味です。3 番目の式で等号が成り立つのは，$\hat{\rho}$ が純粋状態のときです。すなわち，真の混合状態では必ず $\mathrm{Tr}\hat{\rho}^2 < 1$ になります。

問題 6.1 $\mathrm{Tr}\hat{\rho}^2 \leq 1$ を導き，混合状態では $\mathrm{Tr}\hat{\rho}^2 < 1$ になることを示しなさい。♥

ユニタリー変換 $\hat{\rho}$ を $\hat{U}$ でユニタリー変換すると，次のようになります。

$$\hat{\rho} \to \sum_{j=0}^{d-1} p_j \hat{U} |\psi_j\rangle\langle\psi_j| \hat{U}^\dagger = \hat{U}\hat{\rho}\hat{U}^\dagger \tag{6.7}$$

(6.7) からわかるように，ユニタリー変換しても $\mathrm{Tr}\hat{\rho} = 1$ は変わりません。

期待値 エルミート演算子 $\hat{A}$ の期待値 $\langle\hat{A}\rangle$ は次のように表されます。

$$\langle\hat{A}\rangle = \mathrm{Tr}(\hat{\rho}\hat{A}) \tag{6.8}$$

問題 6.2 (6.8) を示しなさい。ヒント：$\hat{A}$ のスペクトル分解（付録 B.1.2 項参照）$\hat{A} = \sum_j a_j |a_j\rangle\langle a_j|$ を用いる。♥

ブロッホベクトル表現 「1 量子状態」の密度行列は次のように表されます。

$$\hat{\rho} = \frac{\hat{I} + \vec{r} \cdot \vec{\hat{\sigma}}}{2} \tag{6.9}$$

ここで $\vec{r}$ は $\|\vec{r}\| \leq 1$ の 3 次元ベクトル，$\vec{\hat{\sigma}}$ はパウリ行列 $\hat{\sigma}_x, \hat{\sigma}_y, \hat{\sigma}_z$ です。

(6.9) は密度行列のブロッホベクトル表現（Bloch vector representation）と呼ばれます（ブロッホベクトルについては付録 B.2.1 項参照）。

問題 6.3 (6.9) を示しなさい。ヒント：$\hat{I}$ とパウリ行列 $\hat{\sigma}_x, \hat{\sigma}_y, \hat{\sigma}_z$ は，2 行 2 列の基底演算子である。♥

問題 6.4 ブロッホベクトルに回転演算子 $\hat{R}_z(\theta)$ を適用した結果と通常の回転演

※1 トレースの巡回性 $\mathrm{Tr}(\hat{A}\hat{B}\cdots\hat{C}\hat{D}) = \mathrm{Tr}(\hat{D}\hat{A}\hat{B}\cdots\hat{C}) = \mathrm{Tr}(\hat{B}\cdots\hat{C}\hat{D}\hat{A})$ が成り立つことを使う。

算子の結果を比較しなさい（難しいがベクトルの回転との関係が一目瞭然となる）。ヒント：(6.9) と (6.7) を用いる。♥

6.1.3 量子力学の公理（密度演算子による）

量子力学の公理系（2.1.8 項参照）は，状態ベクトルの代わりに密度演算子で完全に書き換えることができます。**表 6.1** に，密度演算子で表した 4 つの公理をまとめます。

表 6.1　密度演算子による量子力学の公理

公理	項目	数式	内容
1	量子状態	$\hat{\rho} = \sum_j p_j \hat{\rho}_j$	状態空間の密度演算子 $\hat{\rho}$ で記述（$\hat{\rho}_j = \vert\psi_j\rangle\langle\psi_j\vert$）
2	時間発展	$\hat{\rho}(t_2) = \hat{U}(t_1, t_2)\hat{\rho}(t_1)\hat{U}^\dagger(t_1, t_2)$	$\hat{\rho}(t_1)$ のユニタリー変換（$\hat{U}(t_1, t_2)$）で記述
3	量子測定	$p(m) = \mathrm{Tr}(\hat{M}_m \hat{M}_m^\dagger \hat{\rho})$	測定演算子の集まり $\{\hat{M}_m\}$ で記述†
4	複合系	$\hat{\rho} = \hat{\rho}_0 \otimes \hat{\rho}_1 \otimes \cdots \otimes \hat{\rho}_{d-1}$	各密度演算子の直積の和（重ね合わせ）で記述

† $p(m)$ は測定値 m を得る確率

6.2 複合量子系および縮約した密度演算子

この節では，密度演算子の非常に有用な応用として，複合量子系の部分系を記述する縮約した（reduced）密度演算子について述べます（参考文献 [ニールセン] 2.4.3 項，[石坂] 4.4.5 項）。

複合量子系 A と B があるとき，その状態は密度演算子 $\hat{\rho}^{AB}$ で記述されるとします。$\hat{\rho}^{AB}$ を縮約した部分系 A の状態 $\hat{\rho}^A$ は，次式で表されます。

$$\hat{\rho}^A \equiv \mathrm{Tr}_B(\hat{\rho}^{AB}) \tag{6.10}$$

ここで Tr_B は系 B に対する部分トレース（partial trace）で，次のように定義されます。

$$\mathrm{Tr}_B(|a_1\rangle\langle a_2| \otimes |b_1\rangle\langle b_2|) = |a_1\rangle\langle a_2|\mathrm{Tr}(|b_1\rangle\langle b_2|) \tag{6.11}$$

(6.11) の $|a_1\rangle, |a_2\rangle$ は A 系の，$|b_1\rangle, |b_2\rangle$ は B 系の任意の 2 つの状態です。

例題 6.1　ベル状態の縮約

ベル状態

$$\hat{\rho} = \left(\frac{|00+11\rangle}{\sqrt{2}}\right)\left(\frac{\langle 00+11|}{\sqrt{2}}\right) \tag{6.12}$$

の第 2 の量子ビットについて縮約をとったときの密度演算子を求めなさい。

解答例　第 2 の量子ビットについて縮約をとると

$$\begin{aligned}\hat{\rho}^1 &= \mathrm{Tr}_2\left(\frac{|00\rangle\langle 00| + |11\rangle\langle 00| + |00\rangle\langle 11| + |11\rangle\langle 11|}{2}\right)\\ &= \frac{|0\rangle\langle 0|\langle 0|0\rangle + |1\rangle\langle 0|\langle 0|1\rangle + |0\rangle\langle 1|\langle 1|0\rangle + |1\rangle\langle 1|\langle 1|1\rangle}{2}\\ &= \frac{|0\rangle\langle 0| + |1\rangle\langle 1|}{2} = \frac{\hat{I}}{2}\end{aligned} \tag{6.13}$$

となって $|0\rangle$ と $|1\rangle$ の混合状態になることがわかります。なお, (6.13) で $\mathrm{Tr}_2(|0\rangle\langle 0|) = \langle 0|0\rangle = 1$ などを用いました。◆

6.3 シュミット分解と純粋化

シュミット（Erhard Schmidt（1876-1959, 独））分解と純粋化は量子情報科学で重要なはたらきをするので，ここで説明します（参考文献 [ニールセン] 2.5 節，[富田] 4.1.3 項，[石坂] 付録 A.5 節）。

6.3.1 シュミット分解

$|\psi^{AB}\rangle$ を複合系 AB の純粋状態とすると，系 A と B に次の関係を満たす正規直交基底 $|j^A\rangle$，$|j^B\rangle$ が存在し，

$$|\psi^{AB}\rangle = \sum_j \sqrt{p_j}|j^A\rangle|j^B\rangle \tag{6.14}$$

と書けるというのがシュミット分解（Schmidt decomposition）です。ここで $\sqrt{p_j}$ は，$\sum_j p_j = 1$ を満たす実数であり，シュミット係数（Schmidt coefficient）と呼

ばれます。

$|j^A\rangle$, $|j^B\rangle$ をそれぞれ系 A, B に対するシュミット基底（Schmidt basis），0 でない $\sqrt{p_j}$ の数をシュミット数（Schmidt number）と呼びます。

シュミット分解 (6.14) により，系 A, B の密度演算子 $\hat{\rho}^A$, $\hat{\rho}^B$ は，(6.10) を計算して

$$\hat{\rho}^A = \sum_j p_j |j^A\rangle\langle j^A|, \quad \hat{\rho}^B = \sum_j p_j |j^B\rangle\langle j^B| \tag{6.15}$$

と固有値分解の形に書け，共通の固有値 p_j をもつことがわかります。

6.3.2 純粋化

量子系 A が混合状態 $\hat{\rho}^A$ であるとき，量子系 R を追加して量子系 AR を純粋化（purification）する（純粋状態にする）ことができます。すなわち，純粋状態を $|\psi^{AR}\rangle$ として

$$\hat{\rho}^A = \mathrm{Tr}_R(|\psi^{AR}\rangle\langle\psi^{AR}|) \tag{6.16}$$

とすることが可能なのです。R は参照系（reference system）と呼ばれ，仮想的なもので，直接の物理的な意味はもちません。

純粋状態をつくる　実際に参照系 R を導入して，純粋状態 $|\psi^{AR}\rangle$ をつくってみましょう。まず $\hat{\rho}^A$ を固有値分解して，$\hat{\rho}^A = \sum_j p_j |j^A\rangle\langle j^A|$ と書きます。

次に，A と同じ状態空間をもち，正規直交基底 $|j^R\rangle$ をもつ参照系 R を導入して，純粋状態 $|\psi^{AR}\rangle$ を次のように定義します。

$$|\psi^{AR}\rangle \equiv \sum_j \sqrt{p_j} |j^A\rangle |j^R\rangle \tag{6.17}$$

すると，(6.16) が導けるのです。

問題 6.5　(6.17) を用いて (6.16) を導きなさい。 ♥

6.4 量子測定 POVM

量子測定には，2 つの側面があります。すなわち，その測定結果を得る確率，および測定後の状態です。量子情報科学では，測定後の状態よりも測定結果の確率の方

がしばしば有用になります。そういう場合に便利な数学形式が，POVM（Positive Operator-Valued Measure）形式なのです（参考文献 [ニールセン] 2.2.6 項，[富田] 4.2 節，[石坂]4.5 節）。

6.4.1 POVM の定義

状態 $|\psi\rangle$ に測定演算子 $\hat{M}_m$ で記述される測定を行い，測定値 m を得たとします[※2]。その確率 $p(m)$ は次のように与えられます。

$$p(m) \equiv \|\hat{M}_m|\psi\rangle\|^2 \equiv \langle\psi|\hat{M}_m^\dagger \hat{M}_m|\psi\rangle \equiv \langle\psi|\hat{E}_m|\psi\rangle \tag{6.18}$$

(6.18) の演算子 $\hat{E}_m$ は次のように定義されます。

$$\hat{E}_m \equiv \hat{M}_m^\dagger \hat{M}_m, \quad \sum_m \hat{E}_m = \hat{I} \tag{6.19}$$

(6.19) の 2 番目の式は，確率の和が 1 であること（完全性関係）を表します。

$\hat{E}_m$ は正（非負）の演算子であり，その集合 $\{\hat{E}_m\}$ によって，異なる測定結果の確率が求められます。集合 $\{\hat{E}_m\}$ を POVM といい，$\hat{E}_m$ は測定に関する POVM 要素です。

PVM 測定　POVM は射影演算子（2.1.7 項参照）をも含みます。すべての POVM 要素が射影演算子である POVM を，PVM（Projection Valued Measure）と呼び，その測定を PVM 測定と呼びます。

POVM 要素 $\hat{E}_m$ が射影演算子 $\hat{P}_m$ で記述される場合，POVM$\{\hat{E}_m\}$ は $\hat{E}_m = \hat{P}_m^\dagger \hat{P}_m = \hat{P}_m^2 = \hat{P}_m$ となります。すなわち，PVM では，すべての POVM 要素（すなわち $\hat{E}_m$）が測定演算子そのものになります。

射影演算子は正値演算子なので，エルミート演算子 $\hat{A}$ の固有値射影演算子の組 $\{\hat{P}_a\}$ は PVM になります（文献 [石坂] 4.5.1 項）。逆に，測定値 m が実数であれば，エルミート演算子 $\hat{A}$ は $\hat{A} = \sum_m m\hat{P}_m$ と表されます（2.1.7 項も参照のこと）。

POVM 測定の実現*[※3]　ここでは，POVM 測定が間接測定として定義できることを見ます（参考文献 [石坂] 4.5.2 項）。

※2　m は数学的には複素数でもよいので，POVM は数学的な演算子であり，POVM 測定は量子系の最も一般的な測定といえる（たとえば文献 [石坂] 4.5 節）。

※3　*印の部分は，斜め読みまたはスキップ可を表す。

量子系 Q があるとして，量子補助系 A（ancilla，測定装置など）を用意します。Q と A の初期状態をそれぞれ $\hat{\rho}$，$\hat{\rho}_A$ とすると，全体系 QA の初期状態は $\hat{\rho}\otimes\hat{\rho}_A$ となります。

ここで全体のユニタリー変換 $\hat{U}$ を行うと，状態は $\hat{U}(\hat{\rho}\otimes\hat{\rho}_A)\hat{U}^\dagger$ となります。この状態において，補助系のエルミート演算子 $\hat{B}$（メーター物理量）の測定を行います。$\hat{B}$ をスペクトル分解して $\hat{B}=\sum_m m\hat{P}_m$ と書き，この操作を量子系 Q に対する測定 $\hat{M}$ と考えると，$\hat{M}$ により測定値 m を得る確率 $p(m)$ は

$$p(m)=\mathrm{Tr}_{QA}(\hat{I}_Q\otimes\hat{P}_m(\hat{U}(\hat{\rho}\otimes\hat{\rho}_A)\hat{U}^\dagger)=\mathrm{Tr}_Q(\hat{\rho}\hat{E}_m) \tag{6.20}$$

と書けます。ただし，$\hat{E}_m\equiv\mathrm{Tr}_A\left((\hat{I}_Q\otimes\hat{\rho}_A)\hat{U}^\dagger(\hat{I}_Q\otimes\hat{P}_m)\hat{U}\right)$ です。(6.20) の最後の等式は，トレースの巡回性，部分トレースの線形性，$\{\hat{P}_m\}$ の完全性，ユニタリー性を使うと得られます。

ユニタリー変換は正値性を保つので，$\{\hat{E}_m\}$ は POVM です。したがって，POVM が間接測定として定義されることが示されました。

6.4.2 POVM の使用例

ここでは，POVM の使用の 1 例を概説します（参考文献 [wiki]）。

非直交量子状態の識別　アリスからボブに量子状態を 1 量子ビットずつ送ってくるとし，その状態は $|\psi_1\rangle$ または $|\psi_2\rangle$ のどちらかであり，$r\equiv\langle\psi_1|\psi_2\rangle>0$，すなわち非直交状態とします。このときのボブの使命は，どちらの状態かを確実に識別し，「どちらであるかは不明」という結果を最小限にする POVM 作成です。

次の 3 つの POVM$\{\hat{E}_1,\hat{E}_2,\hat{E}_3\}$ がその答えです。

$$\hat{E}_1\equiv\frac{1}{1+r}|\psi_2^\perp\rangle\langle\psi_2^\perp|,\quad \hat{E}_2\equiv\frac{1}{1+r}|\psi_1^\perp\rangle\langle\psi_1^\perp|,\quad \hat{E}_3\equiv\hat{I}-\hat{E}_1-\hat{E}_2 \tag{6.21}$$

ここで $|\psi_1^\perp\rangle$ は $|\psi_1\rangle$ に直交するベクトル，$|\psi_2^\perp\rangle$ は $|\psi_2\rangle$ に直交するベクトルです。

POVM 測定からは結果として，e_1,e_2,e_3 が出力されるようになっています。すなわち，測定結果が e_1 のときは送られた状態は $|\psi_1\rangle$，e_2 のときは送られた状態は $|\psi_2\rangle$，e_3 のときはどちらともいえないという結果を表します。

各 POVM 要素の係数は，どちらともいえない（すなわち e_3 を得る）確率が最小になるように選ばれています。$|\psi_1\rangle$ と $|\psi_2\rangle$ が等確率で送られてくる場合は，e_3 を得る確率は r です。

一般に，POVM を実際にどのように実験で実現するかは難しく，実験家の創意工

夫が必要です。

6.5 量子ノイズと量子演算形式

これまで閉じた量子系，すなわち外界（環境）からのノイズなどの影響を考慮しない系を扱ってきました。この節では，環境から受けるノイズなどを数学的に扱える量子演算形式（quantum operation formalism）について述べます（参考文献 [ニールセン] 第 8 章，[富田] 4.2 節）。

6.5.1 古典ノイズとマルコフ過程

まず古典ノイズの場合について考えましょう。メモリに蓄積されているデータも時間とともに劣化していきます。ノイズなどの影響でビットが反転してしまうのです。ビット反転は，マルコフ（Andrey A. Markov（1856-1922，露））過程，すなわち「互いに独立にランダムに起きる」と仮定します。これは一般によい近似です。

はじめに状態 0, 1 にある確率を p_0, p_1 とし，ある時間内にビットが反転する確率を p とすると，時間経過後のその確率 p'_0, p'_1 は次式で表されます。

$$\begin{pmatrix} p'_0 \\ p'_1 \end{pmatrix} = \begin{pmatrix} 1-p & p \\ p & 1-p \end{pmatrix} \begin{pmatrix} p_0 \\ p_1 \end{pmatrix} \quad \to \quad \vec{p}' = \hat{E}\vec{p} \tag{6.22}$$

(6.22) の 2 番目の式で，$\hat{E}$ は遷移確率の行列であり，**進化行列**（evolution matrix）と呼ばれます。このように $\vec{p}'$ と $\vec{p}$ の関係は線形であり，確率の要請から $\hat{E}$ の行列要素はすべて非負です。また，確率の完全性（completeness）の要請から，すべての列の和（および行の和）は 1 になります。

6.5.2 量子演算形式

量子ノイズの場合にも，古典系での (6.22) と同様に表されます。量子系を，着目する系（着目系，主システム：principal system）と環境系（environment）とに分けます。量子系の入力状態 $\hat{\rho}_{\mathrm{in}}$ と出力状態 $\hat{\rho}_{\mathrm{out}}$ との関係は，ノイズのある量子通路を通過したあと，演算子 $\hat{\mathcal{E}}$ を用いて次のように表します（量子演算形式）。

$$\hat{\rho}_{\mathrm{out}} = \hat{\mathcal{E}}(\hat{\rho}_{\mathrm{in}}) \tag{6.23}$$

CPTP 写像　量子通路の出力も量子状態なので，密度行列で表されます。つまり，出力状態は正値でトレースが 1 となります。このように正値の入力に対して出力も正値となる演算（写像）を，正写像（Positive map）といいます。演算が着目系と環境系との合成系でも正値をとる必要があり，この場合は完全正値写像（Completely Positive map）といい，トレース保存とあわせて CPTP 写像（Completely Positive, Trace Preserving map）といいます※4。

オペレータ和表現（クラウス表現）の定義　ここでは量子演算をオペレータ和表現（operator-sum representation）で表します。環境の状態空間を正規直交基底 $|e_k\rangle$ とし，環境の初期状態を $\hat{\rho}^E = |e_0\rangle\langle e_0|$ とします※5。

着目系と環境系との合成系を $\hat{\rho}_{\rm in} \otimes |e_0\rangle\langle e_0|$ として，(6.23) は次のように書き換えられます。

$$\hat{\mathcal{E}}(\hat{\rho}_{\rm in}) = \sum_k \langle e_k|\hat{U}\left(\hat{\rho}_{\rm in} \otimes |e_0\rangle\langle e_0|\right)\hat{U}^\dagger|e_k\rangle = \sum_k \hat{K}_k \hat{\rho}_{\rm in} \hat{K}_k^\dagger \tag{6.24}$$

(6.24) で，$\hat{U}$ はユニタリー演算子であり，

$$\hat{K}_k \equiv \langle e_k|\hat{U}|e_0\rangle \tag{6.25}$$

は着目系にはたらく演算子です。(6.24) の最後の式をオペレータ和表現と呼び，$\hat{K}_k$ を $\hat{\mathcal{E}}$ の演算要素（operation element）といいます。これをクラウス（Karl Kraus (1938-1988，独)）表現とも呼び，$\hat{K}_k$ を**クラウス演算子**ともいいます（POVM 演算子との区別のため $\hat{K}$ を用います。文献 [ニールセン] は同じ $\hat{E}$ を用いていて混乱します)。

通常満たされるべきトレース保存の式，$\mathrm{Tr}\left(\hat{\mathcal{E}}(\hat{\rho}_{\rm in})\right) = 1$ から，次の完全性関係が得られます。

$$\sum_k \hat{K}_k^\dagger \hat{K}_k = \hat{I} \tag{6.26}$$

問題 6.6　(6.26) を示しなさい。 ♥

実は量子演算形式はトレース非保存（$\mathrm{Tr}\left(\hat{\mathcal{E}}(\hat{\rho}_{\rm in})\right) < 1$）も記述できるのですが，本書では割愛します。

※4　たとえば文献 [石坂] では TPCP 写像と呼ぶので注意。

※5　環境が混合状態の場合は 6.3 節のように付加系を加えて純粋系にできるので，一般性を失わずに純粋系としてよい。

オペレータ和表現の物理的解釈 ここでは，オペレータ和表現を物理的に解釈します。

環境系に対してユニタリー変換をして測定しても，着目系には影響がありません。いま，環境の測定結果が k の場合の着目系の状態を $\hat{\rho}_k$ とおくと，

$$\hat{\rho}_k \propto \langle e_k|\hat{U}(\hat{\rho}_{\rm in} \otimes |e_0\rangle\langle e_0|)\hat{U}^\dagger|e_k\rangle = \hat{K}_k\hat{\rho}_{\rm in}\hat{K}_k^\dagger \tag{6.27}$$

となります。測定結果 k を得る確率 $p(k)$ は，

$$p(k) = {\rm Tr}\left(\langle e_k|\hat{U}(\hat{\rho}_{\rm in} \otimes |e_0\rangle\langle e_0|)\hat{U}^\dagger|e_k\rangle\right) = {\rm Tr}(\hat{K}_k\hat{\rho}_{\rm in}\hat{K}_k^\dagger) \tag{6.28}$$

となり，$\hat{\rho}_k = \frac{\hat{K}_k\hat{\rho}_{\rm in}\hat{K}_k^\dagger}{p(k)}$ となります。したがって，次式を得ます。

$$\hat{\mathcal{E}}(\hat{\rho}_{\rm in}) = \sum_k p(k)\hat{\rho}_k = \sum_k \hat{K}_k\hat{\rho}_{\rm in}\hat{K}_k^\dagger \tag{6.29}$$

つまり量子演算は，確率 $p(k) = {\rm Tr}(\hat{K}_k\hat{\rho}_{\rm in}\hat{K}_k^\dagger)$ で量子状態 $\hat{\rho}_{\rm in}$ をランダムに $\hat{\rho}_k = \frac{\hat{K}_k\hat{\rho}_{\rm in}\hat{K}_k^\dagger}{{\rm Tr}(\hat{K}_k\hat{\rho}_{\rm in}\hat{K}_k^\dagger)}$ に置き換える操作なのです。

例題 6.2 **単一量子ビットの量子演算の例**

図 6.1 は，着目系の量子ビットを制御ビットとして環境量子ビットに CNOT 演算を行った例です。この場合のユニタリー演算子 $\hat{U}$ は，着目系の量子ビットを添え字 Q，環境系を E で表して次のように与えられます。

$$\hat{U} = |0_Q0_E\rangle\langle 0_Q0_E| + |0_Q1_E\rangle\langle 0_Q1_E| + |1_Q1_E\rangle\langle 1_Q0_E| + |1_Q0_E\rangle\langle 1_Q1_E| \tag{6.30}$$

このときの量子演算要素 $\{\hat{K}_0, \hat{K}_1\}$ を求めなさい。

解答例 $\hat{U}$ の環境系での行列要素を計算して

$$\hat{K}_0 = \langle 0_E|\hat{U}|0_E\rangle = |0_Q\rangle\langle 0_Q|, \quad \hat{K}_1 = \langle 1_E|\hat{U}|0_E\rangle = |1_Q\rangle\langle 1_Q| \tag{6.31}$$

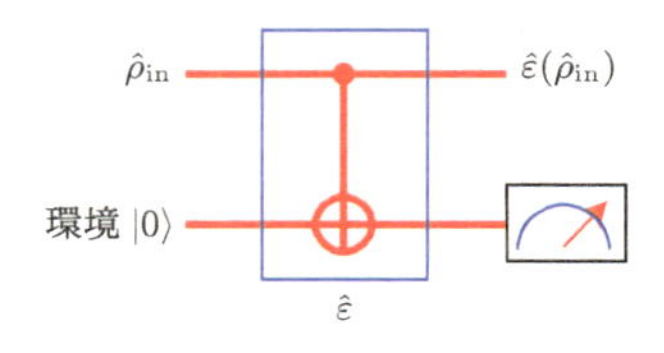

図 6.1 単一量子ビットの量子演算（CNOT）

を得ます。$\hat{K}_0 + \hat{K}_1 = \hat{I}$ となり，(6.26) が成り立っていることがわかります。◆

6.5.3 量子ノイズと量子演算の例

表 6.2 に量子ノイズと単一量子ビット量子演算の例をまとめ，以下に簡潔に説明します。

表 6.2　量子ノイズと単一量子ビット量子演算の例

量子ノイズ	内容	$\hat{K}_0$	$\hat{K}_1$, $(\hat{K}_2, \hat{K}_3)$
ビット反転	確率 p でビット反転	$\sqrt{1-p}\begin{pmatrix} 1 & 0 \\ 0 & 1 \end{pmatrix}$	$\sqrt{p}\begin{pmatrix} 0 & 1 \\ 1 & 0 \end{pmatrix}$
位相反転	確率 p で位相反転	$\sqrt{1-p}\begin{pmatrix} 1 & 0 \\ 0 & 1 \end{pmatrix}$	$\sqrt{p}\begin{pmatrix} 1 & 0 \\ 0 & -1 \end{pmatrix}$
ビット・位相反転	確率 p でビット・位相反転	$\sqrt{1-p}\begin{pmatrix} 1 & 0 \\ 0 & 1 \end{pmatrix}$	$\sqrt{p}\begin{pmatrix} 0 & -i \\ i & 0 \end{pmatrix}$
分極解消†	確率 p で分極解消	$\sqrt{1-\frac{3p}{4}}\begin{pmatrix} 1 & 0 \\ 0 & 1 \end{pmatrix}$	$\frac{\sqrt{p}}{2}(\hat{X}, \hat{Y}, \hat{Z})$

† $\hat{K}_1, \hat{K}_2, \hat{K}_3$ が存在し，それぞれ $\frac{\sqrt{p}}{2}\hat{X}$, $\frac{\sqrt{p}}{2}\hat{Y}$, $\frac{\sqrt{p}}{2}\hat{Z}$ となる

ビットや位相反転ノイズの量子演算　ビット反転ノイズが確率 p で $|0\rangle \leftrightarrow |1\rangle$ を起こすとすると，$\hat{\mathcal{E}}(\hat{\rho}_{\text{in}}) = (1-p)\hat{\rho}_{\text{in}} + p\hat{X}\hat{\rho}_{\text{in}}\hat{X}$ と書けるので (6.24) の定義より，クラウス演算子は以下のようになります（表 6.2 の 1 行目）。

$$\hat{K}_0 = \sqrt{1-p}\hat{I}, \quad \hat{K}_1 = \sqrt{p}\hat{X} \tag{6.32}$$

位相反転ノイズの場合は $\hat{X} \to \hat{Z}$，ビット・位相反転ノイズの場合は $\hat{X} \to \hat{Y}$ とすればよいことがわかります。

分極解消ノイズの量子演算　分極とは，たとえば光子の場合は偏光がランダム化して $\frac{\hat{I}}{2}$ になることです。分極解消の確率を p とすると，

$$\hat{\mathcal{E}}(\hat{\rho}_{\text{in}}) = p\frac{\hat{I}}{2} + (1-p)\hat{\rho}_{\text{in}} \tag{6.33}$$

(6.33) はオペレータ和表現にはなっていないので，

$$\frac{\hat{I}}{2} = \frac{\hat{\rho}_{\rm in} + \hat{X}\hat{\rho}_{\rm in}\hat{X} + \hat{Y}\hat{\rho}_{\rm in}\hat{Y} + \hat{Z}\hat{\rho}_{\rm in}\hat{Z}}{4} \tag{6.34}$$

を (6.33) に代入して次式（表 6.2 の 6 行目）を得ます。

$$\hat{\mathcal{E}}(\rho) = \left(1 - \frac{3p}{4}\right)\hat{\rho}_{\rm in} + \frac{p}{4}(\hat{X}\hat{\rho}_{\rm in}\hat{X} + \hat{Y}\hat{\rho}_{\rm in}\hat{Y} + \hat{Z}\hat{\rho}_{\rm in}\hat{Z}) \tag{6.35}$$

問題 6.7　(6.34) を示しなさい。ヒント：$\hat{\rho}_{\rm in}$ の固有値分解

$$\hat{\rho}_{\rm in} = \begin{pmatrix} q & 0 \\ 0 & 1-q \end{pmatrix} \tag{6.36}$$

を用いて

$$\hat{X}\hat{\rho}_{\rm in}\hat{X} = \hat{Y}\hat{\rho}_{\rm in}\hat{Y} = \begin{pmatrix} 1-q & 0 \\ 0 & q \end{pmatrix}, \quad \hat{Z}\hat{\rho}_{\rm in}\hat{Z} = \hat{\rho}_{\rm in} \tag{6.37}$$

を導き，(6.34) が成り立つことを示す。♥

6.5.4 量子状態トモグラフィー

量子状態トモグラフィー（Quantum state tomography）は未知量子状態を，量子プロセストモグラフィー（Quantum process tomography）は未知量子プロセスを同定する（identify）ことです。ここでは量子状態トモグラフィーについて述べます。

量子状態トモグラフィー　状態 $\hat{\rho}$ をどうすれば同定できるでしょうか。もちろん，状態を測定することになりますが，通常は 1 回だけの測定では状態を決定できません。

問題 6.8　たった 1 回の測定で状態を決められるのはどういうときでしょうか。♥

実験的に何度も同じ状態の $\hat{\rho}$ を用意できる場合は，測定を繰り返すことによって同定できます。$\hat{\rho}$ は

$$\hat{\rho} = \frac{{\rm Tr}(\hat{\rho})\hat{I} + {\rm Tr}(\hat{X}\hat{\rho})\hat{X} + {\rm Tr}(\hat{Y}\hat{\rho})\hat{Y} + {\rm Tr}(\hat{Z}\hat{\rho})\hat{Z}}{2} \tag{6.38}$$

と表されます。たとえば ${\rm Tr}(\hat{Z}\hat{\rho})$ は観測量 $\hat{Z}$ の平均値なので，$\hat{Z}$ を m 回測定して

$z_1, z_2, \cdots, z_m$ を得たとすると，$\frac{\sum_j z_j}{m}$ が (6.38) の $\hat{Z}$ の係数になります。

6.6 量子情報の距離測度

2 つの情報の類似度を定量化することは，情報科学の中心的テーマの 1 つです。定量化は距離測度（distance measure）を定義することによってなされます（参考文献 [ニールセン] 9.2 節，[富田] 4.3.2～4.3.4 項，[石坂] 5.3.5～5.3.8 項）。

距離測度は，静的測度（static measure）と動的測度（dynamical measure）の 2 つに大別されます。静的測度は，2 つの量子状態の類似度を，動的測度は動的な過程の前後での情報の保存度を定量化します。

この節では量子情報でよく使われる，トレース距離（trace distance）と忠実度（fidelity）の定義や性質について議論します。忠実度は，量子計算でも量子ゲートの精度を表す指標として使用されています。

6.6.1 古典情報の距離測度

まずは古典情報で定義される距離測度を見てみましょう。

ハミング距離　2 つの同じ長さのビット列の比較は，ハミング（Richard W. Hamming（1915-1998，米））距離（Hamming distance）で定量化されます。2 つのビット列を，対応するビットごとに比較したとき，異なっているビットの数がハミング距離です（ビットごとに排他的論理和をとったときの，ビットが 1 として残った数です）。たとえばビット列 1101001101 と 1001011101 は 2 か所ビットが異なるので，ハミング距離は 2 です。

情報科学でよく使われる 2 つの定量化　しかし情報科学では，確率分布を用いて定量化することが一般的です。たとえば 2 つの文章がどの程度似ているかを定量化したいとします。文章を確率変数 X で表し，2 つの文章での文字 x が現れる確率をそれぞれ p_x, q_x として，次の 2 つの定義がよく用いられます。

古典トレース距離　1 つはトレース距離で，次のように定義されます[※6]。

※6　L_1 距離，またはコルモゴロフ（Kolmogorov）距離とも呼ばれる。

$$D(p_x, q_x) \equiv \frac{1}{2}\sum_x |p_x - q_x| \tag{6.39}$$

(6.39) は計量尺度（metric）の条件を満たしているので，距離と名づけるのにふさわしいです。すなわち，対称性：$D(p_x, q_x) = D(q_x, p_x)$ と三角不等式：$D(p_x, r_x) \leq D(p_x, q_x) + D(q_x, r_x)$ が成り立っています。

古典忠実度　もう 1 つは忠実度で次のように定義されます。

$$F(p_x, q_x) \equiv \sum_x \sqrt{p_x q_x} \tag{6.40}$$

この定義は計量尺度の条件を満たしていません。これは $p_x = q_x$ のとき，$F(p_x, q_x) = \sum_x p_x = 1$ となることからもわかります。つまり，$0 \leq F(p_x, q_x) \leq 1$ が成り立ちます。

(6.40) の右辺は，2 つのベクトル $\sqrt{p_x}$ と $\sqrt{q_x}$ の内積であることがわかります。

6.6.2 量子情報のトレース距離

量子状態 $\hat{\rho}$ と $\hat{\rho}'$ との間のトレース距離を次のように定義します。

$$D(\hat{\rho}, \hat{\rho}') \equiv \frac{1}{2}\mathrm{Tr}|\hat{\rho} - \hat{\rho}'| \tag{6.41}$$

ここで $|\hat{A}| \equiv \sqrt{\hat{A}^\dagger \hat{A}}$ です。

$\hat{\rho}$ と $\hat{\rho}'$ が可換のときは，同じ正規直交基底 $|j\rangle$ で対角化できて，

$$\hat{\rho} = \sum_j r_j |j\rangle\langle j|, \quad \hat{\rho}' = \sum_j r'_j |j\rangle\langle j| \tag{6.42}$$

と書けます。(6.42) を (6.41) に代入して

$$D(\hat{\rho}, \hat{\rho}') \equiv \frac{1}{2}\mathrm{Tr}\left|\sum_j (r_j - r'_j)|j\rangle\langle j|\right| = D(r_j, r'_j) \tag{6.43}$$

となって古典トレースの式，(6.39) と一致します。

とくに 1 量子状態の場合はベクトル表現 (6.9) を用いて

$$D(\hat{\rho}, \hat{\rho}') = \frac{1}{4}\mathrm{Tr}|(\vec{r} - \vec{r}') \cdot \vec{\sigma}| = \frac{|\vec{r} - \vec{r}'|}{2} \tag{6.44}$$

となり，ブロッホ球上での距離の半分になります。

6.6.3 量子情報の忠実度

量子状態 $\hat{\rho}$ と $\hat{\rho}'$ との間の忠実度は次のように定義されます。

$$F(\hat{\rho},\hat{\rho}') \equiv \mathrm{Tr}\sqrt{\hat{\rho}^{1/2}\hat{\rho}'\hat{\rho}^{1/2}} = \mathrm{Tr}\sqrt{\hat{\rho}'^{1/2}\hat{\rho}\hat{\rho}'^{1/2}} \tag{6.45}$$

ここで最後の式は，$\hat{\rho}' = \hat{\rho}'^{1/2}\hat{\rho}'^{1/2}$ としてトレースの巡回性を用いると得られます。すなわち，忠実度は $\hat{\rho}$ と $\hat{\rho}'$ に対して対称です。

$\hat{\rho}$ と $\hat{\rho}'$ が可換のときは (6.42) を (6.45) に代入し，演算子関数 (B.7) に留意して

$$\begin{aligned} F(\hat{\rho},\hat{\rho}') &= \mathrm{Tr}\sqrt{\sum_j r_j r'_j |j\rangle\langle j|} = \mathrm{Tr}\left(\sum_j \sqrt{r_j r'_j}|j\rangle\langle j|\right) = \sum_j \sqrt{r_j r'_j} \\ &= F(r_j, r'_j) \end{aligned} \tag{6.46}$$

を得ます。つまり，忠実度 $F(\hat{\rho},\hat{\rho}')$ はそれぞれの固有値の古典忠実度に還元され，$0 \leq F(\hat{\rho},\hat{\rho}') \leq 1$ が成り立ちます。

純粋状態 $|\psi\rangle$ と密度演算子 $\hat{\rho}$ との忠実度は

$$F(|\psi\rangle,\hat{\rho}) \equiv F(|\psi\rangle\langle\psi|,\hat{\rho}) = \mathrm{Tr}\sqrt{\langle\psi|\hat{\rho}|\psi\rangle|\psi\rangle\langle\psi|} = \sqrt{\langle\psi|\hat{\rho}|\psi\rangle} \tag{6.47}$$

となり，$|\psi\rangle$ と $\hat{\rho}$ の重なりの平方根になります。

同様に，純粋状態どうし $|\psi\rangle$ と $|\phi\rangle$ の忠実度は，次のようになります。

$$F(|\psi\rangle,|\phi\rangle) \equiv F(|\psi\rangle\langle\psi|,|\phi\rangle\langle\phi|) = |\langle\psi|\phi\rangle| \tag{6.48}$$

6.6.4 量子通信路と距離測度

量子通信路とは，たとえば量子メモリや量子的な通信路（channel，チャンネル）のことです。この項での目的は，メモリに蓄えられた量子状態や，量子通信路を通じて送信された量子情報が，環境との相互作用 $\hat{\mathcal{E}}$ を受けてどれだけ変化したかを定量的に示すことです（参考文献 [ニールセン] 9.3 節，[富田] 4.3.4 項）。ここでは，計算が容易な忠実度を用いますが，トレース距離でも同様な結果を得ます。

分極解消通信路の場合　始状態 $|\psi\rangle$ が分極解消通信路の作用を受けて終状態 $\hat{\mathcal{E}}(|\psi\rangle\langle\psi|)$ になったときの忠実度は (6.33) より，

$$F(|\psi\rangle,\hat{\mathcal{E}}(|\psi\rangle\langle\psi|)) = \mathrm{Tr}\sqrt{\langle\psi|\left(p\frac{\hat{I}}{2} + (1-p)|\psi\rangle\langle\psi|\right)|\psi\rangle} = \sqrt{1-\frac{p}{2}} \tag{6.49}$$

となります。すなわち，分極解消の確率 p が大きいほど忠実度は低くなります。

忠実度の再定義　(6.49) の忠実度の定義には欠陥があります。それは，私たちには始状態が不明であることです。そこで次のように，すべての可能な始状態に対して最小化を図った定義とします。

$$F_{\min}(\hat{\mathcal{E}}) \equiv \min_{|\psi\rangle} F(|\psi\rangle, \hat{\mathcal{E}}(|\psi\rangle\langle\psi|)) \tag{6.50}$$

通信路はすべての入力状態に対して同じなので，たとえば分極解消通信路の場合は $F_{\min}(\hat{\mathcal{E}}) = \sqrt{1-\frac{p}{2}}$ となります。

例題 6.3　位相反転の場合の忠実度

位相反転の場合の忠実度を求めなさい。

解答例　位相反転の量子演算を代入して次式を得ます。

$$\begin{aligned} F_{\min}(\hat{\mathcal{E}}) &= \min_{|\psi\rangle} F(|\psi\rangle, \hat{\mathcal{E}}(|\psi\rangle\langle\psi|)) \\ &= \min_{|\psi\rangle} \sqrt{\langle\psi|\left((1-p)|\psi\rangle\langle\psi| + p\hat{Z}|\psi\rangle\langle\psi|\hat{Z}\right)|\psi\rangle} \\ &= \min_{|\psi\rangle} \sqrt{(1-p) + p\langle\psi|\hat{Z}|\psi\rangle^2} = \sqrt{1-p} \end{aligned} \tag{6.51}$$

(6.51) の最後の等式は，その前の式の平方根の中の第 2 項が非負で $|\psi\rangle = |+\rangle$ のときに 0 になるからです。◆

混合状態の場合の忠実度　純粋状態ではなく混合状態の場合はどうでしょうか。実は混合状態の場合も純粋状態の場合の定義が使えるのです。

それは忠実度の同時凹性を用いて次のようにして導かれます。混合状態 $\hat{\rho} = \sum_j \lambda_j |j\rangle\langle j|$ を用いると

$$\begin{aligned} F\left(\hat{\rho}, \hat{\mathcal{E}}(\hat{\rho})\right) &= F\left(\sum_j \lambda_j |j\rangle\langle j|, \sum_j \lambda_j \hat{\mathcal{E}}(|j\rangle\langle j|)\right) \\ &\geq \sum_j \lambda_j F\left(|j\rangle\langle j|, \hat{\mathcal{E}}(|j\rangle\langle j|)\right) \end{aligned} \tag{6.52}$$

となり，忠実度は次のように求まります。

$$F_{\min}(\hat{\mathcal{E}}) = \min_{\lambda_j} \sum_j \lambda_j F\left(|j\rangle\langle j|, \hat{\mathcal{E}}(|j\rangle\langle j|)\right) \tag{6.53}$$

ゲート忠実度　ユニタリーゲート $\hat{U}$ の 操作での忠実度（gate fidelity）は，次のように定義されます。

$$F(\hat{U}, \hat{\mathcal{E}}) \equiv \min_{|\psi\rangle} F\left(U\widehat{|\psi}\rangle, \hat{\mathcal{E}}(|\psi\rangle\langle\psi|)\right) \tag{6.54}$$

ゲート操作の忠実度なので，状態は純粋状態としてよいのです。

問題 6.9　NOT 演算子 $\hat{X}$ が，実際には $\hat{\mathcal{E}}(\hat{\rho}) = (1-p)\hat{X}\hat{\rho}\hat{X} + p\hat{Z}\hat{\rho}\hat{Z}$ として実行されたときの忠実度を求めなさい。♥

平均忠実度　量子情報源から次々と量子状態 $\hat{\rho}_j$ が確率 p_j で生成されるとします。この場合の平均忠実度は次式で定義されます。

$$\bar{F} \equiv \sum_j p_j F(\hat{\rho}_j, \hat{\mathcal{E}}(\hat{\rho}_j))^2 \tag{6.55}$$

右辺の定義式の忠実度を 2 乗するのは，次に定義するエンタングルメント忠実度（entanglement fidelity）と自然に関係づけられるからです。

エンタングルメント忠実度　量子情報源の量子系 Q が環境系 R とエンタングルして純粋状態になっているとします。また，状態 $|QR\rangle$ は，Q にはたらく $\hat{\mathcal{E}}$ の作用によって，状態 $|Q'R'\rangle = \hat{\rho}^{Q'R'}$ となったものとします。すると，$\hat{\mathcal{E}}$ はトレースを保存するとして，エンタングルメント忠実度は次式で定義されます。

$$F(\hat{\rho}, \hat{\mathcal{E}}) \equiv F(QR, Q'R')^2 = \langle QR|\hat{\rho}^{Q'R'}|QR\rangle \tag{6.56}$$

(6.56) でエンタングルド忠実度 $F(\hat{\rho}, \hat{\mathcal{E}})$ を静的忠実度 $F(QR, Q'R')$ の 2 乗と定義するのは，そうすることによりエンタングルド忠実度の性質のいくつかが単純化されるからです。

(6.56) の定義によるエンタングルメント忠実度は $|R\rangle$ の詳細には依りません[※7]。

※7　任意の環境状態 $|R'\rangle$ はユニタリー演算子 $\hat{U}$ によって $|R'\rangle = \hat{U}|R\rangle$ と表されることから。

例題 6.4　エンタングルメント忠実度の便利な計算式

量子演算 $\hat{\mathcal{E}}$ に対する演算要素の集合を $\{\hat{K}_i\}$ とすると，エンタングルメント忠実度は次のように表されることを示しなさい。

$$F(\hat{\rho}, \hat{\mathcal{E}}) = \sum_i |\mathrm{Tr}(\hat{\rho}\hat{K}_i)|^2 \tag{6.57}$$

解答例　(6.24) より，$\hat{\rho}^{Q'R'} = \hat{\mathcal{E}}(\hat{\rho}^{QR}) = \sum_i \hat{K}_i|QR\rangle\langle QR|\hat{K}_i^\dagger$ と書けます。これを (6.56) に代入して次式を得ます。

$$F(\hat{\rho}, \hat{\mathcal{E}}) = \sum_i |\langle QR|\hat{K}_i|QR\rangle|^2 \tag{6.58}$$

$\hat{\rho} = \sum_j p_j|j\rangle\langle j|$ と表すと，$|QR\rangle$ はシュミット分解（6.3.1 節参照）より

$$|QR\rangle = \sum_j \sqrt{p_j}|j\rangle|j\rangle \tag{6.59}$$

と書けるので，$\langle QR|K_i|QR\rangle$ は

$$\langle QR|\hat{K}_i|QR\rangle = \sum_{jk} \sqrt{p_j p_k}\langle j|k\rangle\langle j|\hat{K}_i|k\rangle = \sum_j p_j\langle j|\hat{K}_i|j\rangle = \mathrm{Tr}(K_i\hat{\rho}) \tag{6.60}$$

となり，(6.57) が得られます。◆

問題 6.10　位相反転通信路 $\hat{\mathcal{E}}(\hat{\rho}) = p\hat{\rho} + (1-p)\hat{Z}\hat{\rho}\hat{Z}$ の場合，エンタングルメント忠実度が

$$F(\hat{\rho}, \hat{\mathcal{E}}) = p\mathrm{Tr}(\hat{\rho})^2 + (1-p)\mathrm{Tr}(\hat{\rho}\hat{Z})^2 = p + (1-p)\mathrm{Tr}(\hat{\rho}\hat{Z})^2 \tag{6.61}$$

となることを示しなさい。♥

第7章 古典エントロピーと量子エントロピー

本章では，情報理論で本質的に有用な役割を演じる各種の古典エントロピーおよび量子エントロピーを定義し，その性質を概観します（参考文献 [ニールセン] 第 11 章，[富田] 第 4 章）。

7.1 古典情報とエントロピー

まずは，古典情報理論で情報がどのように定式化されるかを見ましょう。**表 7.1** に，これから定義するエントロピーや情報量の定義式，およびその性質を掲げておきます。

量子エントロピーも古典とほぼ同様に定義され，また，量子でも古典エントロピーが活躍するので，しっかり自分のものにしていきましょう。

表 7.1　エントロピー H と情報量 I

H または I	定義式	備考
情報量	$I(X) \equiv -\log_2 p(X)$	$p(X)$ は確率変数 X の確率
シャノン	$H(X) \equiv -\sum_i p(x_i)\log_2 p(x_i)$	平均情報量，$p(x_i)$ は x_i の確率
結合	$H(X,Y) = H(X) + H(Y\|X)$ $= H(Y) + H(X\|Y)$	X と Y について対称
条件付き	$H(Y\|X)$ $\equiv -\sum_{ij} p(x_i)p(y_j\|x_i)\log_2 p(y_j\|x_i)$	X が既知のときの Y の平均情報量
相互情報量	$I(X:Y) \equiv H(X) + H(Y) - H(X,Y)$ $= H(Y) - H(Y\|X)$ $= H(X) - H(X\|Y)$	X と Y について対称
相対	$H(P\\|Q) \equiv \sum_i p(x_i)\log_2 \frac{P(x_i)}{Q(x_i)}$	確率分布の類似度，非負

7.1.1 情報量とエントロピー

情報を定量化し，科学的に考察するにはどうしたらよいでしょうか。シャノンは，事象（event）が起きる（生起する）確率に注目して数学で扱えるようにしました。

情報量　以後，事象 $\mathcal{X}$ の確率変数を X とし，その生起確率を $p(X)$ とします。その事象が起きたことで得た（知ることができた）情報量 $I(X)$ を

$$I(X) \equiv \log_2 \left(\frac{1}{p(X)} \right) = -\log_2 p(X) \tag{7.1}$$

と定義します。対数の底（てい）は任意ですが，底を 2 にとると情報量の単位は bit となるので，本書では底を 2 と明示することにします。

なぜ情報量を，確率の対数にするのでしょうか。それを見るために，別の独立な事象 $\mathcal{Y}$（以後，確率変数を Y，生起確率を $p(Y)$ とする）を考えましょう。事象 $\mathcal{X}$ と $\mathcal{Y}$ が同時に起きる確率は $p(X)p(Y)$ ですから，情報量 $I(X, Y)$ は

$$I(X, Y) \equiv -\log_2(p(X)p(Y)) = I(X) + I(Y) \tag{7.2}$$

となって，2 つの情報量の和になります。つまり，2 つの知識量の和となり，直観に合うのです。

エントロピーの定義　事象の確率変数として複数の確率が定義されている場合を考えましょう。**表 7.2** は，福引の等級とその生起確率です（確率の数値は適当に選んだもの）。

表 7.2　福引の等級と生起確率（例）

等級	1	2	3	4	5	6
生起確率	$\frac{1}{64}$	$\frac{3}{64}$	$\frac{1}{16}$	$\frac{1}{8}$	$\frac{1}{4}$	$\frac{1}{2}$

福引という事象 $\mathcal{X}$ の等級 x_i, $(i = 1, 2, \cdots, 6)$ の確率を $p(x_i)$ とするとき，シャノンが定義したエントロピー $H(X)$（と表 7.2 の場合の $H(X)$ の値）は

$$H(X) \equiv -\sum_{i=1}^{6} p(x_i) \log_2 p(x_i) \simeq 1.93 \text{ bit} \tag{7.3}$$

となります。(7.3) で $p(x_i) = 0$ のときは，$p(x_i) \log_2 p(x_i) = 0$ と定義します。こ

こで確率 $p(x_i)$ は次式を満たします。

$$\sum_{i=1}^{6} p(x_i) = 1 \tag{7.4}$$

(7.3) の定義から，**「エントロピーは事象のもつ情報量の期待値（平均情報量）である」**ことがわかります（「エントロピーは情報の不確実さの度合い（未知の程度）を表している」という言い方もありますが，「エントロピーは（未知の）平均情報量である」と理解する方がすっきりする気がします）。

また，$2^2 < 6 < 2^3$ なので，6 個の情報には一般に 3 ビット必要ですが，(7.3) の場合，ここで得たエントロピーは 2 ビットより小さくなっています。

(7.3) のエントロピーの定義式から明らかなように，(7.1) の情報量は 1 個しかない事象のエントロピーといえるので，自己エントロピーとも呼ばれます。

エントロピーの性質　(7.3) の定義から，$H(X)$ がとりうる値は次の通りです。

$$0 \le H(X) \le \log_2 n \tag{7.5}$$

上限値は，すべての生起確率が等しい（$\frac{1}{n}$）のときです（(7.18) 参照)。

また $H(X)$ は凹性（concavity）という性質をもっています（凸関数，凹関数については付録 A.3 節参照)。凹性の意味を次の 2 値エントロピー（binary entropy）$H_{\text{bin}}(p)$ で説明します。p は，$0 \le p \le 1$ の値をとります。

$$H_{\text{bin}}(p) \equiv -p\log_2 p - (1-p)\log_2(1-p) \tag{7.6}$$

$H_{\text{bin}}(p)$ は，**図 7.1** のように下に凹（上に凸）です。

関数 $f(x)$ の凹性は次式で表されます（凸性は不等号が逆向き（$\ge \to \le$))。

$$f(\lambda x_1 + (1-\lambda)x_2) \ge \lambda f(x_1) + (1-\lambda)f(x_2),\ (0 \le \lambda \le 1) \tag{7.7}$$

$x = \lambda x_1 + (1-\lambda)x_2$ は，$x_1 \le x \le x_2$ の値をとります。(7.7) は，点 $(x, f(x))$ が

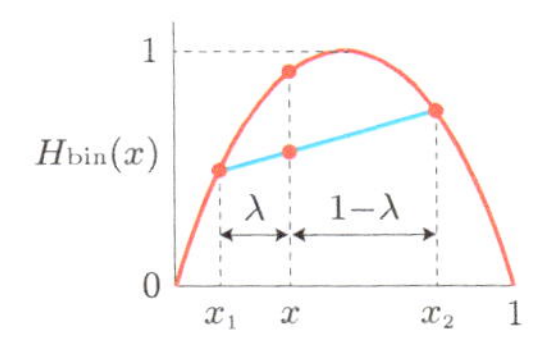

図 7.1　2 値エントロピーと凹性

点 $(x_1, f(x_1))$ と点 $(x_2, f(x_2))$ を結んだ線上またはそれより上にあることを意味しています（図 7.1）。

7.1.2 条件付きエントロピーと結合エントロピー

2 つの事象 $\mathcal{X}$（確率変数 X：確率 $p(x_1), p(x_2), \cdots, p(x_)n)$ と $\mathcal{Y}$（確率変数 Y：確率 $p(y_1), p(y_2), \cdots, p(y_m)$）があるとします。

条件付きエントロピー　事象 $\mathcal{X}$ が既知のときの $\mathcal{Y}$ のエントロピー，すなわち条件付きエントロピー（conditional entropy）$H(Y|X)$ は，次のように定義されます。

$$\begin{aligned} H(Y|X) &\equiv -\sum_{i=1}^{n} p(x_i) \sum_{j=1}^{m} p(y_j|x_i) \log_2 p(y_j|x_i) \\ &= -\sum_{i=1}^{n} \sum_{j=1}^{m} p(x_i, y_j) \log_2 p(y_j|x_i) \end{aligned} \tag{7.8}$$

結合エントロピー　結合（または，同時）エントロピー（joint entropy）$H(X, Y)$ は次のように定義されます。

$$H(X, Y) \equiv -\sum_{i=1}^{n} \sum_{j=1}^{m} p(x_i, y_j) \log_2 p(x_i, y_j) \tag{7.9}$$

結合エントロピー $H(X, Y)$ は，対 (X, Y) が両方とも未知のときのエントロピーであり，個々のエントロピー $H(X)$ または $H(Y)$ 以上で，その和以下となります。

$$H(X),\ H(Y) \le H(X, Y) \le H(X) + H(Y) \tag{7.10}$$

問題 7.1　(7.10) が成り立つ理由を，言葉で説明しなさい。 ♥

条件付き，結合および個々のエントロピーの関係　条件付きエントロピー $H(Y|X)$ や $H(X|Y)$ は，結合エントロピー $H(X, Y)$ および個々のエントロピー $H(X)$ や $H(Y)$ によって次のように定義されます。

$$H(Y|X) \equiv H(X, Y) - H(X), \quad H(X|Y) \equiv H(X, Y) - H(Y) \tag{7.11}$$

問題 7.2 (7.11) のように定義できる理由を，言葉で説明しなさい。 ♥

条件付きエントロピーに対する連鎖則 $X_1, \cdots, X_n$ と Y が確率変数であるとき，次の式が成り立ちます。

$$\begin{aligned} H(X_1, \cdots, X_n|Y) &= H(X_1|Y) + H(X_2|Y, X_1) + \cdots \\ &\quad + H(X_n|Y, X_1, X_2, \cdots, X_{n-1}) \\ &= \sum_{j=1}^{n} H(X_j|Y, X_1, \cdots, X_{j-1}) \end{aligned} \tag{7.12}$$

例題 7.1 **条件付きエントロピーに対する連鎖則の証明**

連鎖則 (7.12) を証明しなさい。

解答例 帰納法を使います。まず $n = 1$ のときは明らかです。次に $n = 2$ については次のようになり，連鎖則が成り立っています。

$$\begin{aligned} H(X_1, X_2|Y) &= H(X_1, X_2, Y) - H(Y) \\ &= H(X_1, X_2, Y) - H(X_1, Y) + H(X_1, Y) - H(Y) \\ &= H(X_2|X_1, Y) + H(X_1|Y) \end{aligned} \tag{7.13}$$

n のときに成り立つと仮定して，$n+1$ のときに成り立つことを示します。$n = 2$ の結果を用いて

$$H(X_1, \cdots, X_{n+1}|Y) = H(X_2, \cdots, X_{n+1}|Y, X_1) + H(X_1|Y) \tag{7.14}$$

(7.14) の右辺第 1 項に帰納法の仮定を使うと (7.14) は

$$\begin{aligned} H(X_1, \cdots, X_{n+1}|Y) &= \sum_{j=2}^{n+1} H(X_j|Y, , X_1 \cdots, X_{j-1}) + H(X_1|Y) \\ &= \sum_{j=1}^{n+1} H(X_j|Y, X_1, \cdots, X_{j-1}) \end{aligned} \tag{7.15}$$

となるので，(7.12) が証明されました。 ♦

7.1.3 相互情報量と相対エントロピー

次に相互情報量（mutual information）と相対エントロピー（relative entropy）を定義します。

相互情報量　確率変数 X と Y の個々のエントロピーの和と結合エントロピー $H(X,Y)$ との差を，相互情報量 $I(X:Y)$ と定義します※1。

$$
\begin{aligned}
I(X:Y) \equiv H(X) + H(Y) - H(X,Y) &= H(Y) - H(Y|X) \\
&= H(X) - H(X|Y)
\end{aligned}
\tag{7.16}
$$

2番目と3番目の等式は，(7.11) を代入して得られます。

(7.16) の右辺第2式から第4式のように，相互情報量 $I(X:Y)$ は X と Y に対して対称（入れ替えに対して不変）です。相互情報量とエントロピー $H(X)$，$H(Y)$，および条件付き $H(Y|X)$，$H(X|Y)$ との関係は，**図 7.2** のようになります。すなわち，$I(X:Y)$ は $H(X)$ と $H(Y)$ の重なり部分，$H(X|Y)$ や $H(Y|X)$ はそれぞれ $H(X)$ や $H(Y)$ の残り部分になります。

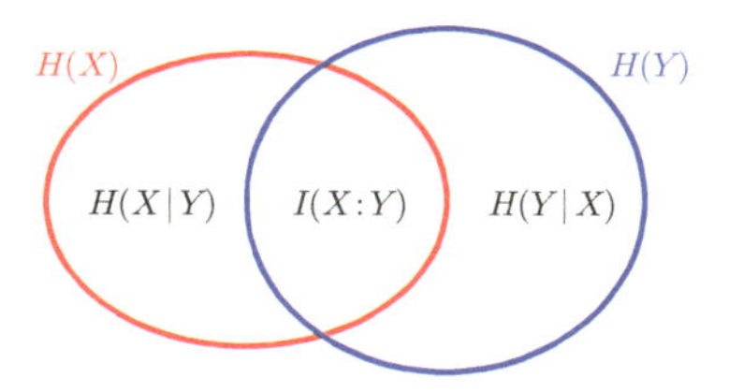

図 7.2　相互情報量，個々のエントロピー，条件付きエントロピーの関係

相対エントロピー　確率変数が X の真の確率分布 $P(x_i)$, $(i = 1, 2, \cdots, n)$ を $Q(x_i)$ で近似したときの違いを表す指標が相対エントロピーで，次のように定義されます。

$$
H(P\|Q) \equiv \sum_{i=1}^{n} P(x_i) \log_2 \frac{P(x_i)}{Q(x_i)} \geq 0 \text{ bit} \tag{7.17}
$$

カルバック-ライブラー距離（Kullback-Leibler distance（or divergence））ともい

※1　相互情報量は $I(X;Y)$ とも記される。また，文献 [ニールセン] では $H(X:Y)$ と書かれる。相互情報量は情報量なのだから，本書は $I(X:Y)$ の記号を用いる。

われるので，$D(P\|Q)$ と記し，ダイバージェンスと呼ぶ文献も多いです（たとえば文献 [石坂]）。

(7.17) の最後の不等号については，次の問題で導出してください。

問題 7.3 $x > 0$ のとき $-\log_2 x \geq \frac{1-x}{\log_e 2}$ が成り立つことを使って，相対エントロピーは非負であることを示しなさい。 ♥

$H(X)$ の最大値 (7.17) で $Q(x_i) = \frac{1}{n}$（すなわち一様な確率分布）とすると，

$$H(P\|Q) = H(P\|\frac{1}{n}) = -H(X) - \sum_{i=1}^{n} P(x_i) \log_2 \frac{1}{n} = \log_2 n - H(X) \geq 0 \quad (7.18)$$

となり，(7.5) を得ます。

7.2 量子エントロピー

古典系でのエントロピーを量子系に拡張しましょう。古典の H の代わりに S を使うほかは名称などはほとんど同じです（さらに古典との区別のために，X, Y の代わりに A, B を用います）。**表 7.3** にこれから定義する量子エントロピーや情報量を掲げます。量子エントロピーは密度演算子 $\hat{\rho}$ を用いて定義されます（参考文献 [ニールセン] 11.3 節，[富田] 4.4.3 項）。

7.2.1 フォン・ノイマンエントロピー

まずシャノンエントロピーに対応するフォン・ノイマンエントロピーを，密度演算子 $\hat{\rho}$ を用いて定義します。実は，フォン・ノイマンはシャノンより 20 年ほど早く，量子力学でのエントロピーを定義しました。

d 次元でのフォン・ノイマンエントロピーの定義は

$$S(\hat{\rho}) \equiv -\mathrm{Tr}(\hat{\rho} \log_2 \hat{\rho}) = -\sum_{i=1}^{d} p_i \log_2 p_i \quad (7.19)$$

です。(7.19) の 2 番目の式は，$\hat{\rho}$ が固有値分解により $\hat{\rho} = \sum_{i=1}^{d} p_i |i\rangle\langle i|$ と書けることを用いました。行列の対数については，演算子関数の方法を用います（付録 B.1.2

表 7.3 量子エントロピー S と情報量 I

S または I	定義式	備考
フォン・ノイマン	$S(\hat{\rho}) \equiv -\mathrm{Tr}(\hat{\rho}\log_2\hat{\rho}) = -\sum_i p_i \log_2 p_i$	p_i は密度演算子 $\hat{\rho}$ の固有値
結合	$S(A,B) \equiv -\mathrm{Tr}(\hat{\rho}^{AB}\log_2\hat{\rho}^{AB}) = S(A)+S(B\|A) = S(B)+S(A\|B)$	A と B に対して対称
条件付き	$S(A\|B) \equiv S(A,B)-S(B)$	B が既知のときの A の平均情報量
相互情報量	$I(A:B) \equiv S(A)+S(B)-S(A,B) = S(A)-S(A\|B) = S(B)-S(B\|A)$	A と B に対して対称
相対	$S(\hat{\rho}\\|\hat{\rho}') \equiv \mathrm{Tr}\left(\hat{\rho}\log_2\frac{\hat{\rho}}{\hat{\rho}'}\right)$	確率分布の類似度，非負

項参照)。この式は古典エントロピーの式 (7.3) と一致して，p_i は確率を意味することがわかります。

$S(\hat{\rho})$ の最小値と最大値　$S(\hat{\rho})$ は，$\hat{\rho}$ が純粋状態（$n=1$, $p_1=1$）のとき最小値 0 をとり，一様分布（$\hat{\rho}=\frac{\hat{I}}{d}$）のとき最大値をとって次の不等式を満たします。

$$0 \le S(\hat{\rho}) \le \log_2 d \tag{7.20}$$

7.2.2 量子相対エントロピー

古典の場合と同様に，量子相対エントロピーが次のように定義されます。

$$S(\hat{\rho}\|\hat{\rho}') \equiv \mathrm{Tr}\left(\hat{\rho}\log_2\frac{\hat{\rho}}{\hat{\rho}'}\right) = \mathrm{Tr}(\hat{\rho}\log_2\hat{\rho}) - \mathrm{Tr}(\hat{\rho}\log_2\hat{\rho}') \tag{7.21}$$

例題 7.2　クラインの不等式

$S(\hat{\rho}\|\hat{\rho}') \ge 0$（クラインの不等式，Klein's inequality）を示しなさい。

解答例　$\hat{\rho}$ の固有値分解 $\hat{\rho}=\sum_i p_i|i\rangle\langle i|$ を (7.21) に代入して次式を得ます。

$$S(\hat{\rho}\|\hat{\rho}') = \sum_i p_i \log_2 p_i - \sum_i \langle i|p_i \log_2 \hat{\rho}'|i\rangle \tag{7.22}$$

右辺第 2 項の $\langle i|p_i \log_2 \hat{\rho}'|i\rangle$ は $\hat{\rho}'$ の固有値分解 $\hat{\rho}' = \sum_j q_j|j\rangle\langle j|$ を代入すると

$$p_i\langle i|\log_2 \hat{\rho}'|i\rangle = p_i\langle i|\sum_j \log_2 q_j|j\rangle\langle j||i\rangle = p_i\sum_j P_{ij}\log_2 q_j \tag{7.23}$$

となります。(7.23) で P_{ij} は次のように定義されます。

$$P_{ij} \equiv |\langle j|i\rangle|^2 \geq 0, \quad \sum_i P_{ij} = \sum_j P_{ij} = 1 \tag{7.24}$$

(7.23) を (7.22) に代入して次式が得られます。

$$S(\hat{\rho}\|\hat{\rho}') = \sum_i p_i\left(\log_2 p_i - \sum_j P_{ij}\log_2 q_j\right) \tag{7.25}$$

対数関数は凹関数なので，$\sum_j P_{ij}\log_2 q_j \leq \sum_j \log_2(P_{ij}q_j) \equiv \log_2 r_i$ となり，$S(\hat{\rho}\|\hat{\rho}')$ は

$$S(\hat{\rho}\|\hat{\rho}') \geq \sum_i p_i \log_2 \frac{p_i}{r_i} \geq 0 \tag{7.26}$$

となって示されました（最後の不等号は (7.17) を参照のこと）。 ◆

7.2.3 量子結合エントロピーほか

この項では，古典系で定義した結合エントロピーなどを量子系でも定義します。

量子結合エントロピー　2 つの系 A と B の量子結合エントロピー $S(A,B)$ は，密度演算子を $\hat{\rho}^{AB}$ として次のように定義されます。

$$\begin{aligned} S(A,B) &\equiv -\mathrm{Tr}(\hat{\rho}^{AB}\log_2\hat{\rho}^{AB}) \\ &= S(A) + S(B|A) = S(B) + S(A|B) \end{aligned} \tag{7.27}$$

量子条件付きエントロピーと量子相互情報量　古典エントロピーとの類推で，量子条件付きエントロピー $S(A|B)$ と量子相互情報量 $I(A:B)$ の定義は次の通りで，古典の場合の図 7.2 と同様な関係が成り立ちます。

$$\begin{aligned} I(A:B) = S(A) + S(B) - S(A,B) &= S(A) - S(A|B) \\ &= S(B) - S(B|A) \end{aligned} \tag{7.28}$$

7.2.4 量子エントロピーの性質

表 7.4 に量子エントロピーの性質をまとめます。

表 7.4　量子エントロピーの性質

関係式	条件
$0 \leq S(\hat{\rho}) \leq \log_2 d$	上限は，$\hat{\rho}$ が一様で $\hat{\rho} = \frac{\hat{I}}{d}$ のとき
$S(A) = S(B)$	結合系 AB が純粋状態のとき†1
$S(\sum_i p_i \hat{\rho}_i) \leq H(p_i) + \sum_i p_i S(\hat{\rho}_i)$	等号は状態 $\hat{\rho}_i$ が直交部分空間に台をなすとき†2

†1 シュミット分解すると，系 A と B の密度演算子の固有値が等しい
†2 台（support）とは，0 でない固有値をもつ固有ベクトルが張る部分空間

表 7.4 の 2 番目の関係式の導出　表 7.4 の 2 番目の関係式は，次のように導かれます。表 7.4 の注†1のように，純粋状態 $|AB\rangle$ をシュミット分解すると，正規直交系 $|i\rangle_A$ と $|i\rangle_B$ によって，$|AB\rangle = \sum_i \sqrt{p_i}|i\rangle_A \otimes |i\rangle_B$ と書けます。部分トレースをとって $\hat{\rho}^A = \mathrm{Tr}_B|AB\rangle\langle AB| = \sum_i p_i |i\rangle_A\langle i|_A$, $\hat{\rho}^B = \mathrm{Tr}_A|AB\rangle\langle AB| = \sum_i p_i|i\rangle_B\langle i|_B$, と同じ形をしています。すなわち，$\hat{\rho}^A = \hat{\rho}^B$ となり，$S(\hat{\rho}^A) = S(\hat{\rho}^B)$ を得ます。

表 7.4 の 3 番目の関係式の導出　表 7.4 の 3 番目の関係式は，次のように導かれます。

まず，$\hat{\rho}_i$ が純粋状態，すなわち $\hat{\rho}_i = |\psi_i\rangle\langle\psi_i|$ と表される場合を考えます。補助系 B を導入し，B が正規直交系 $|i\rangle$ をもち，その固有値が p_i であるとします。そして $|AB\rangle \equiv \sum_i \sqrt{p_i}|\psi_i\rangle|i\rangle$ と定義すると，$|AB\rangle$ は純粋状態なので，表 7.4 の 2 番目の関係式より $S(B) = S(A) = S\left(\sum_i p_i|\psi_i\rangle\langle\psi_i|\right) = S(\hat{\rho})$ となります。

補助系 B を基底 $|i\rangle$ で射影測定して $\hat{\rho}^{B'} = \sum_i p_i|i\rangle\langle i|$ を得たとします。射影測定ではエントロピーは減少しないので，$S(\hat{\rho}) = S(B) \leq S(B') = H(p_i)$ となります。$\hat{\rho}_i$ は純粋状態と仮定したので $S(\hat{\rho}_i) = 0$ です。したがって，表 7.4 の 3 番目の関係式が導かれました。等号は明らかに $B = B'$ のときで，$|\psi_i\rangle$ が正規直交系をなすときです。

$\hat{\rho}_i$ が混合状態のときは，$\hat{\rho}_i$ を固有値分解して $\hat{\rho}_i = \sum_j p_j^i|e_j^i\rangle\langle e_j^i|$ とすると，$\hat{\rho} = \sum_{ij} p_i p_j^i |e_j^i\rangle\langle e_j^i|$ となります。純粋状態の証明結果と $\sum_j p_j^i = 1$ を使うと

$$S(\hat{\rho}) \leq -\sum_{ij} p_i p_i^j \log_2(p_i p_i^j) = H(p_i) + \sum_i p_i S(\hat{\rho}_i) \tag{7.29}$$

となり，表 7.4 の 3 番目の関係式が導かれました。

7.2.5 量子測定とエントロピー

本項では，量子系を測定したときのエントロピー変化について考察します。

射影測定　「量子状態 $\hat{\rho}$ を射影演算子 $\{\hat{P}_i\}$ で測定した結果が不明だった場合」を考えます。その状態を $\hat{\rho}'$ とすると，次のように表されます。

$$\hat{\rho}' = \sum_i \hat{P}_i \hat{\rho} \hat{P}_i \tag{7.30}$$

例題 7.3　射影測定後の量子エントロピー

次の不等式を導出し，等号は $\hat{\rho}' = \hat{\rho}$ の場合であることを示しなさい。

$$S(\hat{\rho}') \geq S(\hat{\rho}) \tag{7.31}$$

解答例　クラインの不等式

$$0 \leq S(\hat{\rho} \| \hat{\rho}') = -S(\hat{\rho}) - \mathrm{Tr}(\hat{\rho} \log_2 \hat{\rho}') \tag{7.32}$$

において，右辺第 2 項を変形して $-\mathrm{Tr}(\hat{\rho} \log_2 \hat{\rho}') = S(\hat{\rho}')$ が導出できれば (7.31) が示せたことになります。

(7.32) の右辺第 2 項に射影演算子の完全性 $\sum_i \hat{P}_i = \hat{I}$ を代入し，射影演算子の性質 $P_i^2 = P_i$ とトレースの巡回性を用いると次式を得ます。

$$-\mathrm{Tr}(\hat{\rho} \log_2 \hat{\rho}') = -\mathrm{Tr}\left(\sum_i \hat{P}_i \hat{\rho} \log_2 \hat{\rho}'\right) = -\mathrm{Tr}\left(\sum_i \hat{P}_i \hat{\rho} \log_2 \hat{\rho}' \hat{P}_i\right) \tag{7.33}$$

さらに (7.30) より $\hat{\rho}' \hat{P}_i = \hat{P}_i \hat{\rho} \hat{P}_i = \hat{P}_i \hat{\rho}'$ が成り立つので，$\hat{P}_i$ と $\hat{\rho}'$ が可換であることになります。すると $\hat{P}_i$ と $\log_2 \hat{\rho}'$ も可換であり，

$$-\mathrm{Tr}(\hat{\rho} \log_2 \hat{\rho}') = -\mathrm{Tr}\left(\sum_i \hat{P}_i \hat{\rho} \hat{P}_i \log_2 \hat{\rho}'\right) = -\mathrm{Tr}(\hat{\rho}' \log_2 \hat{\rho}') = S(\hat{\rho}') \tag{7.34}$$

となり，(7.31) が示せました。等号は明らかに $\hat{\rho}' = \hat{\rho}$ のときです。◆

7.2.6 量子エントロピーの劣加法性と三角不等式

2つの量子系 A, B が複合状態 $\hat{\rho}^{AB}$ で表されるとき，結合エントロピー $S(A,B)$ は次の不等式を満たします。

$$|S(A) - S(B)| \leq S(A,B) \leq S(A) + S(B) \tag{7.35}$$

1番目の不等式は，三角不等式（triangle inequality）またはアラキ-リーブ（荒木不二洋（ふじひろ）（1932-2022）-Lieb）不等式と呼ばれます。また，2番目の不等式は劣加法不等式（subadditive inequality）といいます※2。

例題 7.4　量子エントロピーの劣加法性と三角不等式の導出

(7.35) を導きなさい。

解答例　劣加法性は，古典の場合の (7.10) と同じです。

次に三角不等式の証明のために補助系 R を導入して系 AB の純粋化を図ります。系 AR の劣加法不等式

$$S(A) + S(R) \geq S(A,R) \tag{7.36}$$

に，ABR の純粋系の条件（表 7.4 の 2 行目の関係式）$S(A,R) = S(B)$, $S(R) = S(A,B)$ を代入すると

$$S(A,B) \geq S(B) - S(A) \tag{7.37}$$

となります。A, B の対称性から $S(A,B) \geq S(A) - S(B)$ も成り立ちます。よって (7.35) が導出されました。◆

エントロピーの凹性　エントロピーは凹性，つまり次の式を満たします。

$$S\left(\sum_i p_i \hat{\rho}_i\right) \geq \sum_i p_i S(\hat{\rho}_i) \tag{7.38}$$

ここで p_i は $\sum_i p_i = 1$ を満たす確率，$\hat{\rho}_i$ は p_i に対応する量子状態です。

※2　逆符号のときは，優加法不等式（superadditive inequality）という。

例題 7.5 エントロピーの凹性

(7.38) を示しなさい。

解答例 $\hat{\rho}_i$ は量子系 A の状態とし，補助系 B が i に対応する正規直交基底 $|i\rangle$ をもつとします。結合状態 AB を

$$\hat{\rho}^{AB} \equiv \sum_i p_i \hat{\rho}_i \otimes |i\rangle\langle i| \tag{7.39}$$

と定義します。A，B，AB に対するエントロピーは

$$S(A) = S\left(\sum_i p_i \hat{\rho}_i\right), \quad S(B) = S\left(\sum_i p_i |i\rangle\langle i|\right) = H(p_i) \tag{7.40}$$

$$S(A, B) = H(p_i) + \sum_i p_i S(\hat{\rho}_i) \tag{7.41}$$

となります。劣加法不等式 $S(A, B) \leq S(A) + S(B)$ にこれらを代入して (7.38) が得られます。◆

7.2.7 エンタングルメントエントロピー

合成系 AB (密度演算子 $\hat{\rho}^{AB}$) において，その部分系 A (密度演算子 $\hat{\rho}^A \equiv \mathrm{Tr}_B \hat{\rho}^{AB}$) のエンタングルメントエントロピー $S(A)$ を次のように定義します。

$$S(A) \equiv S(\hat{\rho}^A) = -\mathrm{Tr}\hat{\rho}^A \log_2 \hat{\rho}^A \tag{7.42}$$

問題 7.4 ベル状態のエンタングルメントエントロピーを求めなさい。♥

コラム❹ ブラックホールと情報 (1)

いまや，ブラックホールの存在を疑う人はいません。しかし，今から数十年前には，ホーキング※3 がブラックホールの存否について賭けをしたほど，ブ

※3 Stephen（スティーヴン） W. Hawking（1942-2018，英）21 歳のときに筋萎縮性側索硬化症（ALS）を発症し，「脳みそが筋肉でなくてよかった」と言って科学界で活躍した。車椅子の天才として有名。

ラックホールの存在は不確かでした。ちなみにホーキングは「否」の方に賭けて，存在が確実視されるようになると喜んで負けを認め，約束の品を相手に送ったそうです。

以下，天体の質量は，太陽質量（$M_{\odot} \simeq 2.0 \times 10^{30}$ kg）を基準にとります。

◆ ブラックホール存在の証拠

それまでに観測事実は積み上げられてきていましたが，2016年2月11日にLIGO（Laser Interferometer Gravitational-Wave Observatory）グループが，重力波※4を人類史上初めて観測することに成功したと発表しました。重力波初観測が発表されたのは，アインシュタインが重力波の存在を予言してから，ちょうど100年目の年でした。

「13億年かなたから到来した重力波は，2つのブラックホール（質量がそれぞれ$36M_{\odot}$と$29M_{\odot}$）が合体して質量が$62M_{\odot}$のブラックホールが生成されたときに放射されたもの」とわかったのです※5。$36+29-62=3$なので，実に$3M_{\odot}c^2$（cは光速）ものエネルギーがブラックホール合体の際に重力波として放射されたのです。

また，2019年4月10日には，EHT（Event Horizon Telescope）グループが，M87銀河（5500万光年かなた）の中心にある超巨大質量ブラックホール（65億$M_{\odot}$）を撮影することに成功したと発表しました。さらに，2022年5月12日には同グループが，私たちの天の川銀河中心（2.7万光年かなた）にある巨大質量ブラックホール「いて座A*」（400万$M_{\odot}$）の撮影にも成功したと発表しました。

ブラックホール自体は真っ暗で見えませんが，巨大な質量により光が曲げられてドーナツ状の映像が撮影され，真っ暗な空間の直径が予言通りだったのです。

◆ ブラックホールの地平面

1915年の年末にアインシュタインが一般相対性理論を完成させると，すぐ

※4 一般相対性理論によると，重力は時空の歪みである。膜（2次元の空間）の上におもりを載せると膜が歪む。この歪みが重力を生む。おもりが動くと膜に波が生じる。「それが重力波であり，光速で伝わる」とイメージすればよい。

※5 この快挙で，LIGO実験を主導したワイス（Rainer Weiss（1932-，米）），バリッシュ（Barry Barish（1936-，米）），ソーン（Kip Thorne（1940-，米））の3氏が2017年のノーベル物理学賞受賞。その後次々と重力波が観測されている。

にその翌年，シュワルツシルト※6 はアインシュタイン方程式の解としてブラックホールの存在を予言しました。

シュワルツシルト半径を越えてブラックホールに落ち込んだものは，もう 2 度とこの世界には戻れません。そこを越えると光さえ抜け出せないからです。シュワルツシルト半径 r_{S} は，ブラックホールの質量を M_{BH} とすると，次のようになります。

$$r_{\mathrm{S}} \simeq 3.0 \frac{M_{\mathrm{BH}}}{M_{\odot}}\,\mathrm{km} \tag{7.43}$$

◆ ブラックホールのホーキング放射

ブラックホールに飲み込まれた物質の情報は，こちらの世界から消えてしまうのでしょうか。ところがホーキングによると，ブラックホールもホーキング放射によって最終的には蒸発して消えてしまうというのです。ブラックホールが蒸発して消滅したあと，ブラックホールに飲み込まれた情報は，どこに行ってしまったのでしょうか。ホーキング放射は単なる熱放射なので情報を含んでいるとは思えません。

そもそも，何も出て来られないはずのブラックホールからなぜホーキング放射が起きるのでしょうか。ホーキング放射予言の発端をつくったのは，ベケンシュタイン（Jacob D. Bekenstein（1947-2015，イスラエル））でした。ベケンシュタインは，1972 年にブラックホールがエントロピーをもつと提唱しました。ブラックホールエントロピーは，シュワルツシルト半径の 2 乗に比例（ブラックホールの表面積に比例）することを見出したのです。

これを聞いたホーキングは「エントロピーをもつブラックホールは，有限の温度をもって電磁波を放出するはずなのに，何も出て来られないブラックホールではそれはありえない」とその考えを拒絶していました。しかし，ホーキングはそれについてずっと考えて，1974 年にホーキング放射の機構を考えついたのです。

短い時間で見ると，真空では常に粒子と反粒子※7 が対生成されては対消滅しています。ブラックホールの地平面のすぐ外で光子対ができて，片方がブラックホールに落ち込み，もう一方はホーキング放射として放出されうることを，ホーキングは発見したのです。

※6 Karl Schwarzschild（1873-1916，独）天才ぶりを発揮していたが，第 1 次世界大戦に従軍して，論文発表後 4 か月後に戦場で病死した。

※7 粒子と反粒子の量子数は，絶対値は等しく，符号が互いに逆。たとえば，電子の反粒子は陽電子で，正電荷をもち，質量などは等しい。光子は，粒子と反粒子の区別がない粒子。

◆ **ブラックホールの蒸発**

ホーキング放射によって，ブラックホールは質量を失っていくことになります。なぜなら，真空中から生まれた光子対のエネルギーはもともと 0 ですから，ホーキング放射が正のエネルギー（E とする）を持ち去ると，ブラックホールは負のエネルギーをもつ光子を飲み込んだことになるからです。エネルギー E と質量 m との関係式 $E = mc^2$ より，ブラックホールは $\frac{E}{c^2}$ だけ質量を失ったことになるのです。

周りに飲み込む物質が無くなったブラックホールは，ホーキング放射によってやがては蒸発してしまうことになります。質量 M_{BH} のブラックホールの寿命 τ_{BH} は，

$$\tau_{\mathrm{BH}} \simeq 10^{67} \left(\frac{M_{\mathrm{BH}}}{M_{\odot}} \right)^3 \text{年} \tag{7.44}$$

と書け，$10^{10} M_{\odot}$ の超巨大質量ブラックホールも 10^{97} 年の後には蒸発して消えてしまうのです。

さて，こうしてブラックホールが最後には蒸発して消えてしまうとすると，ブラックホールに落ち込んだ物質の情報はどこへ行ってしまったのでしょうか。結局は，ホーキング放射がその情報を外部に伝えていたのでしょうか。この「ブラックホールの情報パラドックス」については，コラム 5 に譲ります。

第8章 エンタングルメントと量子情報通信

エンタングル状態の活用は，今や量子情報科学には欠かせない技術となっています。本章では，エンタングル状態をどのように通信に利用できるかなどについて考察します。

8.1 量子稠密符号

エンタングル状態を使って，量子稠(ちゅう)密(みつ)符号（quantum superdense coding，量子超稠密符号）という一見不思議な通信を見ます。まず 8.1.1 項では，SF 的な話を 1 つ。

8.1.1 希望号を救え

宇宙ステーション「希望号」クルーの隊長アリスは，地上局の希望号運行責任者のボブとのんびりと会話していた。

突然！　プツンと通信が切れた。

緊急事態発生！　地上局では，緊急事態発生に色めきたった。希望号の東側の古い人工衛星が，突然爆発を起こしたことがわかった。宇宙デブリと衝突したためとみられる。「新たに発生したデブリは，十数秒後に希望号を直撃する！」誰かの悲痛な声がひびきわたった。

緊急装置発動　緊張が走った。通信が使えないとなると希望号をどのように救えばよいのだろうか。

「緊急ボタン 00 を押せ！」，ボブは運航担当員に指示した。担当員が緊急ボタン 00 を押すと，1 個の光子が希望号めがけて送信された。幸い，このような場合のための緊急装置が設置されていたのである。希望号では，光子を受信し，「緊急装置 00

発動」という音声とともに，シールド装置が自動的に東側に形成されたのである。希望号は無事，難を逃れた。

緊急装置の原理　通信が復旧した。「助かったわ。本当にありがとう。それにしても緊急装置の原理はどうなっているの？ たった 1 個の光子を受信しただけで，シールド形成の向きが指定できるなんて」アリスがボブに尋ねた。「量子稠密符号を使ったのさ」ボブはこともなげに答えた。

8.1.2 量子稠密符号

ここでは，希望号を救った緊急装置の原理，量子稠密符号について説明します。量子稠密符号は「1 個の光子の送受信によって 2 ビット分の情報を伝える」というものです。これは，次の 4 つのベル状態（2.2.3 項参照）を利用したものです。ベル状態は，2 個の量子ビットのエンタングル状態で，4 種類あります。

$$|\Psi^{(\pm)}\rangle \equiv \frac{1}{\sqrt{2}}(|0\rangle_{\mathrm{A}}|1\rangle_{\mathrm{B}} \pm |1\rangle_{\mathrm{A}}|0\rangle_{\mathrm{B}}), \quad |\Phi^{(\pm)}\rangle \equiv \frac{1}{\sqrt{2}}(|0\rangle_{\mathrm{A}}|0\rangle_{\mathrm{B}} \pm |1\rangle_{\mathrm{A}}|1\rangle_{\mathrm{B}}) \tag{8.1}$$

4 つのベル状態は互いに直交し，4 次元ヒルベルト空間の規格直交基底をなします。

8.1.1 項の緊急装置では，$|\Phi^{(+)}\rangle$ の量子ビット A である光子を希望号が，量子ビット B である光子を地上局が分かち持っています。

緊急時に 00, 01, 10, 11 の 4 種類の信号のどれかを送信したいとき，選んだ信号に従って地上局では**表 8.1** のゲート操作が量子ビット B に施され，4 つのベル状態の 1 つになります。

希望号でこの光子 B を受信すると，持っている光子（量子ビット A）とを合わせてベル状態測定を行い，対応する緊急操作が実行されるのです。

読者は，たった 1 個の光子では途中で大気分子やエアロゾルなどに散乱・吸収されて届かないことを心配するでしょう。その場合に対処するには，必要十分な数の

表 8.1　量子稠密符号による緊急装置（8.1.1 項）

信号	光子 B へのゲート操作	操作後のベル状態	シールド形成の向き
00	$\hat{I}$	$\|\Phi^{(+)}\rangle$	東側に
01	$\hat{X}$	$\|\Psi^{(+)}\rangle$	西側に
10	$\hat{X}\hat{Z}$	$\|\Psi^{(-)}\rangle$	下側に
11	$\hat{Z}$	$\|\Phi^{(-)}\rangle$	上側に

エンタングル光子対を地上局と希望号で共有しておきます。

緊急時には地上局の十分な数の光子に同じ操作を施し，次々と希望号に向けて送信します。希望号では，これらの光子のどれか 1 個でも受信すれば，希望号の光子 1 個と合わせてベル状態測定を行うことにより，対応する緊急操作が実行されるはずです。なぜなら，同種粒子（この場合は光子）は互いに区別できず，同じエンタングル状態では同じはたらきをするはずだからです。

8.1.3 量子稠密符号の実証実験

実際に量子稠密符号を実証した実験について見てみます（参考文献 [バウミースター] 3.6 節，この実験では直線偏光の光子を用いるため，8.1.2 項とは異なった始状態を使っていますが，原理は同じです）。

エンタングル対の光源　ここでは，パラメトリック下方変換素子 BBO（β-BaB_2O_4，ベータホウ酸バリウム）結晶（タイプ II※1）を用いて縦偏光（V）と横偏光（H）のエンタングル対をつくります。アルゴンレーザーからの波長 351 nm の真空紫外光を BBO 結晶に入射すると，互いに直交する偏光をもつ光子対がそれぞれコーン状に放射されます（**図 8.1**）。2 つのコーンが重なった 2 方向に次のようなエンタングル対が生成されるのです。

$$|\Psi\rangle = \frac{1}{\sqrt{2}}(|V\rangle_1|H\rangle_2 + e^{i\phi}|H\rangle_1|V\rangle_2) \tag{8.2}$$

(8.2) の位相 ϕ が 0 となるように調整すると $|\Psi^{(+)}\rangle$ が用意できます。

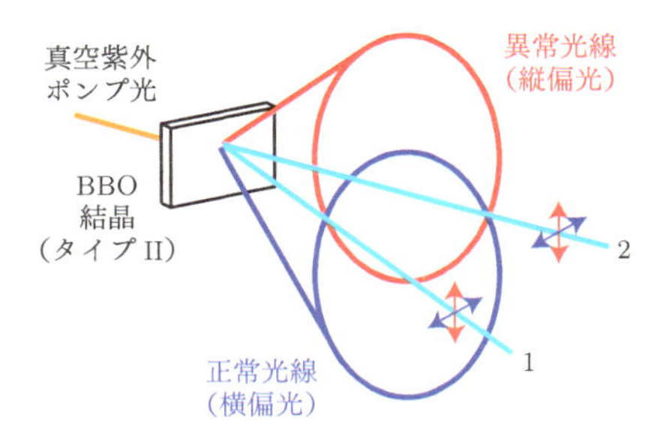

図 8.1　エンタングル対の光源

※1　2 つの出射光の位相整合の調整で，2 つの偏光方向を平行（タイプ I）か直交（タイプ II）にすることができる。

量子稠密符号の実証実験装置 **図** 8.2 は，量子稠密符号の実証実験装置の模式図です。エンタングル状態 $|\Psi^{(+)}\rangle$ の光子対の一方をボブが量子稠密符号として送信し，アリスが保有光子と受信光子とをベル状態測定します。

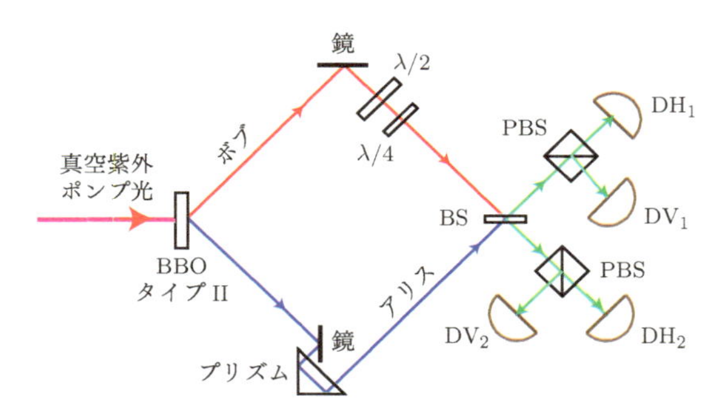

図 8.2　量子稠密符号の実証実験装置模式図（上面図）

エンタングル状態を変化させるため，ボブは一方の光子の光路に半波長板（$\frac{\lambda}{2}$）と $\frac{1}{4}$ 波長板（$\frac{\lambda}{4}$）を適切な角度で挿入します（**表** 8.2）。

表 8.2　量子稠密符号の実証実験での操作と結果

波長板設定 $\lambda/2$	波長板設定 $\lambda/4$	符号化状態	アリスの同時計数測定結果
0°	0°	$\|\Psi^{(+)}\rangle$	(DH_1, DV_1) もしくは (DH_2, DV_2) における同時計数
0°	90°	$\|\Psi^{(-)}\rangle$	(DH_1, DV_2) もしくは (DH_2, DV_1) における同時計数
45°	0°	$\|\Phi^{(+)}\rangle$	2 個の光子が同一の検出器で検出される
45°	90°	$\|\Phi^{(-)}\rangle$	2 個の光子が同一の検出器で検出される

図 8.2 で BS は通常のビームスプリッター（透過と反射の確率は 50%ずつ），PBS（Polarizing Beam Splitter）は縦偏光（V；図 8.2 では紙面に垂直）は反射，横偏光（H；図 8.2 では紙面に平行かつ光線に垂直）は透過します。DH_1 などは光子検出器で，光子が到達したか否かを検出します。また，図 8.2 のプリズムは，その位置を調整してエンタングル状態を維持するためのものです。

結果は表 8.2 の通り，偏光光子では $|\Phi^{(+)}\rangle$ と $|\Phi^{(-)}\rangle$ は同じ結果を与えるため区別ができません。現在では，偏光とは別のエンタングル状態をつくって，4 つのベル状態を区別する実験が行われています。

8.2 エンタングル状態

ここで改めてエンタングル状態について考察します（参考文献 [石坂] 第 6 章）。

8.2.1 量子相関と古典相関

エンタングル状態の典型例であるベル状態（2.2.3 項）と古典相関の違いについて考えてみましょう。ベル状態の 1 つ $|\Psi^{(-)}\rangle \equiv \frac{1}{\sqrt{2}}(|01\rangle - |10\rangle)$ を例にとります。この状態は，静止したスピン 0 の粒子が 2 個のスピン $\frac{1}{2}$ の粒子に崩壊したときの 2 個の粒子の相関を表しています。すなわち，一方の粒子のスピンを測定して上向きとわかった瞬間に，もう一方のスピンは下向きとわかってしまうのです。2 個の粒子が何百光年も離れていてもです。

古典相関　古典相関の場合はどうでしょうか。赤色と青色のカードがあったとして，それぞれを別の封筒に入れます。アリスとボブがそれぞれ 1 つの封筒を持って別々に旅をし，アリスが封筒を開けて赤色のカードだとわかった瞬間，ボブのカードは青とわかってしまいます。

古典相関と量子相関の違い　どのような点が古典相関と量子相関は違うのでしょうか。実は量子の方は，はるかに強い（不思議な）相関なのです。すなわち，アリスが測定したスピンが右向きだったら，ボブのスピンは左向きなのです。これを一般化してみましょう。直交する 2 つの状態を

$$|\theta\rangle \equiv \cos\theta|0\rangle + \sin\theta|1\rangle, \quad |\theta^{\perp}\rangle \equiv -\sin\theta|0\rangle + \cos\theta|1\rangle \tag{8.3}$$

と定義すると，

$$|\Psi^{(-)}\rangle \equiv \frac{1}{\sqrt{2}}(|0\rangle_{\mathrm{A}}|1\rangle_{\mathrm{B}} - |1\rangle_{\mathrm{A}}|0\rangle_{\mathrm{B}} = \frac{1}{\sqrt{2}}(|\theta\rangle_{\mathrm{A}}|\theta^{\perp}\rangle_{\mathrm{B}} - |\theta^{\perp}\rangle_{\mathrm{A}}|\theta\rangle_{\mathrm{B}}) \tag{8.4}$$

が成り立つのです。すなわち，アリスが縦横だけでなくどんな角度で測定しても，ボブのスピンはその逆向きに決まるのです。ただし，もちろん，ボブは古典通信でその情報を得ない限り自分のスピンの状態はわかりません。

古典の状態を量子的に書くと，次のように単なる混合状態になります。

$$\hat{\rho}_{古典} \equiv \frac{1}{2}(|01\rangle\langle 01| + |10\rangle\langle 10|) \tag{8.5}$$

8.2.2 エンタングル状態の基本単位と最大エンタングル状態

エンタングルメントを定量化するには，基本単位が必要です。ここでは，最大エンタングル状態とエンタングル状態の基本単位 [ebit] を定義します（参考文献 [石坂] 6.3 節）。

最大エンタングル状態　エンタングルメントが最大である状態（最大エンタングル状態）を定義するために，シュミット分解（6.3.1 項参照）を考えます。$|\psi^{AB}\rangle$ を複合系 AB の純粋状態とするとき，シュミット分解は，それぞれ d 次元の系 A と B に次の関係を満たす正規直交基底 $|j^A\rangle$, $|j^B\rangle$ が存在し，次のように書けることです。

$$|\psi^{AB}\rangle = \sum_{j=0}^{d-1} p_j |j^A\rangle|j^B\rangle \tag{8.6}$$

定義 8.1　最大エンタングル状態の定義

(8.6) のシュミット係数が等しくて $p_j = \frac{1}{d}$ のときの状態を，最大エンタングル状態（maximally entangled state）と呼ぶ。 ♠

定義 8.2　エンタングル状態の基本単位 [ebit] の定義

2 量子ビット系での最大エンタングル状態であるベル状態を，1 エンタングルメントビット（entanglement bit），略して 1 ebit とする。 ♠

例題 8.1　最大エンタングル状態のエンタングルメント量

$d = 2^s$ として，(8.6) の最大エンタングルメント量（ebit 数）を求めなさい。

解答例　(8.6) において $p_j = \frac{1}{d}$ のとき，$|0\rangle_A|0\rangle_B$ から $|2^s-1\rangle_A|2^s-1\rangle_B$ までの重ね合わせ状態です。これを 2 準位系の $|0\rangle$ と $|1\rangle$ の重ね合わせ状態と考えると

$$\begin{aligned}(8.6) = \frac{1}{\sqrt{2^s}}(&|0\cdots00\rangle_A|0\cdots00\rangle_B + |0\cdots01\rangle_A|0\cdots01\rangle_B \\ &+\cdots|1\cdots11\rangle_A|1\cdots11\rangle_B)\end{aligned}$$

$$= \left(\frac{|0\rangle_A|0\rangle_B + |1\rangle_A|1\rangle_B}{\sqrt{2}} \right)^{\otimes s} \tag{8.7}$$

と書けます。よって $s = \log_2 d$ より，ebit 数は $\log_2 d$ となります。この ebit 数は，s が整数でなくても成り立ちます。◆

8.2.3 確率的 LOCC とエンタングルメント量

たとえばエンタングル状態 $|\psi\rangle_{\mathrm{AB}}$ が

$$|\psi\rangle_{\mathrm{AB}} = \sqrt{\frac{1}{3}}|00\rangle_{\mathrm{AB}} + \sqrt{\frac{2}{3}}|11\rangle_{\mathrm{AB}} \tag{8.8}$$

であったとき，エンタングルメント量は $H(\frac{1}{3}) \simeq 0.92\,\mathrm{ebit}$ となります。$\hat{A}$ を

$$\hat{A} = \begin{pmatrix} 1 & 0 \\ 0 & \frac{1}{\sqrt{2}} \end{pmatrix} \tag{8.9}$$

とおくと，

$$|\Phi^{(+)}\rangle_{\mathrm{AB}} = \sqrt{\frac{3}{2}}(\hat{A} \otimes \hat{I})|\psi\rangle_{\mathrm{AB}} \tag{8.10}$$

となります。これは，$H(\frac{1}{3}) \simeq 0.92\,\mathrm{ebit}$ の状態から $1\,\mathrm{ebit}$ である $|\Phi^{(+)}\rangle_{\mathrm{AB}}$ を，LOCC（2.2.5 項参照）でつくったことになります。ただし，それは確率 $\frac{2}{3}$ での作成なので矛盾はありません。

このように最大エンタングル状態を確率的に生成できる LOCC を，確率的 LOCC（stochastic LOCC）といいます。一方，次節で述べるエンタングルメント濃縮は $n \to \infty$ で 1 に漸近するので，決定論的 LOCC （deterministic LOCC）といいます。

8.3 エンタングル状態の濃縮

ノイズのある量子通信路を通じて量子状態を伝送すると，一般にその忠実度が伝送距離とともに指数関数的に減少してしまいます。この問題はエンタングルメント技術で解決されます（8.5 節参照）。

しかしながら，送信者・受信者双方がエンタングル対のそれぞれ一方ずつを共有するためには，量子ビットを量子通信路を通じて送信する必要があり，対は最大エ

ンタングル状態ではなくなってしまいます。そういう場合に，エンタングルメント濃縮（concentration）が威力を発揮するのです※2。

エンタングルメント濃縮の原理を一言でいうと，「非最大エンタングル状態にある対の一部を犠牲にして，目的の最大エンタングル状態だけにする」となります。実際にどのようにするのでしょうか。

8.3.1 エンタングルメント濃縮（方法 1）

アリスとボブとに，エンタングル状態 $|\Phi^{(+)}\rangle$ の各対が多数送信されて分け持ったとします。

$0 \le p \le 1$ として，アリスとボブが受信した量子ビット対の状態 $|\psi\rangle_{\mathrm{AB}}$ が，たとえば

$$|\psi\rangle_{\mathrm{AB}} = \sqrt{p}|0\rangle_{\mathrm{A}}|0\rangle_{\mathrm{B}} + \sqrt{1-p}|1\rangle_{\mathrm{A}}|1\rangle_{\mathrm{B}} \tag{8.11}$$

という状態であったとし，アリスはこの状態の A を，ボブは B を合計 n 個ずつ共有していたとします（参考文献 [石坂] 6.3.3 項）。(8.11) は，$p = \frac{1}{2}$ のとき最大エンタングル状態 $|\Phi^{(+)}\rangle$ です。

$n = 2$ の場合　まず $n = 2$ の場合を考えると，その状態は次のように展開できます。

$$\begin{aligned} |\psi\rangle_{\mathrm{AB}}^{\otimes 2} &= \left(\sqrt{p}|0\rangle_{\mathrm{A}}|0\rangle_{\mathrm{B}} + \sqrt{1-p}|1\rangle_{\mathrm{A}}|1\rangle_{\mathrm{B}}\right)^{\otimes 2} \\ &= p|00\rangle_{\mathrm{A}}|00\rangle_{\mathrm{B}} + \sqrt{2p(1-p)}\frac{|01\rangle_{\mathrm{A}}|01\rangle_{\mathrm{B}} + |10\rangle_{\mathrm{A}}|10\rangle_{\mathrm{B}}}{\sqrt{2}} \\ &\quad +(1-p)|11\rangle_{\mathrm{A}}|11\rangle_{\mathrm{B}} \end{aligned} \tag{8.12}$$

(8.12) でアリスは自分の 2 個の量子ビットに対して，$|1\rangle$ の状態がいくつあるかを局所操作で測定します。その数 k は $k = 0, 1, 2$ のいずれかです。$k = 0, 2$ の場合はエンタングルしていないので濃縮失敗で，その対は破棄することになります。

$k = 1$ は $2p(1-p)$ の確率で起こり，その状態 $|\chi\rangle$ は次のようになります。

$$|\chi\rangle \equiv \frac{|01\rangle_{\mathrm{A}}|01\rangle_{\mathrm{B}} + |10\rangle_{\mathrm{A}}|10\rangle_{\mathrm{B}}}{\sqrt{2}} \tag{8.13}$$

ここで注意すべきは，2 つの量子ビットの両方を測ってしまうと，状態は $|01\rangle_{\mathrm{A}}|01\rangle_{\mathrm{B}}$

※2　ほかに，精製（purification），蒸留（distillation），抽出（extraction）などの言い方が使われる。

か，または $|10\rangle_A|10\rangle_B$ に収縮してしまって，エンタングル状態にはならないことです（測定方法については後述）。

この後アリスは古典通信によってボブに結果を知らせ，$k=1$ 以外の場合は 2 対の量子ビットを破棄するように伝えます。$k=1$ の場合は，それぞれの量子ビットを局所操作で $|01\rangle \to |00\rangle$ に変換します。すると

$$|\chi\rangle \to \frac{|00\rangle_A|00\rangle_B + |10\rangle_A|10\rangle_B}{\sqrt{2}} = |\Phi^{(+)}\rangle_{AB}|0\rangle_A|0\rangle_B \tag{8.14}$$

となり，エンタングル状態 $|\Phi^{(+)}\rangle$ が 1 対得られたことになります。

k の値を局所操作で測定する方法は，次の POVM

$$E_0 = |00\rangle\langle 00|, \quad E_1 = |01\rangle\langle 01| + |10\rangle\langle 10|, \quad E_2 = |11\rangle\langle 11| \tag{8.15}$$

を用います。これらは CNOT ゲートなど 2 量子ゲートを用いて実現できます。

$n \to \infty$ の場合　$n > 2$ の場合にこの操作を繰り返すと，$|\psi\rangle_{AB}^{\otimes n}$ は次のようになります。

$$\begin{aligned}|\psi\rangle_{AB}^{\otimes n} &= \left(\sqrt{p}|0\rangle_A|0\rangle_B + \sqrt{1-p}|1\rangle_A|1\rangle_B\right)^{\otimes n} \\ &= \sum_{k=0}^{n} \sqrt{p^{n-k}(1-p)^k}(\cdots|1\text{ が }k\text{ 個}\rangle_A|1\text{ が }k\text{ 個}\rangle_B + \cdots)\end{aligned} \tag{8.16}$$

$|\psi\rangle_{AB}^{\otimes n}$ の中に $|1\rangle$ の状態が k 個ある個数は

$$_nC_k \equiv \begin{pmatrix} n \\ k \end{pmatrix} = \frac{n!}{(n-k)!k!}\ [\text{個}] \tag{8.17}$$

となります。$_nC_k$ は二項係数です。

アリスが $|1\rangle$ の状態の数を決める局所測定をすると，その数が k 個である確率は $_nC_k p^{n-k}(1-p)^k$ であり，測定により (8.16) のカッコの中の状態に収縮します。その状態数は $d = {_nC_k}$ であり，エンタングルメント量は $\log_2 d = \log_2({_nC_k})$ です。

濃縮して得られたベル状態の数 m は，エンタングルメント量 $\log_2({_nC_k})$ の期待値と等しいので，以下のようになります。

$$m = \sum_{k=0}^{n} {_nC_k} p^{n-k}(1-p)^k \log_2({_nC_k}) \tag{8.18}$$

例題 8.2 $n \to \infty$ の場合の純粋エンタングル対の数

$n \to \infty$ では，

$$|\psi\rangle_{AB}^{\otimes n} \to |\Phi^{(+)}\rangle_{AB}^{\otimes nH(p)} \tag{8.19}$$

の濃縮が可能となり，アリスとボブは $nH(p)$ 個の純粋エンタングル対を共有できることを示しなさい。

解答例 $n \to \infty$ では，(8.18) の $\log_2({}_nC_k)$ で $k \to n(1-p)$ と近似して次式を得ます。

$$m \simeq \sum_{k=0}^{n} {}_nC_k p^{n-k}(1-p)^k \log_2({}_nC_{n(1-p)}) = \log_2({}_nC_{n(1-p)}) \tag{8.20}$$

(8.20) において，$\log_2({}_nC_{n(1-p)})$ は k に依らないので，k の和は 1 となります。以下の式変形では，スターリングの近似公式 $\log n! \simeq \log\left(\frac{n}{e}\right)^n$ を用いて計算すると，2 値エントロピー $H(p)$ で表した (8.21) が得られます。

$$\begin{aligned} m &\simeq \log_2({}_nC_{n(1-p)}) = \log_2\left(\frac{n!}{(n(1-p))!(np)!}\right) \\ &\simeq \log_2\left(\frac{n^n}{(n(1-p))^{n(1-p)}(np)^{np}}\right) - \log_2\left(\frac{e^n}{e^{np}e^{n(1-p)}}\right) \\ &= -n(p\log_2 p + (1-p)\log_2(1-p)) = nH(p) \end{aligned} \tag{8.21}$$

その結果，$nH(p)$ 個の純粋状態 $|\Phi^{(+)}\rangle_{AB}$ が得られたので (8.19) と書けます。◆

(8.19) から，$|\psi\rangle_{AB}$ のエンタングルメント量は $H(p)$ [ebit] であるといえます。

8.3.2 エンタングルメント濃縮（方法 2）

方法 1 より一般的な方法が提案されているので紹介します（文献 [バウミースター]8.4 節）。量子暗号用に提案されたので，量子秘匿性増幅（QPA：Quantum Privacy Amplification）と呼ばれます。

アリスとボブがノイズのある量子通信路を通じて，エンタングル状態 $|\Phi^{(+)}\rangle$ の量子ビット対を多数共有したとします。するとノイズのため，状態は密度行列 $\hat{\rho}_{AB}$ になります。

$$\hat{\rho}_{AB} = a|\Phi^{(+)}\rangle_{AB}\langle\Phi^{(+)}| + b|\Psi^{(-)}\rangle_{AB}\langle\Psi^{(-)}| + c|\Psi^{(+)}\rangle_{AB}\langle\Psi^{(+)}| + d|\Phi^{(-)}\rangle_{AB}\langle\Phi^{(-)}| \tag{8.22}$$

4つのベル状態は規格直交基底をなすので，ノイズの影響はその混合状態によって表されるのです。

エンタングルメント濃縮（方法2）の手順　その手順は次のようです。

1. まずアリスは自分の量子ビットを2個ずつのグループに分け，ボブもそれと対応するグループをつくる。
2. 各グループの2個の量子ビットに対して，アリスは次のユニタリー演算子 $\hat{U}_{\rm A}$ を，ボブはその逆演算子 $\hat{U}_{\rm B}$ を演算する。

$$\hat{U}_{\rm A} = \frac{1}{\sqrt{2}}\begin{pmatrix} 1 & -i \\ -i & 1 \end{pmatrix}, \quad \hat{U}_{\rm B} = \hat{U}_{\rm A}^{-1} = \frac{1}{\sqrt{2}}\begin{pmatrix} 1 & i \\ i & 1 \end{pmatrix} \tag{8.23}$$

3. 2人はそれぞれの2個の量子ビットに対してCNOT演算をして，標的量子ビットを演算基底で測定する（**図8.3**）。
4. 測定結果が一致した場合は，2人の制御ビットは残し，標的ビットは捨てる。一致しない場合は，両方とも捨てる。
5. 残した状態の(8.22)の係数 a,b,c,d は，次の A,B,C,D となる。

$$A = \frac{a^2+b^2}{p}, \quad B = \frac{2cd}{p}, \quad C = \frac{c^2+d^2}{p}, \quad D = \frac{2ab}{p} \tag{8.24}$$

ここで $p = (a+b)^2 + (c+d)^2$ である。

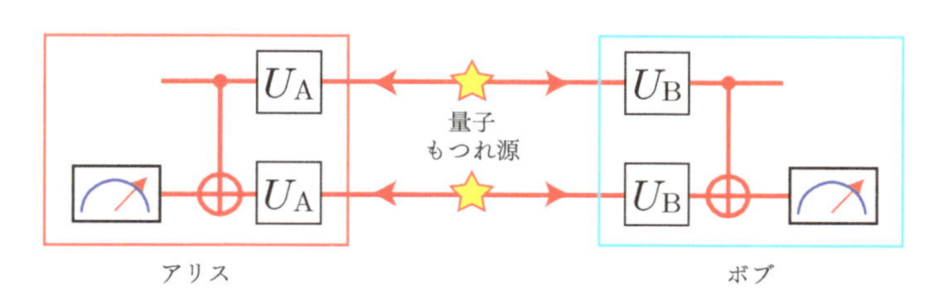

図8.3　エンタングルメント濃縮（方法2）

忠実度である a が $a > \frac{1}{2}$ である場合，このプロトコルの数回の繰り返しで $A \to 1$ となります。もしたとえば $b > \frac{1}{2}$ の場合には，$|\Phi^{(+)}\rangle_{\rm AB}$ に近づきます。これは，a,b について対称だからです。

もしたとえば $d > \frac{1}{2}$ の場合は，$|\Psi^{(+)}\rangle_{\rm AB}$ にたどり着きますが，局所的ユニタリー演算によって $|\Phi^{(+)}\rangle_{\rm AB}$ に変換できます。ただし，a,b,c,d のどれも $\frac{1}{2}$ に満たない

場合は，この方法はうまく行きません（文献 [Deutsch]）。

問題 8.1 $\hat{U}_{\mathrm{A}}$，$\hat{U}_{\mathrm{B}}$ は，x 軸の周りにそれぞれ $\frac{\pi}{2}$，$-\frac{\pi}{2}$ 回転する操作であることを確かめなさい。

8.4 多粒子のエンタングル状態

この節では，まず3粒子の場合のエンタングル状態について，その定義と威力を見ます（参考文献 [バウミースター] 6.3 節）。3粒子を超えるエンタングル状態（シュレーディンガーの猫状態の1種）も紹介します。

8.4.1 GHZ 状態

3粒子のエンタングル状態の例は GHZ（Greenberger-Horne-Zeillinger）状態で，次のように表されます。

$$|\mathrm{GHZ}\rangle \equiv \frac{1}{\sqrt{2}}\left(|0\rangle_1|0\rangle_2|0\rangle_3 + |1\rangle_1|1\rangle_2|1\rangle_3\right) \tag{8.25}$$

光子の偏光の場合は，たとえば横偏光 $|H\rangle$ を $|0\rangle$，縦偏光 $|V\rangle$ を $|1\rangle$ としたときの3光子の状態です。

局所実在論の矛盾　GHZ 状態は，EPR（Einstein-Podolsky-Rosen）の主張である「局所実在論」（local realism）※3 が量子力学の予言と矛盾することを，たった1回の実験で示すのです。以下にそれを見てみましょう。

GHZ 状態の光子それぞれを，左右 45° 偏光 $|V'\rangle$, $|H'\rangle$ および左右円偏光 $|L\rangle$, $|R\rangle$ で測定することを考えます。これらの状態は $|H\rangle$, $|V\rangle$ と次の関係にあります。

$$|H'\rangle = \frac{|H\rangle + |V\rangle}{\sqrt{2}},\ |V'\rangle = \frac{|H\rangle - |V\rangle}{\sqrt{2}},\ |R\rangle = \frac{|H\rangle + i|V\rangle}{\sqrt{2}},\ |L\rangle = \frac{|H\rangle - i|V\rangle}{\sqrt{2}}$$

$$|H\rangle = \frac{|H'\rangle + |V'\rangle}{\sqrt{2}} = \frac{|R\rangle + |L\rangle}{\sqrt{2}},\ |V\rangle = \frac{|H'\rangle - |V'\rangle}{\sqrt{2}} = \frac{|R\rangle - |L\rangle}{\sqrt{2}i} \tag{8.26}$$

$|H'\rangle$, $|V'\rangle$ と $|R\rangle$, $|L\rangle$ は，それぞれパウリ行列 $\hat{\sigma}_x$ と $\hat{\sigma}_y$ の固有値 $+1$, -1 の状態

※3　局所実在論は，局所性と素朴実在論とが同時に成り立つはずという信念である。局所性は，「ある地点での現象が光速を超えて他の地点に影響を及ぼすことはない」という性質。素朴実在論は，「測定値は測定する前から決まっている」という考え。

であることがわかります。それで，H', V' の測定を x 測定，R, L の測定を y 測定と呼ぶことにします。

以下では，局所実在論の立場で考えていって，その結論が量子力学と矛盾することを示します。

まず 3 個の光子について yyx 測定をすることを考えます。状態 (8.26) を (8.25) に代入すると，

$$|\mathrm{GHZ}\rangle = \frac{1}{2}\left(|R\rangle_1|L\rangle_2|H'\rangle_3 + |L\rangle_1|R\rangle_2|H'\rangle_3 + |R\rangle_1|R\rangle_2|V'\rangle_3 + |L\rangle_1|L\rangle_2|V'\rangle_3\right) \tag{8.27}$$

を得ます。この状態の著しい特徴は，yyx 測定値の積は -1 であることです。これを $y_1y_2x_3 = -1$ と書きます。同様の結論が xyy 測定，yxy 測定でも得られ，その結果 yyx, xyy, yxy の測定値は，それぞれ $y_1y_2x_3 = -1$, $x_1y_2y_3 = -1$, $y_1x_2y_3 = -1$ となります。

アインシュタインたちが EPR 相関でこだわった局所実在論の立場からは，「それぞれの測定値は他の測定とは無関係に決まっている」と考えます。その考えのもとでは，$y_1y_1 = y_2y_2 = y_3y_3 = 1$ より，$x_1x_2x_3 = -1$ となります。すなわち局所実在論では，xxx 測定の場合でも測定値の積は -1 になると予言するのです。すると，xxx 測定の場合に局所実在論で許される状態は，次の 4 つの状態となります。

$$|V'\rangle_1|V'\rangle_2|V'\rangle_3, \quad |H'\rangle_1|H'\rangle_2|V'\rangle_3, \quad |H'\rangle_1|V'\rangle_2|H'\rangle_3, \quad |V'\rangle_1|H'\rangle_2|H'\rangle_3 \tag{8.28}$$

ところが量子力学では，(8.25) に (8.26) を代入すると

$$\frac{1}{2}\left(|V'\rangle_1|V'\rangle_2|H'\rangle_3 + |H'\rangle_1|H'\rangle_2|H'\rangle_3 + |H'\rangle_1|V'\rangle_2|V'\rangle_3 + |V'\rangle_1|H'\rangle_2|V'\rangle_3\right) \tag{8.29}$$

となって，3 光子のうちのどれか 1 つの偏光状態が局所実在論の予言 (8.28) と異なるのです。

さて，GHZ 状態での実験結果はというと，（CHSH 不等式の場合と違って）たった 1 回の測定で局所実在論を否定し，量子力学の予言を支持したのです。つまり一般に，測定するまで各量子状態は決まっていないということが示されたのです。

8.4.2 W 状態

W 状態は

$$|\mathrm{W}\rangle \equiv \frac{1}{\sqrt{3}}\left(|0\rangle_1|0\rangle_2|1\rangle_3 + |0\rangle_1|1\rangle_2|0\rangle_3 + |1\rangle_1|0\rangle_2|0\rangle_3\right) \tag{8.30}$$

と定義されます。ユニタリー変換で，GHZ $\to$ W もその逆も不可能なので，GHZ と W は種類の異なるエンタングル状態です。(8.30) において，$|0\rangle$ が 1 個で $|1\rangle$ が 2 個の状態（0 と 1 を入れ替えた状態）もつくれます。

8.4.3 シュレーディンガーの猫状態（1 種目）

シュレーディンガーの猫にならって 2 つの極端な状態の重ね合わせ状態を，シュレーディンガーの猫状態（cat state）といいます。シュレーディンガーの猫状態は 2 種類考えられます（参考文献 [wikicat]）。ここではそのうちの 1 種目を紹介します。2 種目については，10.1.2 項をご覧ください。

1 種目の例はベル状態の $|\Phi^{(\pm)}\rangle$ や GHZ 状態で，$|\Phi^{(\pm)}\rangle$ は 2 量子ビット，GHZ 状態は 3 量子ビットのエンタングル状態です。これらを次のように，n 量子ビットのエンタングル状態に拡張した状態もシュレーディンガーの猫状態といいます。

$$|\,\text{猫}^{(n\pm)}\rangle \equiv \frac{1}{\sqrt{2}}(|00\cdots00\rangle \pm |11\cdots11\rangle) \tag{8.31}$$

8.5 エンタングルメントスワッピングとその応用

ここでは，エンタングル量子対を 2 個同時生成して，それぞれの対から 1 個の量子ずつをベル状態測定することによって得られるエンタングルメントスワッピング，およびその応用について考察します（参考文献 [バウミースター] 3.11 節）。以下の議論では，量子は主に光子としていますが，光子でない場合もあります。

8.5.1 エンタングルメントスワッピング

パラメトリック下方変換によってエンタングル光子対が 2 個，同時に生成されたとします（8.1.3 項参照）。それぞれの光子対を光子 1 と 2，3 と 4 とし，生成されたそれぞれの光子対の状態が $|\Psi^{(-)}\rangle$ だとすると，2 対の状態 $|\Psi\rangle_{1234}$ は次のように書けます。

$$\begin{aligned}|\Psi\rangle_{1234} &= |\Psi^{(-)}\rangle_{12} \otimes |\Psi^{(-)}\rangle_{34} \\ &= \frac{1}{2}(|0\rangle_1|1\rangle_2 - 11\rangle_1|0\rangle_2) \otimes (|0\rangle_3|1\rangle_4 - |1\rangle_3|0\rangle_4)\end{aligned} \tag{8.32}$$

2 対 4 個の光子のうち，光子 2 と 3 をベル状態測定することを考えます。(8.32)

を書き直すと，

$$|\Psi^{(-)}\rangle_{1234} = \frac{1}{2}(|\Psi^{(+)}\rangle_{14} \otimes |\Psi^{(+)}\rangle_{23} - |\Psi^{(-)}\rangle_{14} \otimes |\Psi^{(-)}\rangle_{23} - |\Phi^{(+)}\rangle_{14} \otimes |\Phi^{(+)}\rangle_{23} + |\Phi^{(-)}\rangle_{14} \otimes |\Phi^{(-)}\rangle_{23}) \quad (8.33)$$

となり，たとえばベル状態測定で光子 2 と 3 が $|\Psi^{(+)}\rangle_{23}$ だとすると，光子 1 と 4 もベル状態 $|\Psi^{(+)}\rangle_{14}$ となることがわかります。つまり光子 2 の状態が光子 4 に，光子 3 の状態が 1 にテレポートされたと見なすことができ，エンタングルしていなかった光子 1 と 4 がエンタングルした状態になったのです。

どのベル状態が得られたとしても，古典通信と局所測定で望みのベル状態に変換できることは言うまでもありません。

問題 8.2 (8.33) を示しなさい。 ♥

8.5.2 エンタングルメントスワッピングの応用

ここでは，エンタングルメントスワッピングの応用について概説します。

量子交換処理 4 人のユーザ A，B，C，D が中央交換機 O との間で，それぞれベル状態の光子対 (1,2), (3,4), (5,6), (7,8) を分け合っているとします（**図 8.4**(a)）。

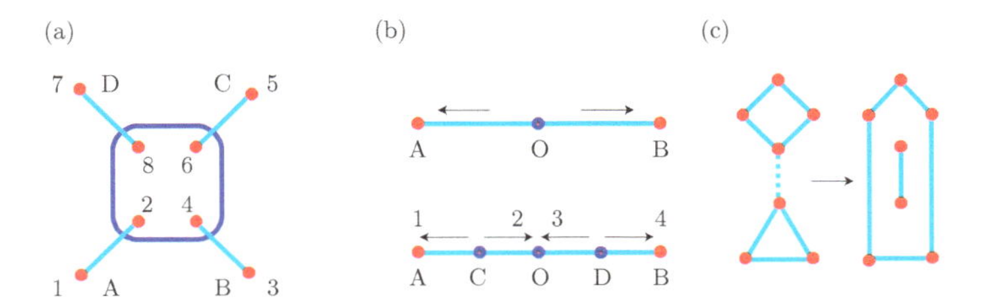

図 8.4　エンタングルメントスワッピングの応用：(a) 量子交換処理，(b) エンタングルメント配布時間の短縮，(c) n 猫状態を $(n+1)$ 猫状態へ

いま，ユーザ A，B，C が 3 光子の GHZ 状態を分け合いたいと希望したとします。そこで中央交換機では，光子 2，4，6 を GHZ 状態に射影する測定を行います。すると，A，B，C の光子 1，3，5 は希望通り GHZ 状態になっています。

GHZ 状態は 3 個の粒子による「シュレーディンガーの猫状態」です。一般に n 人の間に，n 個のシュレーディンガーの猫状態（10.1.2 項参照）も同様に作成できます。これは中央交換機による量子交換処理でなかったら簡単にはできないことです。

エンタングルメント配布時間の短縮　アリス（A 点）とボブ（B 点）の間で，原子など光子ではない粒子のエンタングルメントを共有したいとします。2 人の間の距離を L，粒子の速さを v とし，中間点 O からそれぞれの粒子を送ると，受信には $\frac{L}{2v}$ の時間を要します（図 8.4(b) 上）。

配布時間を短縮する方法は，AO の中間点を C，BO の中間点を D として，点 C からアリスと O，点 D からボブと O に向けてエンタングル粒子を送ることにします（図 8.4(b) 下）。中間点 O では，ベル状態測定を行うだけです。すると，$\frac{L}{4v}$ の時間から測定時間を引いた時間だけ，配布に要する時間が短縮されます。

この方法は，光暗号通信などにおいて，中継地点を適宜設けることによって通信距離を増大させることにも応用できます（10.3.5 項参照）。

送受信に伴うエンタングルメント劣化の誤り訂正　エンタングルメントスワッピングによって，確率的にではありますが，送受信中に生じたエンタングルメント劣化の誤りを訂正できる方法を紹介します。

エンタングルメント配布時間の短縮の状況で，点 C, 点 D から送付されたエンタングルメントが劣化して $|\psi_\theta\rangle = \frac{1}{\sqrt{2}}(\cos\theta|01\rangle + \sin\theta|10\rangle)$ になったとしましょう。すると 2 対のエンタングルメントは次のように表されます。

$$|\Phi\rangle = \frac{1}{2}(\cos^2\theta|0101\rangle + \sin\theta\cos\theta(|1001\rangle + |0110\rangle) + \sin^2\theta|1010\rangle) \tag{8.34}$$

O で受信した粒子 2 と 3 に対して行ったベル状態測定の結果，ベル状態 $\Phi^{(\pm)}$ を得る確率は $\frac{\sin^2(2\theta)}{2}$，$\Psi^{(\pm)}$ を得る確率は $\frac{1+\cos^2(2\theta)}{2}$ となります。$\Phi^{(\pm)}$ を得た場合は，アリスが受信した粒子 1 とボブの粒子 4 は完全なベル状態粒子対になります。確率的には小さいですが，ベル状態測定の結果により誤り訂正成功を確信できます。

問題 8.3　粒子 1 と 4 が完全なベル状態粒子対になる確率が $\frac{\sin^2(2\theta)}{2}$ であることを示しなさい。♥

より多くの粒子をエンタングルメント化　エンタングルメントスワッピングは，n 個のシュレーディンガーの猫状態を $n+1$ 個に拡大する場合にも使えます（図 8.4(c)）。それには，別に用意した GHZ 状態の中の 1 個の粒子と n 猫状態の 1 個

の粒子についてベル状態測定を行います。すると $(n+1)$ 猫状態が生成されるのです。n 猫状態を $|E(n)\rangle$ として，この過程を式で表すと次のように書けます。

$$|E(n)\rangle \otimes |E(3)\rangle \to |E(n+1)\rangle \otimes |E(2)\rangle \tag{8.35}$$

コラム❺ ブラックホールと情報 (2)

ここでは「ブラックホールの情報パラドックス」について概説します（参考文献 [中島]）。

◆「ブラックホールの情報パラドックス」

光も脱出できない重い天体をブラックホールと命名したのは，ホイーラー※4で，1971 年にはブラックホールの無毛定理を提唱しました。すなわち，「ブラックホールには，3 本の毛（質量，角運動量，電荷）しか無い」と表現したのです。つまり，星などを飲み込んでも，外部からはその 3 個の物理量しか区別するものがないという主張です。

ブラックホールが一方通行（不可逆的）であることは，1958 年にフィンケルシュタイン（David R. Finkelstein（1929-2016，米））が初めて指摘しました。ホーキングは 1976 年に「ブラックホールに落ち込んだ情報は私たちの世界から失われ，量子力学と矛盾する」ことに気づき，量子力学が間違っていると考えたようですが，注目を浴びませんでした。

「ブラックホールの情報パラドックス」として科学者を悩ますようになったのは，1984 年のホーキングの講演からでした。「量子力学では情報は決して失われないはず」ということに，トフーフト※5やサスキンド（Leonard Susskind（1940，米））がやっと気づいてこの問題に取り組み始めたのです。すなわち，量子力学の時間発展はユニタリー変換で表され，時間的に可逆であるはずなのです。ブラックホールに吸い込まれた物質の情報は，ブラックホールが蒸発してしまったとき，どこに行ってしまうのでしょうか。

※4 John A. Wheeler（1911-2008，米）情報理論の先駆者でもあり，It from bit（すべてはビットから）と表現した。量子情報科学の進展により，今は It from qubit である。

※5 Gerardus 't Hooft（1946-，オランダ）電弱理論のくりこみ可能性の証明でフェルトマン（Martinus Veltman（1931-2021，オランダ））と 1999 年のノーベル物理学賞受賞。

◆ 情報パラドックス解決案の例

パラドックスの解決策としていろいろな案が提案されました。主な案を**表 8.3** に挙げます。

表 8.3 情報パラドックス解決案の例（文献 [ギディングス]）

仮説	年	ブラックホールの実像や情報について
ファズボール	2003	地平面が超弦などの高次元幾何構造に置換された残骸
量子ハロー	2012	内部の情報が時空の揺らぎを介して外へ
ファイアウォール	2013	地平面が高エネルギー粒子の壁に置換された残骸
ソフトヘア	2016	情報の一部が地平面外側に痕跡を残す

ソフトヘア仮説はホーキング-ペリー-ストロミンジャー（Hawking-Perry-Strominger）によって提案されましたが，多くの専門家は説得力がないと懐疑的のようです。その他の仮説は，「情報が光速を超えて伝わることはない」という局所性の原理を破っているという問題を抱えています。局所性の原理が破れるとタイムトラベルが可能になり，「祖母殺しのパラドックス」などが可能になるなどの不都合が生じます。「過去に戻って，自分の母が生まれる前の祖母を（誤って？）殺してしまったら，自分は？」という矛盾です。

◆ ホログラフィー原理と AdS/CFT 対応

ベケンシュタインは，ブラックホールのエントロピーがシュワルツシルト地平面に記録されると提唱しました。「このことは，重力の本質である」として，1993 年にトフーフト，そして独立に 1994 年にサスキンドがホログラフィー（holography）原理を提唱しました。ホログラフィーは 2 次元の表面に 3 次元の記録を保持し，光を当てると立体的に見える現象です。すなわち，3 次元の重力の情報が，その境界の 2 次元面に記録されるという原理です。

1997 年，マルダセナ[※6]が，超弦理論の研究から AdS/CFT 対応を発見し，ホログラフィー原理に理論的な根拠を与えることに成功しました。AdS（Anti de Sitter，反ドジッター）時空は負の宇宙定数をもつ時空[※7]，CFT（Conformal Field Theory，共形場理論）は重力を含まない量子力学と思ってよいです。つ

※6 Juan M. Maldacena（1968-，アルゼンチン）アルゼンチンの大学卒業後，プリンストン大学で博士号取得。現在プリンストン大学教授。

※7 私たちの宇宙は，正の宇宙定数をもつ宇宙（ドジッター宇宙，dS）であり，加速膨張している。

まり，d 次元の AdS 空間と，その境界に位置する $d-1$ 次元空間の（重力を含まない）量子力学で記述できる空間とが，等価であるという理論です。

◆ エンタングルメント-エントロピーとアイランド仮説

実は，真空から生まれた光子対はエンタングル状態です。真空のスピンは 0 なので，光子対のスピンは互いに逆向きでなければなりません。光子対の一方がブラックホールに落ち込んでしまうと，エンタングルメントエントロピーが増大することになります。エンタングルメントエントロピーは，エンタングルメントの強さを定量化する量です。

笠真生（りゅうしんせい）と高柳匡（ただし）は，AdS/CFT 対応に導かれて 2006 年に笠-高柳公式を発見しました。CFT 平面と AdS 空間との境界から AdS 空間へ立ち上がるエンタングルメントウェッジ（wedge，くさび）の最小表面積とエンタングルメントエントロピー S_{EE} との関係式（笠-高柳公式）を与えたのです。

$$S_{\mathrm{EE}} = \frac{k_{\mathrm{B}} c^3 \times \text{ウェッジの最小表面積}}{4 G_{\mathrm{N}} \hbar} \tag{8.36}$$

(8.36) で k_{B} はボルツマン定数，c は光速，G_{N} はニュートンの重力定数です。

ブラックホールはホーキング放射をして小さくなると，地平面が小さくなり，地平面に保存できる情報量よりもエンタングルメントエントロピーの方が大きくなります。すると CFT 平面から立ち上がったエンタングルメントウェッジが「相転移」を起こし，ブラックホールの地平面内に達して「アイランド」ができるというのです。すなわち，CFT 空間（私たちの空間）とブラックホール内部とがつながったことになり，その「ワームホール」を通じてエンタングルメントエントロピーが放出されて減少していくと考えられるのです。こうして，ブラックホールの情報パラドックスに対する有力な解決案が提示されたのです。

◆ 最近の進展

量子重力の理論は，量子誤り訂正符号との対応性が指摘されるなど，量子情報と密接な関係をもつことが明らかになっています。また 2019 年，大栗博司とハーロウ（Daniel Harlow）とが，ホログラフィー原理と量子誤り訂正符号との関係性から，「量子重力には対称性がない」ことを証明しました。その結果，「陽子崩壊は必然」との結論が得られ，2027 年に実験を開始するハイパーカミオカンデ（26 万トンの水，スーパーカミオカンデは 5 万トン）の結果が待たれるところです。

1976 年のホーキングの指摘以来，ブラックホールの情報パラドックスについていろいろな案が出されてきましたが，結局はまだ完全には決着はついていないようです。それは一般相対性理論と量子論を融合する理論が，まだできていないからです。つまり，一般相対性理論で予言されて実際に宇宙にたくさん存在するブラックホールが，量子論と矛盾する問題を人類に突き付け続けているのです。

第9章 量子通信路符号化

この章では，まず古典通信（古典-古典通信）を概観したあと，古典-量子通信にすると何が変わるかについて概観します（参考文献 [ニールセン] 第 12 章，［富田] 4.4 節）。
第 7 章で扱ったエントロピーが大活躍する分野であり，本章は多少数学的に難しい部分があります。そういう箇所は，最初はエントロピーの活躍ぶりを眺めるくらいの気持ちで見ていき，必要があったら戻るのがよいかもしれません。

9.1 古典-古典通信

まずは，古典情報を古典通信路で送受信する，古典-古典通信を概観します。

9.1.1 古典通信の概要

アリスは，英文のメッセージを小文字やスペースなどの記号（$a, b, c, \cdots$）を使用してボブに送るとします。その際，アリスはメッセージ（情報源）を情報源符号化し，さらに通信路に送信するために通信路符号化します。情報源符号化とは，メッセージのアルファベットなどを数字（デジタル）などに変換することです。通信路符号化は，通信路に送るために，情報源符号にノイズ対策の冗長性をもたせる符号化です。受信したボブは，通信路符号語を情報源符号語に復号してメッセージを読むことになります。

情報源符号化　英文中の文字の出現頻度から，$a, b, c, \cdots$ の生起確率が定義できます。**表 9.1** のように，文字の出現頻度には大きな偏りがあります。

生起確率が高い文字ほど短いビット列をアサインすることによって，出力系列を圧縮することが可能になります。事実，モールス信号などは，出現確率の高い文字ほど短い符号が使用されています（キーボード（タイプライター）の文字の並びも，

表 9.1 アルファベット生起確率（%）：高い順（文献 [ブリルアン] 表 1.1）

文字	確率	文字	確率	文字	確率	文字	確率	文字	確率	文字	確率
空白	20	e	10.5	t	7.2	o	6.54	a	6.3	n	5.9
i	5.5	r	5.4	s	5.2	h	4.7	d	3.5	l	2.9
c	2.3	f	2.25	u	2.25	m	2.1	p	1.75	y	1.2
w	1.2	g	1.1	b	1.05	v	0.8	k	0.3	x	0.2
j	0.1	q	0.1	z	0.1						

出現確率を意識して決められたようです）。でも本章では，その方法ではない別の圧縮法を考えます。

文字 $a, b, c, \cdots$ を a_j $(j = 1, 2, \cdots, k)$ とし，a_j の生起確率を $p(a_j)$ として，n 個の文字からなるメッセージを情報源 $A = \{a_i; p(a_i), (i = 1, 2, \cdots, n)\}$ と定義します（情報源符号化）。

通信路符号化　送受信にあたって文字 a_i は符号化して，0 や 1 が m 個連なったビット列 x_{ij} $(j = 1, 2, \cdots, m)$ に変換されます。さらに，ノイズ対策の冗長性を加えるなどして通信路符号化されたビット列 x_{ij} $(j = 1, 2, \cdots, l)$ が，通信路（channel）に送られます。

通信路は，たとえば大気，光ファイバー，電話線，あるいはメモリなどです。光ファイバーや同軸ケーブルなどには，パルス（離散信号）が送られます。パルスは光パルスや電気パルスのビットとして通信路を通り，ボブによって受信されます。

復号　受信したボブは，必要な誤り訂正などの処理ののち復号器を通して情報源符号語に復号し，アリスからのメッセージを手に入れます。

9.1.2 情報源符号化と典型系列

情報源を $A = \{a_i; p(a_i)\}$ とします。長さ n の十分長い系列に含まれる文字 a_i は，平均 $np(a_i)$ 個含まれています。このような系列を**典型系列**（typical sequence，典型的系列）といい，その総数は

$$\frac{n!}{(np(a_1))! \cdots (np(a_n))!} \simeq 2^{nH(A)} \tag{9.1}$$

だけ存在します。ここで $H(A)$ は，

$$H(A) \equiv -\sum_{i=1}^{n} p(a_i) \log_2 p(a_i) \tag{9.2}$$

と定義される情報源 A のシャノンエントロピーです。

問題 9.1 (9.1) を，スターリングの近似公式 $\log n! \simeq \log \left(\frac{n}{e}\right)^n$ を用いて示しなさい。♥

このような典型系列はどれも確率 $2^{-nH(A)}$ で生起します (9.1.5 項参照)。また非典型系列（atypical sequence，非典型的系列）の出現確率は，$n \to \infty$ でずっと速く 0 になります。したがって，たかだか $nH(A)$ ビットのブロック符号で情報源を符号化できるのです。

たとえば 2 元情報源 $A = \{0, 1; p, 1-p\}$ において $n = 10^4$ で $p = 0.1$ のとき，$H(A) \simeq 0.4690$ なので，2^{10000} の系列を 2^{4690} に圧縮することが可能なのです (9.1.5 項参照)。

9.1.3 ビット列による通信路符号化

通信路符号化において n 個の文字 a_i は，0 か 1 のビット x_{ij}, $(j = 1, 2, \cdots, l)$ が連なった長さ l のビット列に変換されます。これを通信路への入力情報源 $X = \{x; p(x)\}$ と表します。ここで $p(x)$ はビット列 x の生起確率です。

通信路にビット列 $\{x\}$ が入力されたときの出力ビット列 $\{y\}$ は，条件付き確率 $p(y|x)$ で表されます。ビット列 y の生起確率 $p(y)$ は

$$p(y) = \sum_{x} p(y|x)p(x) \tag{9.3}$$

と求められ，出力情報源 $Y = \{y; p(y)\}$ が定義されます。

通信速度と通信路容量　通信路として，ノイズなしとノイズありの場合を考えます。ノイズありとは，たとえばビットが確率 p で反転（$0 \to 1$, $1 \to 0$）する場合です。

k ビットのビット列に冗長性をもたせて n ビットとして通信路に送受信させた場合，通信速度（rate）R を

$$R = \frac{k}{n} \tag{9.4}$$

と定義します※1。

シャノンのノイズなし通信路符号化定理は，誤り少なく圧縮・解凍ができるための通信速度 R の条件を与えたもの（9.1.5 項），また，ノイズあり定理は通信速度 R に上界※2（通信路容量）が存在することを示したものです（9.1.6 項）。

9.1.4 ファノの不等式

確率変数 Y の知識から確率変数 X を推論したいとき，条件付きエントロピー $H(X|Y)$ が 0 に近いほど，より正しい知識が得られたことになります。$H(X|Y)$ の上界を与えるのがファノの不等式（Fano's inequality）です（参考文献 [ニールセン] 12.1 節）。

$f(Y)$ を Y の関数として，$\tilde{X} \equiv f(Y)$ が X についての最良の推定値とします。それが正しくない確率を $p_e = P(\tilde{X} \neq X)$ とするとき，ファノの不等式は次のように書けます。

$$H(X|Y) \leq H(p_e) + p_e \log_2(|X| - 1) \tag{9.5}$$

ここで $H(p_e)$ は 2 値エントロピー，$|X|$ は X がとりうる値の数です。

例題 9.1　ファノの不等式の導出

(9.5) を示しなさい。

解答例　誤りの確率変数 E を，$p_e = 0$ のとき $E = 0$（推定値が正しい），$p_e = 1$ のとき $E = 1$（推定値が誤り）と定義します。つまり $p(E = 1) = p_e$ です。

条件付きエントロピーに対する連鎖則を用いて

$$H(E, X|Y) = H(E|X, Y) + H(X|Y) = H(X|E, Y) + H(E|Y) \tag{9.6}$$

と書けます。最初の等式で $H(E|X, Y) = 0$ です。なぜなら，X と Y が両方わかれば $E = 0$ だからです。したがって $H(E, X|Y) = H(X|Y)$ です。

(9.6) の 2 番目の等式では，$H(E|Y) \leq H(E) = H(p_e)$ です。なぜなら，条件付きにすることでエントロピーは減少するからです。したがって $H(E, X|Y) \leq$

※1　rate の和訳の通信速度は通常の速度と異なって，時間とは無関係であることに注意。一定の時間内に送信できる情報量は R 倍だけ小さくなるのでこう呼ばれる。

※2　上界（upper bound）の最小が上限（supremum）。同様に下界（lower bound）の最大が下限（infimum）。

$H(X|E,Y)+H(p_e)$ が得られ，上の不等式と合わせて $H(X|Y) \le H(X|E,Y)+H(p_e)$ が求まります。

$H(X|E,Y)$ について次の式が成り立つのでファノの不等式が導かれます。

$$\begin{aligned} H(X|E,Y) &= p(E=0)H(X|E=0,Y)+p(E=1)H(X|E=1,Y) \\ &\le p(E=0)\times 0 + p_e \log_2(|X|-1) = p_e \log_2(|X|-1) \end{aligned} \quad (9.7)$$

$H(X|E=0,Y)=0$ は $X=Y$ のとき $H(X|Y)=0$ だからです。$X \ne Y$ のとき X のとりうる値は最大 $|X|-1$ なので，$H(X|E=1,Y)$ は $\log_2(|X|-1)$ 以下になります。◆

9.1.5 シャノンのノイズなし古典通信路での符号化定理

ここでは，ノイズなし古典通信路での符号化定理について述べます（参考文献 [ニールセン]12.2 節）。情報源として，独立かつ確率分布が同一である情報源（**独立同一分布情報源**[※3]）を仮定します。

典型系列と非典型系列　9.1.2 項でも触れましたが，ここではビット列における典型系列と非典型系列を考えます。

情報源として，確率変数 $X_1, X_2, \cdots, X_n$ のビット列を送信する場合を考えます。このとき，ビット 0 の確率が p，ビット 1 の確率が $1-p$ であると仮定します。

ビット列の各ビットの値 $x_1, x_2, \cdots, x_n$ の中に，0 の数は平均 np 個，1 の数は平均 $n(1-p)$ 個存在すると期待されます。ビット列がこの期待値通りの場合を典型系列，そうでない場合を非典型系列と呼びます。

典型系列の確率 $p(x_1, x_2, \cdots, x_n)$ は，独立同一分布情報源の仮定と合わせて

$$p(x_1, x_2, \cdots, x_n) = p(x_1)p(x_2)\cdots, p(x_n) \simeq p^{np}(1-p)^{n(1-p)} \quad (9.8)$$

となります。両辺の対数をとり，負符号をつけると

$$-\log_2 p(x_1, x_2, \cdots, x_n) \simeq -np\log_2 p - n(1-p)\log_2(1-p) = nH(X) \quad (9.9)$$

となります。ここで，確率変数 $X_1, X_2, \cdots, X_n$ は仮定により同一の確率分布をもっているので，X と書きます。$H(X)$ は 2 値エントロピーであり，情報源の**エントロ**

※3　independent and identically distributed information source. 文献 [ニールセン] では i.i.d. の記号を使用。

ピーレート（entropy rate）ともいいます。

(9.8) と (9.9) より，$p(x_1, x_2, \cdots, x_n) \simeq 2^{-nH(X)}$ となります。すべての典型系列の全確率は 1 よりわずかに小さいことが期待されるので，その個数はたかだか $2^{nH(X)}$ であることがわかります。

圧縮・解凍法の存在可能性について　データ圧縮には，ビット列が典型系列か否かを判別して，典型系列の場合は圧縮し，非典型系列の場合はデータの誤りを宣言して圧縮を諦めることにします。

典型系列の数は約 $2^{nH(X)}$ 個なので，約 $nH(X)$ ビットに圧縮可能というわけです。すなわち，典型系列としてリストアップされ番号付けされた一覧表の中の番号は，約 $nH(X)$ ビットで表すことができるのです。しかしながら，0 ビットの確率が $p = \frac{1}{2}$ の場合は $H(X) = 1$ となって，圧縮にはなりません。

ただし，符号化定理は，圧縮・解凍法の存在を保証はしてくれますが，具体的な方法は示していません。

典型系列の定義の一般化　ここではビット列の場合について，典型系列から少しずれた系列も含めるように定式化します。

ϵ-典型系列の定理への前提　$\epsilon > 0$ が与えられたとき

$$2^{-n(H(X)+\epsilon)} \leq p(x_1, x_2, \cdots, x_n) \leq 2^{-n(H(X)-\epsilon)} \tag{9.10}$$

またはこれと等価な

$$\left| \frac{1}{n} \log_2 \frac{1}{p(x_1, x_2, \cdots, x_n)} - H(x) \right| \leq \epsilon \tag{9.11}$$

を満たす情報源記号のビット列（文字列）$x_1 x_2 \cdots x_n$ を ϵ-典型的といい，長さ n の ϵ-典型系列の集合を $T(n, \epsilon)$ と表します。ϵ-典型系列の定理は，次のように言明されます。

定理 9.1　**ϵ-典型系列の定理**

任意の δ : $(0 < \delta < 1)$，十分大きな n に対して

(1) 文字列が ϵ-典型的である確率は，$(1 - \delta)$ 以上である。

(2) ϵ-典型系列の数 $|T(n, \epsilon)|$ は次式を満たす。

$$(1-\delta)2^{n(H(X)-\epsilon)} \leq |T(n,\epsilon)| \leq 2^{n(H(X)+\epsilon)} \tag{9.12}$$

(3) $W(n)$ が情報源からの長さ n の文字列の集まりで，その大きさは 2^{nR}, $R < H(X)$ とするとき，

$$\sum_{x \in W(n)} p(x) \leq \delta \tag{9.13}$$

が成り立つ※4。 ♠

証明の概要 仮定により，$-\log_2 p(X_i)$ は独立で同一の確率分布をもつことを使います。

(1) 大数の法則により

$$p\left(\left|\sum_{i=1}^{n} \frac{-\log_2 p(X_i)}{n} - \boldsymbol{E}(-\log_2 p(X))\right| \leq \epsilon\right) \geq 1-\delta \tag{9.14}$$

ここで $\boldsymbol{E}(\log_2 p(X)) = \sum_i p(X_i)\log_2 p(X_i) = -H(X)$，および $\sum_{i=1}^{n} \log_2 p(X_i) = \log_2 p(X_1X_2\cdots X_n)$ なので次式が得られます。

$$p\left(\left|\frac{-\log_2 p(X_1X_2\cdots X_n)}{n} - H(X)\right| \leq \epsilon\right) \geq 1-\delta \tag{9.15}$$

(2) 典型系列の確率の総和が 1 より小さいことより，次式が得られます。

$$1 \geq \sum_{x \in T(n,\epsilon)} p(x) \geq \sum_{x \in T(n,\epsilon)} 2^{-n(H(X)+\epsilon)} = |T(n,\epsilon)|2^{-n(H(X)+\epsilon)} \tag{9.16}$$

同様に，典型系列の確率の総和が $(1-\delta)$ より大きいことより，次式が得られます。

$$1-\delta \leq \sum_{x \in T(n,\epsilon)} p(x) \leq \sum_{x \in T(n,\epsilon)} 2^{-n(H(X)-\epsilon)} = |T(n,\epsilon)|2^{-n(H(X)-\epsilon)} \tag{9.17}$$

この 2 つの式から (9.12) が得られます。

(3) 典型系列の数は $2^{nH(X)}$ であり，$W(n)$ の中の典型系列の数は 2^{nR} 以下です。したがって $W(n)$ の中の典型系列の確率は $2^{n(R-H(X))}$ 以下となって，$R < H(X)$ の仮定より $n \to \infty$ で 0 に近づきます。 ♣

次に，シャノンのノイズなし通信路での符号化定理は，次のように言明されます。

※4 文献 [ニールセン] では $S(n)$ が使われているが，量子エントロピーと混同するので $W(n)$ とした。

定理 9.2　シャノンのノイズなし古典通信路での符号化定理

$\{X_i\}$ は，エントロピーレート $H(X)$ の独立同一分布情報源とする。この情報源に対して，$R > H(X)$ のときに限り信頼できる通信速度 R での圧縮法が存在する。

♠

証明の概要　通信速度 R は，典型系列を収めるビット列の大きさを決める変数です。$R < H(X)$ の場合は，ϵ-典型系列の定理の (3) より，ϵ-典型系列を収めるはずのビット数の上界が 2^{nR} なので，典型系列のリストは溢れてしまいます。

一方，$R > H(X)$ の場合は，典型系列リストが十分収まるので圧縮可能です。シャノンは，ランダムにビット列を生成してこの定理を証明しました。

♣

通信速度 R での圧縮法と解凍法　古典独立同一分布情報源として，確率変数が $X_1, X_2, \cdots, X_n$ の n 個のアルファベット（文字）を考えます。

起こりうる系列を $x = x_1 x_2 \cdots x_n$ とすると，通信速度 R での圧縮法（compression scheme）では，系列 x を，圧縮された nR ビット記号列 $C^n(x)$ に写像します。

これに対して，解凍法（decompression scheme）では，圧縮された nR ビット記号列 $C^n(x)$ を n 文字のアルファベット文字列 $D^n(C^n(x))$ に戻します。

圧縮・解凍法（C^n, D^n）が信頼性が高い（reliable）とは，$n \to \infty$ で $D^n(C^n(x)) = x$ に近づくことです。

9.1.6 ノイズあり古典通信路による通信

この項では，シャノンのノイズあり通信路符号化定理について概説します（参考文献 [ニールセン]12.3 節，[佐々木] 第 1 部 3 章）。

ノイズあり通信路の基本は，2 値対称通信路（binary symmetric channel）です。その通信路の出力では，確率 p でビットがランダムに反転している（同じ確率 p で $0 \to 1$ と $1 \to 0$ が起きている）という通信路です。

できるだけ高い信頼性で送信したい場合の通信速度 R の上限を，**通信路容量** C と定義します。シャノンのノイズあり通信路符号化定理は，通信路容量の存在を保証しますが，どう符号化すべきかについては不問なのです。

定理 9.3 シャノンのノイズあり通信路符号化定理

ノイズあり通信路 $\mathcal{N}$ の通信路容量 $\mathcal{C}(\mathcal{N})$ は次式で与えられる。

$$\mathcal{C}(\mathcal{N}) = \max_{p(x)} I(X:Y) \tag{9.18}$$

ここで X は入力，Y は出力情報源の確率変数で，$I(X:Y)$ は相互情報量，$p(x)$ は入力ビット列の生起確率である。 ♠

証明の概要 どのようにしてこの結論に至るのでしょうか。ここではその過程を直観的に見ていきます。

十分長い長さ n の 2^{nR} 個のビット列が，ノイズが2値対称通信路に入力された場合を考えます。すると出力系列は，$2^{nH(Y)}$ 個生成されます。

このとき，入力系列では0が平均 nq_0 個，1が平均 nq_1 個含まれています。出力系列では，平均 nq_0 個の0のうち $nq_0q_{0\to1}$ 個が1に，平均 nq_1 個の1のうち $nq_1q_{1\to0}$ 個が0に変わっています。ここで，$q_{0\to1} = q_{1\to0} = p$ はビット反転確率です。

したがって，ある1つの入力系列 x から生ずる出力系列の総数は，およそ

$$\begin{aligned}2^{nH(Y|X=x)} &= 2^{nH(Y|X)} = \frac{(nq_0)!}{(nq_0q_{0\to1})!(nq_0q_{0\to0})!} \times \frac{(nq_1)!}{(nq_1q_{1\to0})!(nq_1q_{1\to1})!} \\ &\simeq p^{-np}(1-p)^{-n(1-p)} = 2^{nH(p)}\end{aligned} \tag{9.19}$$

だけ存在します。ここで，$q_{0\to0} = q_{1\to1} = 1-p$ です。(9.19) の最初の等号は，独立同一分布を仮定しているので成り立ち，最後の近似の値はスターリングの公式 $\ln n! = n\ln n - n$ を使って得られます。すなわち，以下が得られます。

$$H(Y|X) \simeq H(p) = -p\log_2 p - (1-p)\log_2(1-p) \tag{9.20}$$

入力系列 2^{nR} の1個ごとに，出力側に平均 $2^{nH(Y|X)}$ 個のビット列からなる n 次元の「球」（ハミング球，Hamming sphere）ができることになります。ハミング球の中心は誤りがない場合の出力ビット列であり，半径は平均 np になります（**図 9.1**）。np はハミング距離（入力ビット列と出力ビット列とで異なるビットの数）です。

このとき，出力側の各ハミング球が重ならないように入力側の典型系列を選ぶことにより，誤りなく入力ビット列を復号できるのです。各ハミング球が重ならない条件は，$2^{nR} \times 2^{nH(Y|X)} < 2^{nH(Y)}$ より，$R < H(Y) - H(Y|X) = I(X:Y)$ となり，(9.18) が得られます。 ♣

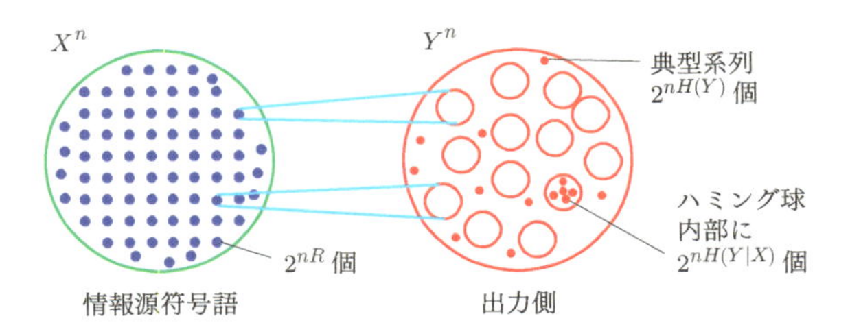

図 9.1　情報源 X の典型系列と出力側 Y のハミング球

シャノンの証明手法について　シャノンはどのようにしてノイズあり通信路符号化定理を証明したのでしょうか。実はシャノンは情報源としてまったくランダムなビット列を $2^k(=2^{nR})$ 個作製したのです。さらに 2^k 個の中からまたランダムにビット列を選ぶことにより，通信路符号化としたのです。そのような可能なすべての符号化の平均の誤りの確率 $\langle p^e \rangle$ が

$$\langle p^e \rangle < 2^{n(R-I(X:Y))} \tag{9.21}$$

となることを示したのです。すなわち通信速度 R が $I(X:Y)$ より小さければ $n \to \infty$ で誤り率が 0 になることがわかったのです。

通信路容量を最大化する方法　$I(X:Y)$ を最大にするにはどうすればよいでしょうか。制御可能な変数は入力側の $p(x)$ だけなので，その値を工夫すればよいことになり，(9.18) が得られます。2 元通信路の場合は，$H(Y)$ が $q_0 = q_1 = \frac{1}{2}$ のときに最大値 $H(Y) = 1$ になるので，通信路容量は (9.20) より

$$\mathcal{C} = \max_{p(x)} I(X:Y) = \max_{p(x)}(H(Y) - H(Y|X))) = 1 - H(p) \tag{9.22}$$

となります。p はビット反転率なので，$p = \frac{1}{2}$ のときには通信路容量が 0 になってしまいます。

問題 9.2　(9.22) でビット反転が 0（$p=0$）のとき通信路容量が最大の 1 になることはわかりますが，ビット反転率が最大（$p=1$）のときも通信路容量が最大の 1 になるのはなぜでしょうか。

9.2 古典-量子通信

この節では，古典-量子通信について考えます。量子通信（quantum communication）符号化は，2つの種類に大別できます。1つは古典-量子通信路符号化（classical-quantum channel coding）で，古典的なメッセージを量子通信路を通じて送受信します。もう1つは量子-量子通信路符号化（quantum-quantum channel coding）で，量子状態を量子通信路を通じて送受信するものです。量子-量子通信路符号化については，難度がかなり高そうなこと，および現在進行形で研究が進展していることから，本書では割愛します。ただし，ノイズあり量子通信路については，6.5節で考察しています。

古典-量子通信は1960年代のレーザーの発明によって研究が始まり，1990年代にホレボー-シュマッハー-ウェストモアランドにより古典-量子通信路符号化定理が完成されました。一方，量子-量子通信路符号化は1990年代の量子誤り訂正の研究を端緒とします（量子誤り訂正については第12章参照)。

9.2.1 ホレボー限界

ここではアクセス可能情報量（accessible information）に関する大変有用なホレボー限界（Holevo bound）について述べます（参考文献 [ニールセン] 12.1.1項，[富田] 4.4節)。

アクセス可能情報量　まず，以下にアクセス可能情報量について定義します。

アリスは確率 p_i で古典情報源 $\{X_i, (i = 1, 2, \cdots, n)\}$ を用意します。アリスはそれに対応して $\hat{\rho}_i$ で表される量子状態 Q をつくり，量子通信路を通じてボブに送信します。

ボブは受信した量子状態を $\mathrm{POVM}\{\hat{E}_j\} = \{\hat{E}_1, \hat{E}_2, \cdots, \hat{E}_m\}$ で測定して，古典情報 Y を得ます。ボブの使命は，測定結果 Y から可能な限り正確にアリスが送ったメッセージ X を推定することです。つまり，X と Y の相互情報量 $I(X:Y)$ を $H(X)$ にできるだけ近づけることです。ボブのアクセス可能情報量は，最善の測定方法で得た最大の $I(X:Y)$ と定義されます。

定理 9.4　ホレボー限界

アクセス可能情報量 $I(X:Y)$ の上界は，次のように与えられる。

$$I(X:Y) \leq S(\hat{\rho}) - \sum_i p_i S(\hat{\rho}_i) = S\left(\sum_i p_i \hat{\rho}_i\right) - \sum_i p_i S(\hat{\rho}_i) \equiv \chi \quad (9.23)$$

χ はホレボー情報量（Holevo χ quantity）と呼ばれている。♠

例題 9.2　ホレボー限界の導出

(9.23) を導きなさい。

解答例　3 つの量子系 A, Q, B を定義して導出します。Q はアリスがボブに送信する量子系，A, B は補助系です。

A はアリスが「準備する系」で，Q のラベル $i = 1, 2, \cdots, n$ に対応した正規直交系 $|i\rangle$ を有しています。B はボブの「測定デバイス」に相当し，その基底 $|j\rangle$ はボブの測定結果に対応します。

3 つの量子系 AQB の初期状態 $\hat{\rho}^{AQB}$ を次のように仮定します。

$$\hat{\rho}^{AQB} = \sum_{i=1}^{n} p_i |i\rangle_A \langle i| \otimes \hat{\rho}_i \otimes |0\rangle_B \langle 0| \quad (9.24)$$

測定は，Q に POVM$\{E_j\}$ を実行してその結果を B に保存します。量子系 Q と B だけにはたらく CPTP 量子演算を $\mathcal{E}$ とすると，測定演算子は $\sqrt{\hat{E}_j}$ なので，

$$\mathcal{E}(\hat{\rho}_i \otimes |0\rangle_B \langle 0|) \equiv \sum_j \sqrt{\hat{E}_j}\hat{\rho}_i \sqrt{\hat{E}_j} |j\rangle_B \langle j| \quad (9.25)$$

と書けます。相互情報量は，B が AQ と相関がないので，$I(A:Q) = I(A:Q,B)$ と書けます。$\mathcal{E}$ 適用後の状態を $A'Q'B'$ とすると，$I(A:Q,B) \geq I(A':Q',B')$ が成り立ちます。これは，QB に量子演算 $\mathcal{E}$ を適用しても A と QB 間の相互情報量は増えないからです。さらに，系を捨てても情報量は増えないので，$I(A':Q',B') \geq I(A':B')$ が成り立ちます。

これらから，ホレボー限界を導く次式が得られます。

$$I(A':B') \leq I(A:Q) \quad (9.26)$$

A' 系や B' 系は実は古典系なので，(9.26) の左辺は $I(A':B') = I(X:Y)$ となります。

次に，(9.26) の右辺がホレボー限界であることが次のようにわかります。まず $S(A,Q) = S(\hat{\rho}^{AQ})$ は

$$S(A,Q) = S\left(\sum_i p_i |i\rangle_A\langle i|\hat{\rho}_i\right) = H(p_i) + \sum_i p_i S(\hat{\rho}_i) \tag{9.27}$$

となり，$S(A) = H(p_i)$，$S(Q) = S(\hat{\rho})$ から，

$$I(A:Q) = S(A) + S(Q) - S(A,Q) = S(\hat{\rho}) - \sum_i p_i S(\hat{\rho}_i) = \chi \tag{9.28}$$

となり，ホレボー限界が得られました。 ♦

9.2.2 ホレボー限界の応用例

(7.29) とホレボー限界の式 (9.23) より

$$I(X:Y) \leq S(\hat{\rho}) - \sum_i p_i S(\hat{\rho}_i) \leq H(X) \tag{9.29}$$

が成り立ちます。(9.29) の 2 番目の不等式の等号は，$\hat{\rho}_i$ が直交する台をもつときだけです。アリスが非直交状態をボブに送信しているとすると，$I(X:Y) < H(X)$ と不等式が厳密に成り立つことになります。すなわち，Q が非直交状態の場合は，ボブは測定結果 Y に基づいて送信情報 X を厳密に推定することはできないことを意味しています。

例題 9.3　ホレボー限界の例

アリスは $|\psi_1\rangle = |0\rangle$ と $|\psi_2\rangle = \cos\theta|0\rangle + \sin\theta|1\rangle$ をランダムに等確率でボブに送信するとします。このときボブが得るホレボー限界を求めなさい。

解答例　送信の密度演算子 $\hat{\rho}$ は次のように書けます。

$$\begin{aligned}\hat{\rho} &= \frac{1}{2}(|0\rangle\langle 0| + (\cos\theta|0\rangle + \sin\theta|1\rangle)(\cos\theta\langle 0| + \sin\theta\langle 1|)) \\ &= \frac{1}{2}\begin{pmatrix} 1 & 0 \\ 0 & 0 \end{pmatrix} + \frac{1}{2}\begin{pmatrix} \cos^2\theta & \cos\theta\sin\theta \\ \cos\theta\sin\theta & \sin^2\theta \end{pmatrix}\end{aligned} \tag{9.30}$$

$\hat{\rho}_1 \equiv |\psi_1\rangle\langle\psi_1|$ や $\hat{\rho}_2 \equiv |\psi_2\rangle\langle\psi_2|$ は純粋状態なので $S(\hat{\rho}_1) = S(\hat{\rho}_2) = 0$ であり，したがってホレボー限界は $S(\hat{\rho})$ となります。

(9.30)，すなわち $\hat{\rho}$ の固有値は $\frac{1}{2}(1 \pm \cos\theta)$ となります。$p \equiv \frac{1}{2}(1 + \cos\theta)$ とおくと，$\hat{\rho}$ は p と $1-p$ の 2 値エントロピー $H(p) = -p\log_2 p - (1-p)\log_2(1-p)$ となり，これがホレボー限界です。

$H(p)$ は，$p = \frac{1}{2}$（すなわち $\theta = \frac{\pi}{2}$）のときに最大値 1 をとります。当然ながらこのとき 2 番目の状態は $|1\rangle$ になり，2 つの状態は直交します。 ◆

9.2.3 シュマッハーのノイズなし量子通信路での符号化定理

この項では，ノイズなし古典通信路での符号化定理を量子通信路に拡張します（参考文献 [ニールセン] 12.2.2 節）。

量子情報源と量子圧縮・解凍演算　まずは独立同一分布情報源として，ヒルベルト空間 $\mathcal{H}$ 上の密度演算子 $\hat{\rho}$ を用います。古典の場合と同様に通信速度 R での圧縮・解凍は，2 つの量子演算 $\mathcal{C}^n$ と $\mathcal{D}^n$ によって実行されます。演算 $\mathcal{C}^n$ は，$\mathcal{H}^{\otimes n}$ にある状態を，2^{nR} 次元の圧縮された空間（compressed space）にある状態に写像します。解凍は，演算 $\mathcal{D}^n$ によってなされます。圧縮・解凍を結合した演算 $\mathcal{D}^n \circ \mathcal{C}^n$ の信頼度の基準は，忠実度 $F(\hat{\rho}^{\otimes n}, \mathcal{D}^n \circ \mathcal{C}^n)$ です。

典型部分空間　典型系列の量子版を考えましょう。量子情報源を表す密度演算子は，固有値 $p(x)$，固有ベクトル $|x\rangle$ をもち，固有値分解 $\hat{\rho} = \sum_x p(x)|x\rangle\langle x|$ と書けます。$p(x)$ は確率であり，$\sum_x p(x) = 1$ を満足します。

さらにエントロピーは，$H(p(x)) \to S(\hat{\rho})$ と置き換えます。すると古典情報と同様に以下のように書けます。

$$\left| \frac{1}{n} \log_2 \left(\frac{1}{p(x_1, x_2, \cdots, x_n)} \right) - S(\hat{\rho}) \right| \leq \epsilon \tag{9.31}$$

ϵ-典型状態は，文字列（ビット列）$x_1 x_2 \cdots x_n$ が ϵ-典型的であるような状態 $|x_1\rangle|x_1\rangle \cdots |x_n\rangle$ を表します。ϵ-典型部分空間（ϵ-typical subspace）はすべての ϵ-典型状態が張る部分空間です。

ϵ-典型部分空間を $T(n, \epsilon)$，ϵ-典型部分空間への射影演算子を $\hat{P}(n, \epsilon)$ とします。$\hat{P}(n, \epsilon)$ は次のように表されます。

$$\hat{P}(n,\epsilon) \equiv \sum_{x\in\epsilon-\text{典型系列}} |x_1\rangle\langle x_1| \otimes |x_2\rangle\langle x_2| \otimes \cdots \otimes |x_n\rangle\langle x_n| \tag{9.32}$$

これで ϵ-典型部分空間の定理を提示できるようになりました。

定理 9.5　ϵ-典型部分空間の定理

任意の $0 < \delta < 1$，十分大きな n に対して

(i) 射影測定について次式が成り立つ。

$$\mathrm{Tr}(\hat{P}(n,\epsilon)\hat{\rho}^{\otimes n}) \leq 1-\delta \tag{9.33}$$

(ii) $T(n,\epsilon)$ の次元 $|T(n,\epsilon)| = \mathrm{Tr}(\hat{P}(n,\epsilon))$ は次式を満たす。

$$(1-\delta)2^{n(S(\hat{\rho})-\epsilon)} \leq |T(n,\epsilon)| \leq 2^{n(S(\hat{\rho})+\epsilon)} \tag{9.34}$$

(iii) $\hat{\mathcal{P}}(n)$ は 2^{nR} 以下の次元をもつ $\mathcal{H}^{\otimes n}$ の任意の部分空間への射影演算子とする※5。$R < S(\hat{\rho})$ とするとき

$$\mathrm{Tr}(\hat{\mathcal{P}}(n)\hat{\rho}^{\otimes n}) \leq \delta \tag{9.35}$$

が成り立つ。♠

証明の概要　以下に証明の概要を記します。

(i) 古典の典型系列の定理の (1) と次の式から得られます。

$$\mathrm{Tr}(\hat{P}(n,\epsilon)\hat{\rho}^{\otimes n}) = \sum_{x\in\epsilon-\text{typical}} p(x_1)p(x_2)\cdots p(x_n) \tag{9.36}$$

(ii) 古典の典型系列の定理の (2) から得られます。

(iii) トレースを典型部分空間と非典型部分空間とに分け，両方とも 0 になることを示します。

$$\mathrm{Tr}(\hat{\mathcal{P}}(n)\hat{\rho}^{\otimes n}) = \mathrm{Tr}(\hat{\mathcal{P}}(n)\hat{\rho}^{\otimes n}\hat{P}(n,\epsilon)) + \mathrm{Tr}(\hat{\mathcal{P}}(n)\hat{\rho}^{\otimes n}(\hat{I}-\hat{P}(n,\epsilon)) \tag{9.37}$$

(9.37) の第 1 項の $\hat{P}(n,\epsilon)$ と $\hat{\rho}^{\otimes n}$ は可換なので $\hat{\rho}^{\otimes n}\hat{P}(n,\epsilon) = \hat{P}(n,\epsilon)\hat{\rho}^{\otimes n}\hat{P}(n,\epsilon)$

※5　文献 [ニールセン] での $S(n)$ を $\hat{\mathcal{P}}(n)$ に置き換えた（エントロピー $S(\hat{\rho})$ と紛らわしいので）。$\hat{\mathcal{P}}(n)$ と $\hat{P}(n,\epsilon)$ も少し紛らわしいが，両方とも射影演算子なのでお許しを。

となります。$\hat{P}(n,\epsilon)\hat{\rho}^{\otimes n}\hat{P}(n,\epsilon)$ の固有値の上界が $2^{-n(S(\hat{\rho})-\epsilon)}$ なので

$$\mathrm{Tr}(\hat{\mathcal{P}}(n)\hat{P}(n,\epsilon)\hat{\rho}^{\otimes n}\hat{P}(n,\epsilon)) \le 2^{n(R-S(\hat{\rho})+\epsilon)} \tag{9.38}$$

となり，$R < S(\hat{\rho})$ なので $n \to \infty$ で 0 になります。

次に (9.37) の第 2 項については，$\hat{\mathcal{P}}(n) \le \hat{I}$ であり，$\hat{\mathcal{P}}(n)$ も $\hat{\rho}^{\otimes n}(\hat{I}-\hat{P}(n,\epsilon))$ も正値演算子なので，$n \to \infty$ で $\hat{\mathcal{P}}(n)\hat{\rho}^{\otimes n}(\hat{I}-\hat{P}(n,\epsilon)) \le \hat{\rho}^{\otimes n}(\hat{I}-\hat{P}(n,\epsilon)) \to 0$ となります。 ♣

これで，シュマッハーのノイズなし量子通信路での符号化定理を提示できます。

定理 9.6　シュマッハーのノイズなし量子通信路での符号化定理

$\{\mathcal{H},\hat{\rho}\}$ は独立同一分布量子情報源とする。この情報源に対して，$R > S(\hat{\rho})$ のときに限り，信頼できる通信速度 R での圧縮法が存在する。 ♠

証明について　きちんとした証明は少し長いです（文献 [ニールセン]12.2.2 節）。しかし，基本的にシャノンのノイズなし古典通信路での符号化定理の証明と同じことを示すので省略します。 ♣

具体的な圧縮・解凍法　シュマッハーの定理は，具体的な符号化方法についての手がかりを与えています。キーポイントは，2^{nR} 次元の典型部分空間 $\mathcal{H}_c^{\otimes n}$ への写像 $\mathcal{C}^n : \mathcal{H}^{\otimes n} \to \mathcal{H}_c^{\otimes n}$ が効率よく行えることです。

列挙式符号化（enumerative coding），ハフマン符号化（Huffman coding），算術符号化（arithmetic coding）などの古典的技術を適用できますが，古典の場合と違って 1 つ強い制約があります。それは，符号化回路が完全に可逆でなければならず，圧縮状態をつくる過程で元の状態を完全に消去する必要があることです。

9.2.4 ノイズあり量子通信路による通信

古典通信路を量子通信路に変えて量子状態を送信すると，通信路容量は大きくなるのでしょうか。この項では，そのことについて考察します（参考文献 [ニールセン] 12.3.2 項）。

アリスには，入力量子状態として密度演算子の積状態 $\hat{\rho}_1 \otimes \hat{\rho}_2 \otimes \cdots$ の符号化という制約が課されているとします。このような制限での通信路容量を積状態の容量（product state capacity）といい，$\mathcal{C}^{(1)}$ と表します。

入力をエンタングル状態にしても通信路容量は増えないだろうと思われていますが，まだ証明されていないようです。ただし，ボブには出力をエンタングルした測定を行って復号することは許容されていて，それが本質的であることもあるようです。

ホレボー，シュマッハー，ウェストモアランドの 3 人は，積状態入力に対する容量の計算を可能にしました。3 人の頭文字をとって HSW 定理といいます。

通信路でなされる演算を $\mathcal{E}$ とし，通信路も $\mathcal{E}$ で表します。

定理 9.7　ホレボー-シュマッハー-ウェストモアランド（HSW）の定理

通信路でなされる演算 $\mathcal{E}$ はトレースを保存すると，積状態の容量 $\mathcal{C}^{(1)}(\mathcal{E})$ は

$$\mathcal{C}^{(1)}(\mathcal{E}) \equiv \max_{\{p_j, \hat{\rho}_j\}} \left[S\left(\mathcal{E}\left(\sum_j p_j \hat{\rho}_j\right)\right) - \sum_j p_j S\left(\mathcal{E}(\hat{\rho}_j)\right)\right] \tag{9.39}$$

となる。ここで p_j は $\hat{\rho}_j$ の生起確率である。♠

証明の概要　証明は長くてわかりにくいので，ここではポイントだけ述べます。古典の場合と同様に典型系列の性質を使って $n \to \infty$ のときに誤り率が 0 になるような符号化が存在することを示します。シャノンと同様に巧妙なランダム符号化のトリックが有効にはたらきます。古典の場合と異なるのは，出力側では POVM 要素をうまく使って誤り確率を推定することです。このとき，誤り確率に上界が存在することを示すのが本質的に重要です。♣

問題 9.3　量子通信路 $\mathcal{E}$ が異なる 2 つの状態を区別して送信できる限り，$\mathcal{E}$ はいかなる古典情報も伝送できることを示しなさい。また，$\mathcal{E}$ が分極解消通信路の場合の通信路容量を求めなさい。ヒント：$\mathcal{E}(|\psi_1\rangle\langle\psi_1|) \neq \mathcal{E}(|\psi_2\rangle\langle\psi_2|)$ のとき $\mathcal{C}^{(1)} > 0$ を示す。量子エントロピーの凹性を使う。♥

第10章 量子光通信

この章では，通信の中でも本質的に重要な役割を果たしている光(ひかり)通信について，量子的側面から概説します（参考文献 [佐々木]）。

10.1 光の量子状態

まずは光の量子状態について考察します。

10.1.1 電磁場の量子化

x 方向に偏光し，$+z$ 方向に進む波長 λ，周波数 ν の電磁波を考えます（図 1.1 参照）。

電磁波の数式　角振動数 $\omega \equiv 2\pi\nu$，波数 $k \equiv \frac{2\pi}{\lambda}$ もよく用いられます。これらを用いると，電磁波のエネルギー E，光速 c は

$$E = \hbar\omega = h\nu, \quad c = \frac{\omega}{k} = \lambda\nu \tag{10.1}$$

と表せます。つまりエネルギーは量子化されます。(10.1) で h はプランク定数，$\hbar \equiv \frac{h}{2\pi}$ は換算プランク定数で，c と h の値は (1.2) と (1.3) のように定義されています。

電場ベクトルと磁場（磁束密度）ベクトルは直交し，大きさは比例して，次のように表されます（E_0 は電場の振幅です）。

$$\begin{aligned}\hat{E}_x(z,t) &= \hat{E}_x^{(+)}(z,t) + \hat{E}_x^{(+)\dagger}(z,t) \\ &= iE_0\left(\hat{a}e^{-i(\omega t - kz)} - \hat{a}^\dagger e^{i(\omega t - kz)}\right)\end{aligned} \tag{10.2}$$

$$\hat{B}_y(z,t) = \frac{1}{c}\hat{E}_x(z,t) \tag{10.3}$$

問題 10.1 (10.2) と (10.3) から，電磁波の物質中での磁場の影響は電場の影響に比べて無視できることを示しなさい。ヒント：物質中で電磁波は主に電子と相互作用する。電子に対して電場はクーロン力，磁場はローレンツ力としてはたらく。♥

(10.2) で $\hat{a}$ は消滅演算子，$\hat{a}^\dagger$ は生成演算子と呼ばれ，次の交換関係に従います。

$$[\hat{a}, \hat{a}^\dagger] \equiv \hat{a}\hat{a}^\dagger - \hat{a}^\dagger\hat{a} = 1 \tag{10.4}$$

また，ハミルトニアン $\hat{\mathcal{H}}$ は

$$\hat{\mathcal{H}} = \hbar\omega\left(\hat{a}^\dagger\hat{a} + \frac{1}{2}\right) \tag{10.5}$$

と表されます。$\frac{1}{2}\hbar\omega$ はゼロ点エネルギーと呼ばれ，真空の量子揺らぎを表します。

10.1.2 光子の量子状態

光子の量子状態は，主に光子数状態とコヒーレント状態とに分けられます。

光子数状態 エネルギー $\hbar\omega$ の光子が n 個ある状態を $|n\rangle$, $(n = 0, 1, 2, \cdots)$ と表すと，$|n\rangle$ は正規直交系（$\langle n|n'\rangle = \delta_{nn'}$）をなします。$|n\rangle$ はハミルトニアン $\hat{\mathcal{H}}$ の固有状態で

$$\hat{\mathcal{H}}|n\rangle = \hbar\omega\left(\hat{a}^\dagger\hat{a} + \frac{1}{2}\right)|n\rangle = \hbar\omega\left(n + \frac{1}{2}\right)|n\rangle \tag{10.6}$$

となります。$\hat{n} \equiv \hat{a}^\dagger\hat{a}$ とおくと，$\hat{n}|n\rangle = n|n\rangle$ となり，$\hat{n}$ は光子数演算子で，$|n\rangle$ がその固有状態，n がその固有値であることがわかります。(10.6) で $n = 0$ でもエネルギーが 0 ではなく $\frac{1}{2}\hbar\omega$ です。これはゼロ点エネルギーと呼ばれます。

$\hat{a}$ が消滅演算子，$\hat{a}^\dagger$ が生成演算子と呼ばれる理由は，次式からわかります。

$$\hat{a}|n\rangle = \sqrt{n}|n-1\rangle, \quad \hat{a}^\dagger|n\rangle = \sqrt{n+1}|n+1\rangle \tag{10.7}$$

コヒーレント状態 光子数の固有状態である $|n\rangle$ はエネルギーの固有状態でもあり，光の位相の情報はまったくもちません。それに対してレーザーのように位相が揃っている状態は，コヒーレント状態と呼ばれます。

コヒーレント状態は (10.2) の右辺第 1 項（正周波数部分）$\hat{E}^{(+)}$ の固有状態であ

り，それを $|\alpha\rangle$ と書くと，固有値方程式は次のように書けます。

$$\hat{E}^{(+)}|\alpha\rangle = iE_0\alpha|\alpha\rangle \quad \rightarrow \quad \hat{a}|\alpha\rangle = \alpha|\alpha\rangle \tag{10.8}$$

$|\alpha\rangle$ を光子数状態で表すと次のようになります。

$$|\alpha\rangle = e^{-|\alpha|^2/2}\sum_{n=0}^{\infty}\frac{\alpha^n}{\sqrt{n!}}|n\rangle \tag{10.9}$$

問題 10.2 レーザー光の光子数 n の分布が，ポアソン分布

$$P(n) = e^{-\bar{n}}\frac{\bar{n}^n}{n!} \tag{10.10}$$

になることを示しなさい。ただし，$\bar{n}$ は平均粒子数です。また，(10.9) での α の物理的意味を述べなさい。 ♥

レーザー光は，単一光子源とはならないことを次の問題で確かめてください。

問題 10.3 レーザー光の強度を減じて平均光子数をたとえば 0.1 個としても，光子数が 2 個以上である確率が約 0.5%あることを示しなさい。 ♥

シュレーディンガーの猫状態（2 種目） 1 種目は 8.4.3 項で紹介しました。2 種目は, 互いに逆位相のコヒーレント状態を重ね合わせた状態であり，$|\text{猫}^{(\pm)}\rangle$ は次のように表されます。

$$|\text{猫}^{(\pm)}\rangle \equiv \frac{|\alpha\rangle \pm |-\alpha\rangle}{\sqrt{2(1\pm e^{-2|\alpha|^2})}} = \frac{e^{-|\alpha|^2/2}\sum_{n=0}^{\infty}\left(\frac{\alpha^n \pm (-\alpha)^n}{\sqrt{n!}}|n\rangle\right)}{\sqrt{2(1\pm e^{-2|\alpha|^2})}} \tag{10.11}$$

$|\text{猫}^{(+)}\rangle$ は次のようになり，偶数個の光子の重ね合わせ状態となります。

$$|\text{猫}^{(+)}\rangle = \sqrt{\frac{2}{1+e^{-2|\alpha|^2}}}e^{-|\alpha|^2/2}\sum_{n=0}^{\infty}\left(\frac{\alpha^{2n}}{\sqrt{(2n)!}}|2n\rangle\right) \tag{10.12}$$

同様に $|\text{猫}^{(-)}\rangle$ は，次のように奇数個の光子の重ね合わせ状態です。

$$|\text{猫}^{(-)}\rangle = \sqrt{\frac{2}{1+e^{-2|\alpha|^2}}}e^{-|\alpha|^2/2}\sum_{n=0}^{\infty}\left(\frac{\alpha^{2n+1}}{\sqrt{(2n+1)!}}|2n+1\rangle\right) \tag{10.13}$$

直交位相演算子　消滅演算子，生成演算子を実部 $\hat{x}$ と虚部 $\hat{p}$ とに分けて

$$\hat{a} \equiv \hat{x} + i\hat{p}, \quad \hat{a}^\dagger \equiv \hat{x} - i\hat{p} \tag{10.14}$$

と書きます。$\hat{x}$ と $\hat{p}$ は，複素平面上で互いに 90° ずれているので直交位相演算子と呼ばれ，それぞれ位置演算子と運動量演算子に対応する物理量です[※1]。

$\hat{x}$ と $\hat{p}$ の交換関係と不確定性関係は (10.4) と (B.8) より

$$[\hat{x}, \hat{p}] = \frac{i}{2} \quad \leftrightarrow \quad \Delta(\hat{x})\Delta(\hat{p}) \geq \frac{1}{4} \tag{10.15}$$

となります（**図 10.1**(a)）。

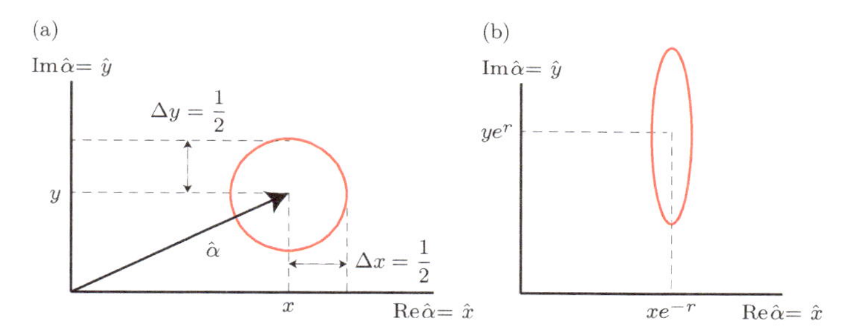

図 10.1　(a) コヒーレント状態と不確定性関係，(b) スクイーズド状態

問題 10.4　コヒーレント状態 $|\alpha\rangle$ では

$$\Delta(\hat{x}) = \Delta(\hat{p}) = \frac{1}{2} \tag{10.16}$$

であること，すなわち (10.15) の等号が成り立っていることを示しなさい。♥

スクイーズド状態　コヒーレント状態では $\Delta(x) = \Delta(p) = \frac{1}{2}$ でした。ところが，パラメトリック増幅器などの非線形過程を用いると，$\hat{x}$ と $\hat{p}$ を，r を実数としてそれぞれ e^{-r} 倍と e^{r} 倍とにすることができます（たとえば文献 [佐々木] 第 I 部第 9 章）。$r \neq 0$ の状態をスクイーズド状態といい，量子ビット候補の 1 つとして研究

※1　$\hat{x}$，$\hat{p}$ がそれぞれ位置演算子と運動量演算子とに対応する物理量とするのは，調和振動子（単振動する物体）の数式との類似からであり，光子の位置や運動量とは無関係であることに注意。

されています（図 10.1(b)）。

スクイーズド状態の理論は 1965 年，高橋[※2]が初めて展開し，ユエンが今日の形の理論にしました。

GKP 状態　ゴッテスマン-キタエフ-プレスキル（GKP）によって 2001 年に提案された量子ビットは，たった 1 個で論理量子ビットになるという優れた性質を持ちます。GKP 光子状態はスクイーズド光の重ね合わせ状態で，$q \equiv \sqrt{2}x$ を用いて次のように定義されます（文献 [福井]，x は (10.14) で定義した変数）。

$$|0\rangle \propto \sum_{t=-\infty}^{\infty} \exp(-2\pi\sigma^2 t^2) \int \exp\left(\frac{q-2\sqrt{\pi}t}{2\sigma^2}\right) |q\rangle dq \tag{10.17}$$

$$|1\rangle \propto \sum_{t=-\infty}^{\infty} \exp\left(-\frac{\pi\sigma^2(2t+1)^2}{2}\right) \int \exp\left(-\frac{q-\sqrt{\pi}(2t+1)}{2\sigma^2}\right) |q\rangle dq \tag{10.18}$$

$|0\rangle$ は $q =$ 偶数 $\times \sqrt{\pi}$，$|1\rangle$ は $q =$ 奇数 $\times \sqrt{\pi}$ の箇所で鋭いピークをもつスクイーズド状態で，$\sigma \to 0$ の極限で直交します。

10.2 光子源と光デバイス

この節では，光子源と光デバイスについて概観します（ネットなどより）。

10.2.1 レーザー

レーザー（LASER：Light Amplification by Stimulated Emission of Radiation）は，光子源としても今や無くてはならない存在です。1960 年にメイマン（Theodore H. Maiman (1927-2007, 米)）がルビーレーザーを発明してから数年のうちに，さまざまな物質によるレーザー発振が確認されました。波長領域は X 線領域（0.1 ～ 10 nm）から赤外線領域（780 ～ 1, 700 nm）までをカバーしています。

レーザー光源は，そのまま通信や量子計算に使用されたり，単一光子やエンタングル光子対作成などにも利用されています。

※2　高橋秀俊（ひでとし）（1915-1985）チタン酸バリウムが強誘電体であることを指摘してその応用につなげるなど，広い分野で活躍。門下の大学院生だった後藤（後藤英一（1931-2005））が 1964 年に発明したパラメトロンを用いて，1958 年に日本で初めて安定動作するコンピュータを完成させたので，日本のコンピュータのパイオニアといわれる。

10.2.2 単一光子源

レーザーは，強度を 0.1 光子/パルスに落としても 0.5%が 2 光子以上を含むため，単一光子源としては不満足です。そこでいろいろな単一光子源が開発されています（表 10.1）。

表 10.1 主な単一光子源と生成機構

方法	単一光子生成機構	温度環境
量子ドット	量子ドットに捕獲された電子・正孔対消滅で生成	4 ∼ 250 K
エンタングル対	対の一方をタグし，もう一方を単一光子とする	室温
色中心†1	ダイヤモンド結晶中などの色中心を利用し，LED にしたり励起で発光	4 K∼ 室温
QED†2 共振器	キャビティ内の共鳴によって発生	室温
CNT†3	架橋 CNT 内の励起子の電子・正孔対消滅で生成	室温

†1 NV（窒素と空格子点）や SiV（シリコンと空格子点）など
†2 Quantum ElectroDynamics: 量子電磁力学
†3 carbon nanotube（多数の炭素原子からなる直径が nm オーダーの円筒）

強度相関関数 次式で定義される $g^{(2)}(\tau)$ は，光子の単一性について重要な量「2 次の規格化自己相関関数」（強度相関関数）です。

$$g^{(2)}(\tau) \equiv \frac{\langle \hat{a}^\dagger(t)\hat{a}^\dagger(t+\tau)\hat{a}(t+\tau)\hat{a}(t)\rangle}{\langle \hat{a}^\dagger(t)\hat{a}(t)\rangle^2} \tag{10.19}$$

ここで $\hat{a}^\dagger(t)$ と $\hat{a}(t)$ は時刻 t における光子生成演算子と消滅演算子であり，$\langle\bullet\rangle$ は平均値を表します。つまり，(10.19) は時間 τ の間に 2 個の光子を観測する確率に比例した量です。

コヒーレント光（レーザー光など）では $g^{(2)}(0) = 1$ となります。また，単一光子源では，2 光子が同時に観測されることはないので，$g^{(2)}(0) = 0$ です。$g^{(2)}(0) < g^{(2)}(\tau)$, $(\tau > 0)$ の状態をアンチバンチングといいますが，$g^{(2)}(0) = 0$ の状態はその最たる状態です。

単一光子源 単一の原子，分子，イオン，束縛電子など単一の量子系からの発光は，単一光子源の候補となります。これは，単一量子系における電子のフェルミ粒子性（パウリの排他原理）に依っています。つまり，単一量子系での電子の特定準位間の遷移は 1 つに限られ，特定の波長の生成光子も 1 個なのです。

2024 年 9 月 6 日京都大学ほかのグループが，六方晶窒化ホウ素（hBN）中の色中心を通常より低いエネルギーの励起光で励起することにより，良質で高効率の単一光子源を開発することに成功したと発表しました（文献 [京大]）。このような開発が活発に行われていることは，量子情報科学にとって大変心強いことです。

光子対源からの単一光子源　光子対の 1 個を伝令付き光子（heralded photon）として検出し，もう一方を単一光子源として使用することができます。この場合は，信号光子が必ず 1 個生成されていることになり，生成のタイミングもわかります。

光子対源としては，以前はカスケード光源がよく使われましたが，最近はより効率がよいパラメトリック下方変換放出源（8.1.3 項参照）が主に使用されています。この場合の光子対は，エンタングル状態にすることもできます。

10.2.3 単一光子検出器と光子数検出器

光通信や量子暗号において，単一光子や光子数を検出する検出器が重要な役割を果たします。

主な単一光子検出器　単一光子検出器として，APD（Avalanche Photo Diode），VLPC（Visible Light Photon Counter），光電子増倍管（PMT, Photo-Multiplier Tube），超伝導転移端センサ（TES, Transition Edge Sensor），超伝導ナノワイヤー光子検出器（SSPD, Superconducting nano-wire Single Photon Detector）などがあります（**表 10.2**）。このうち，APD と SSPD 以外は，光子数検出器としてもはたらきます。

光子検出器として一番大事な性能は，量子効率（quantum efficiency）です。量子効率（検出効率）は，1 個の光子を検出する確率です。残念ながら理想的な値 100％の量子効率をもつ検出器はまだありません。光子検出器はこのように，光子を吸収してパルスを出力する「破壊的検出器」です。

量子効率は波長に依存します。波長領域として近赤外の 1,550 nm は，光ファイバーでの光減衰率が一番小さくなります（図 10.2）。可視光の波長領域は 380 ～ 780 nm です。

APD　半導体光子検出器として APD が性能を伸ばしてきました。光子が入射して生成された電子が，ブレークダウン電圧をわずかに超えるバイアス電圧によっ

表 10.2　単一光子検出器の性能（ネットなどより）

光子検出器	量子効率（%）		暗計数率	応答速度	動作温度
	@1,550 nm	@600 nm	(個/秒)	(M Hz)	(K)
InGaAs-APD	20	–	200	0.5	270
Si-APD	0.01	70	25	37	270
VLPC	–	88	–	–	6-10
光電子増倍管	2	40	2×10^4	9	250
量子ドット	0.14	–	100	–	4.2
超伝導 TES	95	–	< 1	0.1	0.1
SSPD	90	90	< 100	20	4.2

て加速され，電子なだれを起こします。十分な数の電子が生成されて電気パルスとして観測されます。

電子なだれは，電子が加速されて電子・正孔対を生成し，次々に電子数が増えていく現象です。このガイガーモード（Geiger mode）の電子なだれが起きている間は，次の光子が入射しても検出できない死感時間（dead time）が生じます。

APD では，複数の光子が入射してもパルス高は同じなので，光子数検出器にはなりません。

Si-APD は可視光領域で量子効率が高いです。近赤外では，InGaAs-APD が比較的高い量子効率をもちます。

VLPC　VLPC は，バルクのシリコン部と，ヒ素がドープされた増幅部とからなります。シリコン部で入射光子が吸収されて生成された正孔が，増幅部を通過し，ゆるく束縛された電子を約 5,000 個励起することによって電子なだれを起こします。

この電子なだれは，正孔の通過によって局所的に起こり，すぐに収束します。そのため，死感時間はほとんど生じません。また，パルス波高が光子数に比例するので，光子数検出器としてもはたらきます。

光電子増倍管　光電子増倍管は，高真空に保たれた円筒状（または球状）のガラス管内に何段もの電極が配置された構造をしています。ガラス管上部裏側に高い光電効率をもつ金属膜が塗布され，光子の入射により光電効果によって光電子が生成されます。その光電子が電圧で加速されて電極に衝突すると，複数の電子が生成されます。これらの電子が加速され，次々と電極に衝突して電子数が増加し，電気パルスとして検出されるのです。

量子ドット　量子ドットの大きさは直径数十 nm，高さ数 nm であり，「1 個の大きな原子」としてはたらきます。

電界効果型トランジスター FET（Field Effect Transistor）を用いた例について説明すると，FET のゲート電極に量子ドットを配置する構造になっています。量子ドットが入射光子を吸収すると，励起された電荷によってドレイン-ソース間のコンダクタンスが変化します。それを信号として読み出すのです。

超伝導 TES　超伝導 TES の超伝導状態が，入射光子の吸収によって破壊されて抵抗が生じます。その抵抗変化をバイアス電流の変化として検出するのです。

超伝導から常伝導への鋭い変化に対応した電流変化は，SQUID（Superconductive Quantum Interference Device）アンプにより読み出します。

SSPD　SSPD は，厚さ 10 nm 以下，幅 50 ～ 150 nm の 1 本の超伝導ナノワイヤーを受光面に meander（メアンダ）状（端で折り曲げてジグザグにつながった状態）に敷き詰めた構造をしています。超伝導体として窒化ニオブ（NbN）やタングステンシリサイド（WSi）などが用いられます。

近赤外の入射光子 1 個を吸収するとワイヤーは常伝導状態になり，数 kΩ の抵抗変化がパルス電圧として検出されるのです。

10.2.4 光学装置

この項では，光通信に多用される光学部品や光学装置を概観します。

偏光子　偏光子（または偏光板，Polarizer）は，特定の方向の直線偏光を透過する光学部品で，主に，二色性型（選択吸収型），複屈折型，反射（散乱）型の 3 種類に分けられます（**表 10.3**）。

表 10.3　偏光子（偏光板）

型	備考
二色性型	特定の方向の偏光のみを透過（ポリマー，ポラロイド，電気石など）
複屈折型	2 個の複屈折結晶の組み合わせ（ニコルプリズムなど）
反射（散乱）型	ブルースター（Brewster）角† 反射光のみ（ガラス板積層など）

† p 偏光（偏光が入射光線と反射光線を含む面に平行）の反射率が 0 になる入射角

偏光ビームスプリッター　PBS（Polarizing Beam Splitter）は，p 偏光は透過，s 偏光は反射します※3。キューブ型とプレート型とに大別されます。

キューブ型は，2 個の直角プリズムの一方の斜面に適切な光学薄膜を蒸着し，斜面で貼り合わせたものです。プレート型では，ガラス板の入射面に適切な光学薄膜を蒸着し，出射面には反射防止膜を施します。

ポッケルスセル　PC（Pockels Cell）は，電極に電圧を印加することによって，透過する光の偏光角を変化させる電気光学装置です。ポッケルス効果は，1893 年ポッケルス（Friedlich C. A. Pockels（1865-1913，独））によって発見されました。誘電体の等方性結晶に電場をかけると複屈折を起こす現象で，電場の強さに比例して偏光角が変化します。

光ファイバー　光ファイバーで最小の減衰率は，波長が近赤外の 1,550 nm のときです（**図 10.2**）。

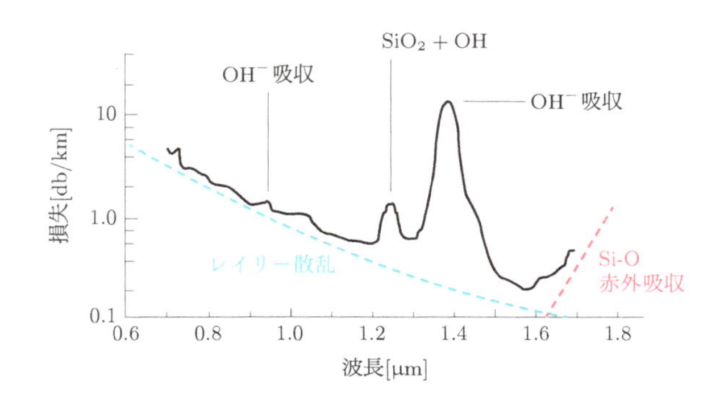

図 10.2　光ファイバーの光の減衰率の波長依存性（文献 [Optipedia]）

1,550 nm での減衰率は 0.2 dB/km です。1 km 当たりの減衰率を α [dB/km] とし，光ファイバーへの入力光子数を n_0，L [km] での光子数を n_L とすると，dB の定義から次式が成り立ちます。

$$\frac{n_L}{n_0} = 10^{-0.1\alpha L} \tag{10.20}$$

0.2 dB/km の減衰率で 50 km では光子数は $\frac{1}{10}$ となるので，通常は数十 km ごと

※3　透過する光は入射面（入射光と反射光を含む面）に平行な偏光（p 偏光：pararell），反射する光は p 偏光に直交する偏光（s 偏光：senkrecht（ドイツ語））である。

に信号を増幅することになります。しかし，単一光子量子暗号などの応用には増幅は不可能であり，エンタングルメントスワッピングなどの技術が必要になります（8.5.2 項参照）。

また光ファイバーにおける偏光の利用については，光ファイバーの偏波特性の揺らぎなどによって偏光状態が正しく伝送されないという欠点があります（参考文献 [佐々木] 第 2 部 4.3 節）。そこで，ビット 0 または 1 を，2 つのパルス間の位相差が 0 または π として送信する差動位相シフト（Differential Phase Shift）方式が考案され，実用化されています（10.3.2 項参照）。

10.3 光による量子通信

この節では，光による量子通信は具体的にどのように行われ，最終的に量子ネットワークをどのように構築するかについて考察します。

10.3.1 量子信号検出理論

現代の光通信では，レーザー光のオン・オフ強度変調方式が使われます（**図 10.3**）。

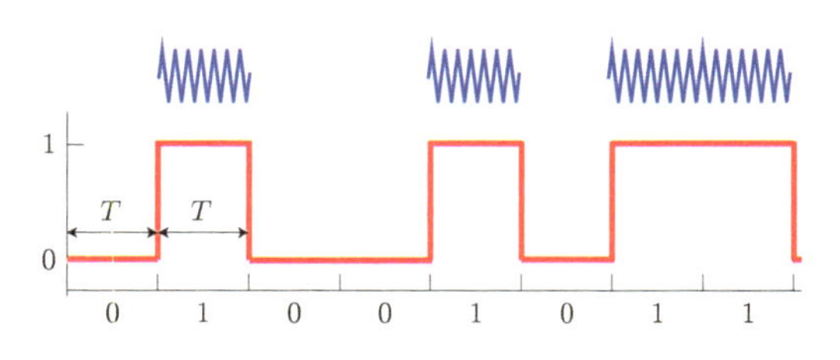

図 10.3 オン・オフ強度変調方式

オン状態はビット時間 T の $|\alpha\rangle$，オフ状態はビット時間 T の $|0\rangle$ で表されます。オン・オフは光子検出器で測定します。

状態 $|\alpha\rangle$ は (10.9) で表され，オン状態のはずなのに 0 ビットと誤認される確率は，光子検出器が理想的な場合には $|\langle 0|\alpha\rangle|^2 = e^{-|\alpha|^2}$ となります。

オン状態とオフ状態が等確率で送信されるとすると，オン・オフ識別の誤り確率 P_e は次のようになります。

$$P_e = \frac{e^{-|\alpha|^2}}{2} \tag{10.21}$$

オン・オフの光子検出過程は，数学的には POVM$\{\hat{E}_{\rm on}, \hat{E}_{\rm off}\}$ を用いて記述します。

$$\hat{E}_{\rm on} = \sum_{n=1}^{\infty} |n\rangle\langle n|, \quad \hat{E}_{\rm off} = |0\rangle\langle 0|, \quad \hat{E}_{\rm on} + \hat{E}_{\rm off} = \hat{I} \tag{10.22}$$

すると P_e は次のようになり，上記の計算値と一致します。

$$P_e = \frac{1}{2}\left(\langle\alpha|\hat{E}_{\rm off}|\alpha\rangle + \langle 0|\hat{E}_{\rm on}|0\rangle\right) = \frac{1}{2}e^{-|\alpha|^2} \tag{10.23}$$

10.3.2 コヒーレント光通信とその限界

オン・オフ強度変調方式の代わりに光波の位相を変調するコヒーレント光通信では，$|\alpha\rangle$ をビット 0，位相を 180° ずらした $|-\alpha\rangle$ をビット 1 に対応させる 2 値位相変調（BPSK：Binary Phase Shift Keying）による通信が開発されています（**図 10.4**）。

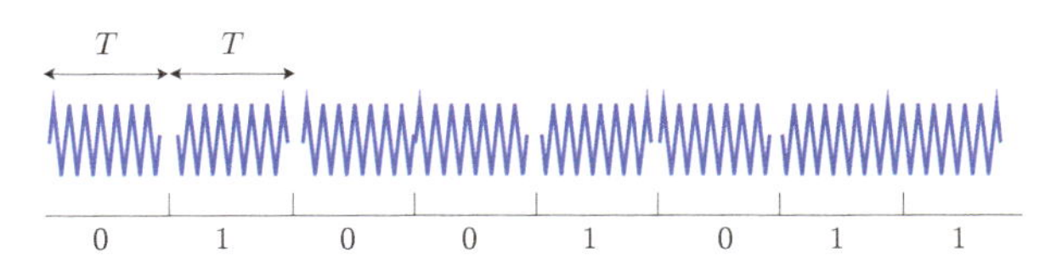

図 10.4　2 値位相変調方式の波形

ビット 0 や 1 は，位相感応型であるホモダイン検出（homodyne detection）で読み出します（**図 10.5**）。ホモダイン検出では，信号光を，同じ波長の強い参照光（局発光，局部発信光）と干渉させ，強度の強い 2 つのビームに変換してフォトダイオードで電流に変換します。これらの 2 つの電流差を出力電流として適切なフィルターでビット 0 と 1 を判定します。2 つの電流の差分をとることによって古典的なノイズが相殺され，ノイズはショットノイズ（量子揺らぎなど）のみになるのです。

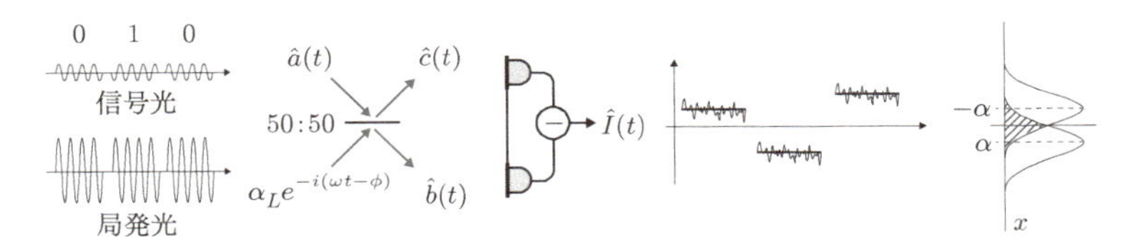

図 10.5　ホモダイン検出方式概要（文献 [佐々木] 第 1 部第 4 章図 4）

ホモダイン検出で期待される 2 値位相変調方式におけるビット誤り率を，**図 10.6** に点線で示しました。ホモダイン検出では，現在のビット誤り率の基準値 10^{-9} を達成するために，平均光子数が 10 個以上必要であることがわかります。

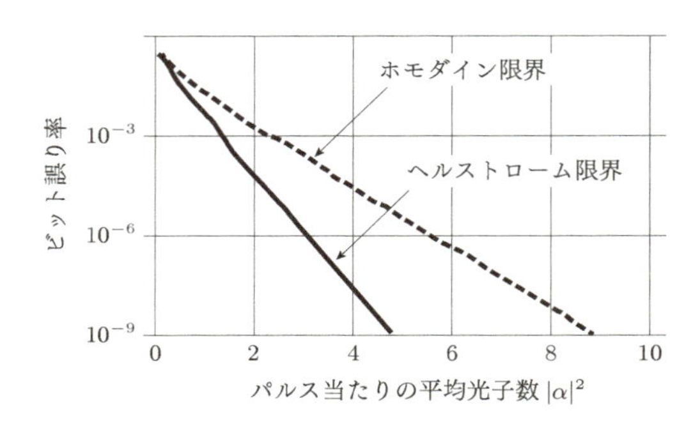

図 10.6　2 値位相変調方式におけるビット誤り率 vs. 光子数
（文献 [佐々木] 第 1 部第 4 章図 5 を改編）

10.3.3　ヘルストローム限界

1967 年にヘルストロームは，2 値位相変調方式におけるビット誤り率について，量子力学的限界（ヘルストローム限界）を求めました。

POVM を $\{\hat{E}_0, \hat{E}_1\}$ とし，ビット誤り率

$$P_e = \frac{1}{2}\left(\langle -\alpha|\hat{E}_0|-\alpha\rangle + \langle\alpha|\hat{E}_1|\alpha\rangle\right) \tag{10.24}$$

において，ヘルストローム限界は P_e を最小化して求められます。

$\hat{E}_0 + \hat{E}_1 = \hat{I}$ を用いると，(10.24) は

$$P_e = \frac{1}{2} + \frac{1}{2}\left[(|-\alpha\rangle\langle-\alpha| - |\alpha\rangle\langle\alpha|)\hat{E}_0\right] \tag{10.25}$$

となり，(10.25) の右辺第 2 項を最小化する $\hat{E}_0$ を求めることになります。

この問題は $(|-\alpha\rangle\langle-\alpha|-|\alpha\rangle\langle\alpha|)$ の固有値を求める問題に還元されます。つまり，

$$|-\alpha\rangle\langle-\alpha| - |\alpha\rangle\langle\alpha| = \omega_0|\omega_0\rangle\langle\omega_0| + \omega_1|\omega_1\rangle\langle\omega_1| \tag{10.26}$$

のように対角化できたとし，$\omega_0 \leq \omega_1$ とすると，求める最小値は ω_0 で，

$$|\omega_0\rangle = \sqrt{\frac{1-P_e^{\min}}{1-\kappa^2}}|\alpha\rangle - \sqrt{\frac{P_e^{\min}}{1-\kappa^2}}|-\alpha\rangle$$

$$|\omega_1\rangle = \sqrt{\frac{P_e^{\min}}{1-\kappa^2}}|\alpha\rangle + \sqrt{\frac{1-P_e^{\min}}{1-\kappa^2}}|-\alpha\rangle \tag{10.27}$$

となります。(10.27) で $\kappa = \langle\alpha|-\alpha\rangle$ です。すると

$$P_e^{\min} = \frac{1}{2}\left(1-\sqrt{1-\kappa^2}\right) \tag{10.28}$$

と求まり，ヘルストローム限界は図 10.6 の実線のようにになって，限界が改善されます。

POVM 要素は次のようになります。

$$\hat{E}_0 = |\omega_0\rangle\langle\omega_0|, \quad \hat{E}_1 = |\omega_1\rangle\langle\omega_1| \tag{10.29}$$

(10.29) の POVM 要素を実際にどう実現するかは，自明ではありません。突破口は 1973 年ケネディ（R. S. Kennedy）によって開かれ，同じ年にドリナー（S. J. Dolinar）によってヘルストローム限界を達成する方法が示されました。

10.3.4 量子一括測定と量子通信路容量

ビット誤り率を改善する方法として，同じ量子ビットを 3 回送信する符号化を考えてみましょう（文献 [佐々木] 第 1 部 4.6 節）。

$$|\Psi_0\rangle = |\alpha\rangle\otimes|\alpha\rangle\otimes|\alpha\rangle, \quad |\Psi_1\rangle = |-\alpha\rangle\otimes|-\alpha\rangle\otimes|-\alpha\rangle \tag{10.30}$$

$\{|\alpha\rangle, |-\alpha\rangle\}$ を文字状態，$\{|\Psi_0\rangle, |\Psi_1\rangle\}$ を符号語状態と呼びます。

個別測定　3 個の量子ビットを 1 個ずつ最適な方法で測定して多数決をとる方法では，文字状態の識別限界 $P_e^{(1)}$ を改めて次のように定義します。

$$P_e^{(1)} = \frac{1}{2}\left(1-\sqrt{1-\kappa^2}\right) \tag{10.31}$$

$P_e^{(1)} = 10^{-4}$ だとすると，個別測定法では 3×10^{-8} となります。

一括測定　$|\Psi_0\rangle$ と $|\Psi_1\rangle$ を 1 塊の量子状態とし，(10.27) の代わりに次の状態の量子測定を考えてみましょう。

$$|\Omega_0\rangle = \sqrt{\frac{1-P_e^{(3)}}{1-\kappa^6}}|\Psi_0\rangle - \sqrt{\frac{P_e^{(3)}}{1-\kappa^6}}|\Psi_1\rangle$$

$$|\Omega_1\rangle = \sqrt{\frac{P_e^{(3)}}{1-\kappa^6}}|\Psi_0\rangle + \sqrt{\frac{1-P_e^{(3)}}{1-\kappa^6}}|\Psi_1\rangle \tag{10.32}$$

(10.32) で $P_e^{(3)}$ は復号の最小誤り率で，次式で定義されます。

$$P_e^{(3)} = \frac{1}{2}\left(1-\sqrt{1-\kappa^6}\right) \tag{10.33}$$

このような測定は，(10.30) をひとまとめの量子状態と見なし，それらの重ね合わせ状態への射影測定なので，一括測定と呼ばれます。この場合の誤り率は 1.6×10^{-11} に改善されます。これは測定時に $\langle\Omega_i|\Psi_j\rangle$ などの干渉をうまく使っているからです。

通信路容量　誤り率 $P_e^{(1)}$ をもつ 2 元対称通信路の通信路容量 C_1 は，

$$C_1 = 1 + (1-P_e^{(1)})\log_2(1-P_e^{(1)}) + P_e^{(1)}\log_2 P_e^{(1)} \tag{10.34}$$

で与えられます。

$P_e^{(3)} < P_e^{(1)}$ なので，伝送される情報量（相互情報量）$I(X^3:Y^3)$ は

$$I(X^3:Y^3) = 1 + (1-P_e^{(3)})\log_2(1-P_e^{(3)}) + P_e^{(3)}\log_2 P_e^{(3)} \tag{10.35}$$

となって，当然増えます。しかし，文字を 3 回繰り返して送受信しているので結局 $\frac{I(X^3|Y^3)}{3} < C_1$ となってしまいます。

符号語を増やすと　これまでは符号語として $|000\rangle$ と $|111\rangle$ しか用いませんでしたが，他の $|001\rangle$ なども使用したらどうなるでしょうか。3 次の通信路容量 C_3 を，符号語の選択や復号戦略に対して最大化した量として次のように定義します。

$$C_3 \equiv \max I(X^3:Y^3) \tag{10.36}$$

C_3 は個別測定では，$\frac{C_3}{3} = C_1$ になることが知られています。これは，個々の測定が独立事象となり，遷移確率は個々の確率の積になるからです。

しかし，一括測定を行うと，$\kappa = \langle\alpha|-\alpha\rangle \simeq 0.85$ のとき，$\frac{C_3}{3} - C_1 = 0.009$ になりました。すなわち，干渉効果によってわずかながらですが C_1 を上回ったのです。この量子的な利得を，超加法的量子符号化利得と呼びます。一般に量子通信路容量 C について，次の式が定義されます。

$$C \equiv \lim_{n\to\infty}\frac{C_n}{n} \geq C_1 \tag{10.37}$$

理論的には，古典-量子通信における量子通信路容量について，ホレボー限界が得られています（9.2.1 項参照）。

10.3.5 量子ネットワーク

現在，世界中に張り巡されたネットワーク。その大部分は光ファイバーですが，送受信されるのは古典情報です。近未来には，その一部または全部が量子ネットワークに置き換わっているでしょう。量子ネットワークには，商取引をはじめ量子コンピュータ間のデータのやり取り（分散計算）などが行われていることでしょう。

ユーザーが量子コンピュータのクラウドと量子ネットワーク経由でセキュリティを保ったまま行う計算は，ブラインド量子計算（blind quantum computing）といわれます。

量子中継でベル状態を共有 とくに光ファイバーによる送受信では長距離で光が減衰してしまうため，量子中継が必要不可欠です。量子中継機の役割は，増幅とルーティングです。しかし，量子は複製不可能定理によりコピーはできず，しかも測定すると重ね合わせ状態は失われてしまいます。それなのに，量子中継は可能なのでしょうか。そこにエンタングルメントと量子テレポーテーションが活躍するのです（参考文献 [Nagayama]）。

いま，アリス（A 点）からボブ（B 点）に量子状態を送ることを考えましょう。テレポーテーションを行うには，アリスとボブがベル状態の粒子対の一方ずつを共有している必要があります。しかし，A と B の中間点から直接ベル状態の対のそれぞれをアリスとボブに送るには，減衰が大きすぎるとします。そこで，途中に 2 つの中継点 P と Q を設け，P 点からは A と Q に，Q 点からは P と B に向けて送信し，ベル状態を共有します（**図 10.7**(a)）。そして，点 P と Q でベル状態測定を行えば，アリスとボブはベル状態を共有することになります。それを使ってアリスとボブは送受信したい量子状態を量子テレポートすればよいのです。

多数の量子ビットを送受信するには，それぞれ多数のベル状態を共有して量子メモリに貯蔵し，次々と量子テレポートすることになります。

量子中継で量子ルーティング アリスが，ボブではなくクリス（Chris，C 点）に送りたい場合は，どうすればよいのでしょうか。そのためには，中継点 Q と C でもベル状態をまず共有し，A と B でなく，A と C がベル状態を共有するように点 P と Q でベル状態測定を行えばよいのです（図 10.7(b)）。

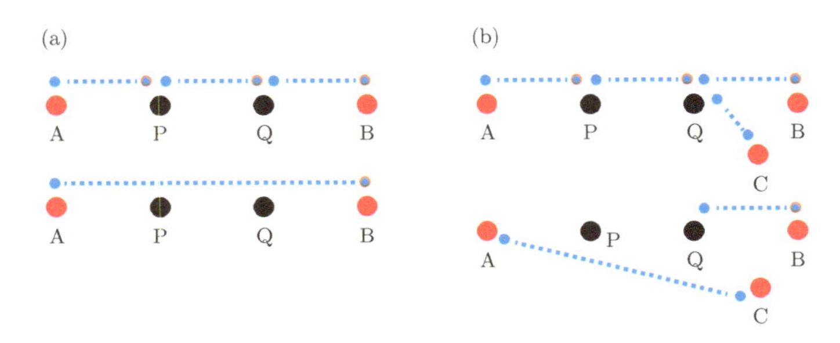

図 10.7 (a) 量子中継, (b) 量子ルーティング

コラム 6 情報理論と量子力学 (1)

量子情報理論と量子力学自体の関係は，どうなっているのでしょうか。実は，情報理論の立場から量子力学を理解し直そうという動きが活発になっているのです。

◆ シュレーディンガーの猫

たとえば有名な「シュレーディンガーの猫」を情報理論の立場から考え直してみます。シュレーディンガーは，1935 年にわざわざ（？）残酷な設定にして，重ね合わせの原理の「不合理さ」を強調しました。

その思考実験では，猫が外からは中の様子がわからない箱に入れられています。中には放射性同位元素と放射線検出器および毒ビンが入っています。放射性同位元素の半減期は 1 時間なので，1 時間後には 50%の確率で放射性同位元素が崩壊していることになります。放射性同位元素が崩壊すると放射線が放出され，検出器がその放射線を検出すると毒ビンが割れて猫は即死することになっています。つまり，1 時間後には，猫は「50%の確率で生，50%の確率で死」の重ね合わせ状態になっているとシュレーディンガーは指摘しました。観測者にとっては，箱を開けて見れば「猫は生きているか死んでいるかが一目瞭然」なのにです。

シュレーディンガーの猫は，その後の科学者を悩ませてきました。情報理論家の中にもいろいろな考え方があるようですが，次のような考え方もあります（たとえば文献 [堀田]）。つまり，「箱を開ける（観測する）ことによって「生か死の情報を得ただけ」となり，不思議なことはなく，古典的な場合の「箱の中にサイコロを入れて箱を振ってから置いたとき，どの目が上にあるか」という問題について，ふたを開けてみて初めてわかることと同じと考えるのです。

また情報理論では，「波動関数は単なる数学的道具であって，物理的実体は無い」と考えるので，重ね合わせ状態も単に数学的状態と考えれば，矛盾は何も無いのです。さらに現代では，「シュレーディンガーの猫状態」が実際につくられ，量子コンピュータなどに活用されているのです。もちろん，猫の生死の重ね合わせ状態は無理ですが。

◆ 量子力学のわかりにくさの原因

量子力学はわかりにくいとよく言われます。なぜわかりにくいかと考えてみると，その理由の1つは，量子力学が抽象的な数学で書かれていることに原因があるようです（参考文献 [木村]）。

たとえば量子力学では，最初に「物理量は演算子で表される」と書かれています。なぜなのかの説明もなく突然，物理量が「演算子」という数学記号になってしまうのです。そして演算子が行列になり，それを受け入れて行列の計算をすると，いろいろなことが予言でき，その予言はことごとく実験と合うのです。

行列の積は，一般に非可換です。ハイゼンベルクの不確定性原理は，非可換な行列に対応する物理量の間に，自然に成り立つのです。つまり抽象的で物理的に何を表しているのかわからない数学言語を認めてしまえば，量子力学の原理も導かれてしまうです。

この奇妙さ，わかりにくさは，たとえば古典論の例である相対性理論と比べてみると一目瞭然です。相対性理論の帰結も，量子現象に劣らないほど奇妙です。相対的に運動している系では「時間がゆっくり進む」とか，「高速で運動している物体の長さが縮む」などの帰結は，日常の常識からは非常に奇妙です。しかしながら，「光速は相対運動に無関係に一定である」などという数少ない物理原理を認めてしまうと，数学的に自然に導かれてしまうのです。

◆ 情報理論に基づく量子力学

量子情報科学では，「波動関数の収縮は謎の振る舞いではなく，単に確率分布が更新されただけである」と考えます（参考文献 [堀田]）。波動関数は物理的実体ではなくて確率振幅の波に過ぎず，単に「確率分布の集合を1つの数式で表したもの」と考えるのです（確率振幅の絶対値の2乗が確率になるので，「振幅」をつけます）。

◆ 確率論としての量子力学と情報理論

シャノンは，確率変数を用いて情報理論を数学的に定義しました。また，量子力学では，「ある測定値を得る確率は，波動関数の絶対値の 2 乗で与えられる」というボルンの確率則によって，測定値が確率的に得られます。

ただし，量子確率論と古典確率論とは違いがあって，それぞれの世界の確率論があります（参考文献 [木村]）。数学的に言って確率論は，これら 2 つ以外にもたくさんあり，それらを総称して「一般確率論」と呼びます。

◆ 一般確率論の性質

一般確率論は，現実世界で実行可能な概念のみを用い，測定確率を決める法則の存在だけを仮定する理論体系です。このように定義された一般確率論は，古典や量子だけでなく，それ以外の確率論も網羅できます。

一般確率論での状態は図形で表すことができ，すべて凸集合（付録 A.3 節参照）となります。古典確率論の世界での確率法則は，線分，三角形，四面体など数学で「単体」と呼ばれる図形で表されます。たとえば，じゃんけんの確率は三角形で表されます。三角形の頂点は，グー，チョキ，パーが 100%であることを表し，三角形の内部はそれら 3 つのいろいろな確率を表すのです。

量子の世界の確率法則では，複雑な凸集合が現れます。たとえば量子ビットは，球（ブロッホ球）で表されます。ブロッホ球の $z = 1$ は 100%ビット 0 として，$z = -1$ は 100%ビット 1 として，$z = 0$ の面では 0 と 1 がそれぞれ 50%の確率で観測されます。

これら以外にも凸集合にはさまざまな立体がありますが，それぞれに対応する確率論を定義することができます。それなのに私たちの世界の確率法則は，なぜ古典や量子の確率法則が選ばれたのでしょうか。たとえば情報の原理で，古典や量子以外のそれらを排除できるでしょうか。

「抽象的な数学ではなく情報の原理に基づいて量子力学をわかりやすく構築し直せないか」という具体的な動きについては，コラム 7 に譲ります。

第11章 量子暗号

1994年にショアが，量子コンピュータが完成するとネットなどでセキュリティを維持しているRSA暗号などが解読されてしまうことを示してから，ポスト量子暗号（PQC：Post-Quantum Cryptography）開発の機運が高まりました。ここでポスト量子暗号は，量子コンピュータが本格的に稼働した後でも安全な暗号という意味であって，現在のところ量子暗号を意味しません。しかしながら，量子暗号もポスト量子暗号に含まれるはずです。この章では，古典暗号を概観してから「究極の暗号」といえる量子暗号について考察します。

11.1 古典暗号とその問題点

暗号の歴史は文字の発明とともに文明の黎明期にまでさかのぼり，時代とともに高度化・複雑化されてきました。ここでは主な古典暗号について概説し，その問題点を考えます（参考文献 [バウミースター] 第2章）。

11.1.1 古典暗号から高度な暗号機まで

古代暗号として，スキュタレー暗号とシーザー暗号が有名です。

スキュタレー　人類最初の暗号機（暗号器）であるスキュタレー（scytale）は，転置法（transposition）により暗号化（encryption）します。

スキュタレーは，紀元前の古代ギリシャ，とくにスパルタ人の間で主に軍事用に使用されました。スキュタレーはギリシャ語でバトンの意味で，送信側と受信側で同じ形のこん棒状の暗号器（長さ方向に直径を変化させた棒）を用います。

テープ状の羊皮紙を暗号器にらせん状に巻いて，長さ方向に1文字ずつ平文（ひらぶん）（または「へいぶん」，plaintext）を書いてほどくと，文字が「ランダム」にずれて並んだ暗号文になります（**図 11.1**）。

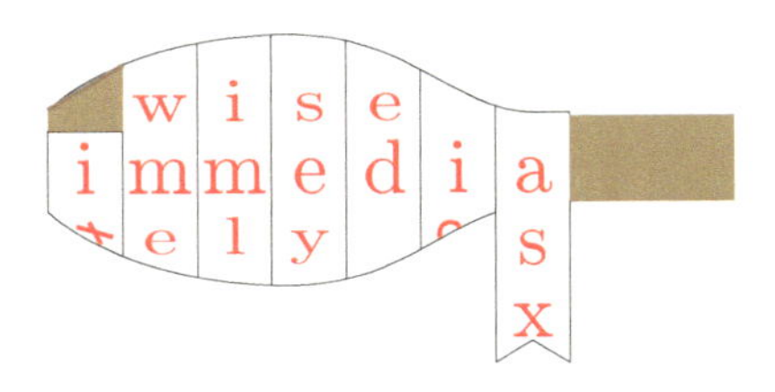

図 11.1　スキュタレー暗号

シーザー暗号　換字法（substitution）の暗号であるシーザー暗号では，単に平文の各文字を一定数だけずらして暗号文とします。たとえば help を 4 字後ろにずらすと lipt になります。

シーザー暗号のような規則的な換字法は，頻度法などにより比較的容易に解読されてしまいます。頻度法とは，文字の出現頻度が高い順に暗号文字を同定していく方法です（文字の出現頻度の例については表 9.1 参照）。

スキュタレー暗号の転置法とシーザー暗号の換字法を組み合わせた暗号法は，現代暗号でも広く使われています。

高度な暗号機　第 2 次世界大戦で使用されたドイツ軍のエニグマ（Enigma）や米軍の M-209 は高度で複雑な暗号機で，その解読のために計算機が発達したともいえるのです。

現代の暗号　これまで述べた暗号は，暗号化から復号までの全過程が秘密になっていました。しかし，今日用いられている暗号では，暗号化と復号のアルゴリズムを公開してその弱点をお互いに探索し，安全性を高める方法が一般的です[※1]。公開にするのは，秘密裏に解読されて甚大な被害が生じるのを避けるためです。

現代の暗号は，共通鍵暗号（common-key cryptography，11.1.2 項）と公開鍵暗号（public-key cryptography，11.1.3 項）とに大別されます。共通鍵暗号は，送信者と受信者の間で暗号鍵を共有する方式です。一方，公開鍵暗号は，暗号化の鍵は公開され，復号のための秘密鍵は受信者自身が秘匿して暗号文を解読する方式です。

暗号の安全性　暗号が解読されてしまうことに対する安全性として，**計算量的安全性**と**情報理論的安全性**とがあります。計算量的安全な暗号は，暗号の解読が現

※1　公開暗号とも呼ばれるが，公開鍵暗号と紛らわしい。

代のコンピュータでは計算量的に困難な暗号です。一方，情報理論的安全な暗号は，情報理論的に安全性が証明された暗号です。

11.1.2 共通鍵暗号と暗号鍵の分配

ここでは，送信者と受信者とがお互いに秘密鍵を共有する共通鍵暗号（対称暗号，symmetric-key cryptography）方式について考えます。対称暗号とは，双方が同じ鍵を保有することからの呼称です。暗号鍵は，送受信者ごとに異なっている必要があります。

ストリーム暗号とブロック暗号　共通鍵暗号は，暗号化するデータの区切り方によって，ストリーム暗号（stream cipher）とブロック暗号（block cipher）とに分けられます。ストリーム暗号は，1 ビットまたは 1 バイト（8 ビット）単位（または 1 語単位）で，頭から暗号化します。ブロック暗号は，64 ビットまたは 128 ビット単位のブロックごとに処理して暗号化します。

バーナム暗号とその例　共通鍵暗号のなかでも安全性が保障されている暗号法が，1917 年にバーナム（Gilbert S. Vernam(1890-1960，米)）によって提唱された使い捨てパッド（one-time pad）方式です。バーナム暗号は小さな単位で暗号化するので，ストリーム暗号の 1 種といえます。

バーナム暗号の例のために，**表 11.1** のように 50 個の文字を数値化します。

表 11.1　文字の数値化の例

文字	あ	い	う	···	わ	を	ん		？	，	。
数値	00	01	02	···	43	44	45	46	47	48	49

たとえば，「われおもう　ゆえにわれあり。」の 14 文字を暗号化してみましょう（**表 11.2**）。まず，表 11.1 にしたがって各文字の数値を書きます。次に，0 から 49 までの数字の中からランダムに 14 個の数字を選びます。これが暗号鍵です。

この暗号鍵を各文字の数値に加えます。このとき，もし和が 50 以上になった場合は 50 を引きます（すなわち (mod 50) の演算：付録 A.4.1 項参照）。この数値を暗号文として送るのです。

復号するには，暗号鍵の数値を各文字から引き，負になった場合は 50 を加えま

表 11.2　文字の暗号化の例

平文	わ	れ	お	も	う		ゆ	え	に	わ	れ	あ	り	。
数値	43	41	04	34	02	46	36	03	21	43	41	00	39	49
共通鍵	12	21	36	19	48	22	09	42	18	27	15	44	16	37
暗号数	05	12	40	03	00	18	45	45	39	20	06	44	05	36
暗号文	か	す	る	え	あ	て	ん	ん	り	な	き	を	か	ゆ

す。こうして平文が得られます。

ビットごとのバーナム暗号　表 11.1 と表 11.2 では文字ごとに暗号化しましたが，ビットごと（0 か 1 の 2 値）に暗号化する場合は，排他的論理和を用います。すなわち毎回，ビット長が平文のビット長と等しい共通鍵（乱数）を新たに用意し，暗号化と復号にはビットごとに排他的論理和をとるのです。

問題 11.1　ビットごとのバーナム暗号の場合，なぜ復号にあたっても暗号文と暗号鍵との排他的論理和をとればよいのでしょうか。♥

バーナム暗号の安全性と問題点　1949 年にシャノンは，バーナム暗号が次の条件を満たす限り安全であること（情報理論的安全性）を証明しました。すなわち「暗号鍵は平文と同じ長さのランダムビットであり，毎回使い捨てる」という条件です。「平文と同じ長さ」という条件をシャノン限界（Shannon limit）と呼びます。

暗号鍵は，暗号の送信者と受信者が共有しなければなりません。バーナム暗号には，「暗号を送受信するたびに，第 3 者に漏れることなく長い暗号鍵を共有することが難しい」という欠点があるのです。これが鍵分配（key distribution）問題です。

AES 暗号　通常の商取引などでは，2001 年に制定された AES（Advanced Encryption Standard）の使用で十分のようです。AES は，1977 年に制定された DES（Data Encryption Standard）の後継版で，公募で選ばれました。

DES はブロック長と暗号鍵が 64 ビット（うち 8 ビットは誤り検出用）でしたが，AES ではブロック長が 128 ビットで，鍵長は 128，192，256 ビットの 3 種類から選べます。シャッフルなどいろいろな操作をブロックごとに行って安全性を高めています。しかし，2024 年 9 月 30 日，中国の査読付き科学雑誌に「AES と類似の暗号が解読できた」との論文が発表され，世界に衝撃が走りました。D-Wave 社の量子アニーラが利用されたとのことです（文献 [XenoSpectrum]）。

鍵分配問題と秘匿性　AES での鍵長は短いのでバーナム暗号ほどの苦労はありませんが，やはり盗聴などの鍵共有の問題が残っています。鍵分配問題の解決策はあるのでしょうか。

量子暗号（quantum cryptography）なら本質的に安全な方法を提供します（11.2 節）。しかし古典暗号でも，暗号化の鍵を秘密にする必要がない公開鍵暗号が提案されていて，次項で概観します。

11.1.3 公開鍵暗号と量子コンピュータ

公開鍵暗号（非対称暗号）は，1976 年に DH（Diffie-Hellman）暗号，1978 年に RSA（Rivest-Shamir-Adleman）暗号が発明され，ネットなどで現在広く使われています[※2]。非対称アルゴリズムの基本は，落とし戸（trap door，抜け穴）を有する一方向関数です。公開鍵暗号は，誰でも公開鍵（public key）で暗号化できますが，復号するのは非常に困難で，それができるのは秘密鍵（private key）を持つ（落とし戸を知っている）受信者だけです。

たとえば RSA 暗号は，300 桁以上の 2 つの素数の積，および 2 つの素数から計算される値を公開鍵とします。素数の積の因数分解ができると秘密鍵もわかってしまいますが，現在のスーパーコンピュータをもってしても現実的な時間内に計算が終わらないことを利用しています（計算量的安全性）。

しかし，量子コンピュータが実用化されると，短時間に素因数分解ができてしまうことが 1994 年にショアによって示されたのです。ショアのアルゴリズムは，素因数分解に基づく RSA 暗号だけでなく，離散対数暗号，楕円曲線暗号など計算量的安全な暗号も解読可能なのです。それで，ポスト量子暗号の開発機運が一気に高まったのです。

ただし，共通鍵暗号の大部分については，グローバーのアルゴリズムの性質（N 個のデータに対し $\sqrt{N}$ 回の繰り返しが必要）のため，共通鍵の長さを 2 倍以上にすることによって暗号解読が回避できます。

※2　実はこれより早く 1970 年代初頭に CESG（英国電子通信安全局）の James Ellis によって提案されていたが，秘密にされていた。

11.1.4 ポスト量子暗号

ポスト量子暗号は，耐量子コンピュータ暗号ともいわれるように，量子コンピュータが本格運用を開始しても解読されない暗号のことです。**表 11.3** に，量子暗号以外の方式の主な候補を挙げます。

ポスト量子暗号への置き換えを急ぐ理由は，1 つには置き換えに 10 年程度の時間がかかること，もう 1 つはハーベスト攻撃（Harvest now, decrypt later attack）への対処のためです。ハーベスト攻撃は，大切な国家機密などを収集しておき，量子コンピュータ完成後に解読して悪用する方法です。

表 11.3　主なポスト量子暗号方式の候補（古典暗号）

暗号名	概要など	例
格子暗号	極端に非直交の n 次元格子点を正しく探す困難を利用	LWE[†1], NTRU
多変数暗号	多変数方程式を解く困難を利用	Rainbow
ハッシュ暗号	ハッシュ関数[†2]を用いてデジタル署名などに利用	UOWHF
符号暗号	誤り訂正符号に依拠した暗号など	McEliece
同種符号暗号	有限体上の楕円曲線の同種写像グラフの性質を利用	CSIDH 鍵共有
共通鍵暗号	暗号解読対策は，鍵長を 2 倍以上に長くする	AES，SNOW3G

†1 LWE: Learning With Errors. 誤差を加えて解読困難にする方法
†2 入力を少しでも改ざんすると，まったく別の文字列を返す関数

11.2 量子鍵配送方式

この節では，量子暗号のうち，量子で暗号鍵を配送する方式について考察します[※3]。

11.2.1 量子鍵配送プロトコル

主な量子鍵配送プロトコルを**表 11.4** に示します。

BB84 と B92 プロトコルでは，単一光子源として通常は平均光子数を 0.1 個程度にしたレーザー光を用います。ただ，そのような光子源では 10 パルスに 1 回しか

※3　ナップザック問題に基づき量子コンピュータでも解けない量子公開鍵暗号法も，2000 年に岡本龍明たちによって提案されている（参考文献 [石井]）。その秘密鍵は量子コンピュータによってつくられるが，その暗号は量子コンピュータによっても解読できない。

表 11.4 主な量子鍵配送方式

プロトコル	使用光子	ビット 0	ビット 1	備考
BB84	単一，偏光	縦/$+45^\circ$	横/-45°	効率 $\leq 50\%$
B92	非直交基底	$\lvert\alpha\rangle$	$\lvert -\alpha\rangle$	$\lvert\alpha\rvert^2 \simeq 0.1$，効率 $\leq 50\%$
E91	エンタングルメント	$\lvert 0\rangle$	$\lvert 1\rangle$	$\lvert\Psi^{(-)}\rangle \equiv \frac{1}{\sqrt{2}}(\lvert 01\rangle - \lvert 10\rangle)$

単一光子が存在せず，非効率です。また，1 個以上の光子のうち約 5%の確率で 2 個以上の光子が同時に送信されて盗聴者イブ※4 に利用される恐れがあります。すなわち，イブは複数個の光子の 1 個をボブにそのまま送信し，残りを測定して鍵の一部を手に入れること（光子数分割攻撃）ができるかもしれません。

以後，まず BB84 プロトコルについて，続いて B92 と E91 プロトコルについて概説しします。

11.2.2 BB84 プロトコル

ベネットとブラッサールが出会って意気投合し，その結果生まれた量子暗号のアイデアが 1984 年に学術誌に掲載されました。その方法が BB84 プロトコルと呼ばれています。盗聴を防ぐため，縦・横，$\pm 45^\circ$ の 4 種類の直線偏光を用いる方法です。

BB84 プロトコルは，量子暗号の基本概念を理解するうえでも改良案との比較のうえでも重要なので，ここで概説します。

単一光子による鍵配送　BB84 プロトコルで提案された方法は，偏光した単一光子を送受信する方法です。

図 11.2 は，単一光子による鍵配送の側面図です※5。単一光子源からの光子に偏光子を挿入し，ポッケルスセル（PC；図では PC1 と PC2）を用いることにより，望みの角度に偏光した光子が得られます（PC については 10.2.4 項参照）。

縦・横偏光（$\oplus$）または左右斜め偏光（$\otimes$）を，基底といいます。偏光の測定には PBS（偏光ビームスプリッター）と単一光子検出器（DV と DH）が用いられます。

※4　盗聴者は英語で eavesdropper であることから，盗聴者として Eve が使われる。

※5　PBS は p 偏光を透過，s 偏光を反射する（10.2.4 項参照）。図でそのどちらの偏光を反射/透過したのかは，図が側面図（横から見た図）か上面図（平面図，上から見た図）かによって異なる。図 11.2 の横偏光や斜め偏光の矢印の方向は，実際は（紙面の長辺方向を含み）紙面に垂直な平面内に描くべき。

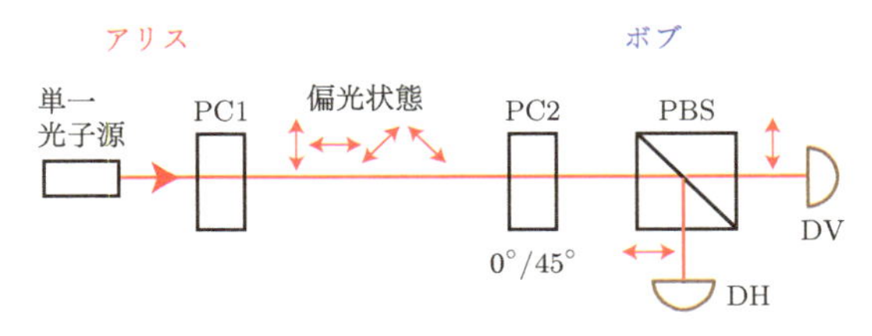

図 11.2　単一光子による鍵配送（側面図）

BB84 プロトコル（ふるい鍵作成まで）　共有鍵の元となるビット列を，ふるい鍵（sifted key，ふるいにかけられた鍵）といいます。ふるい鍵生成までのプロトコルは次のようです。

(1) はじめにアリスとボブは，基底として縦・横偏光（$\oplus$）と左右斜め偏光（$\otimes$, $\pm 45°$）のどちらかがランダムに送受信されることを了解しておく。また，それぞれに対して，たとえば縦偏光と右斜め偏光をビット 0，横偏光と左斜め偏光をビット 1 と決めておく。
(2) アリスはランダムに $\oplus$ または $\otimes$ を選び，さらにランダムに 0 と 1 を選んで記録しておく。そして対応する偏光の光子をボブに送信する。
(3) ボブも PC2 によりランダムに偏光を 0° または 45° に回転して，PBS で測定する。
(4) アリスとボブは公開古典通信路（電話，電子メールなど）を通じて，基底が一致したパルスを選び，ふるい鍵とする（公開古典通信路を通じての通信は，イブに伝わってもまったく盗聴の役に立たないような内容にする）。

問題 11.2　ボブが $\otimes$ 基底の光子を $\oplus$ 基底で測定したとき，ボブの測定値はどうなるでしょうか。 ♥

表 11.5 にその例を示します。ボブが受信できなかった場合もあり，– で示してあります。このようにこの方法では，送受信した光子の半分以上が無駄になってしまいます。

例題 11.1　$\oplus$ と $\otimes$ を使う理由

そもそも，なぜ $\oplus$ と $\otimes$ の両方を使わなければならないのでしょうか。

表 11.5　BB84 プロトコル実行例

アリス送信															
基底	⊗	⊕	⊕	⊗	⊗	⊗	⊕	⊕	⊗	⊕	⊗	⊕	⊕	⊕	⊗
ビット値	0	1	1	0	1	0	0	0	1	0	1	1	0	0	0
ボブ受信															
基底	⊕	⊕	⊗	-	⊗	⊕	⊕	⊗	⊗	⊕	⊗	⊗	-	⊗	⊗
ビット値	0	1	0	-	1	0	0	1	1	0	1	1	-	1	0
基底同一か否か，および，ふるい鍵															
基底同一	n	y	n	-	y	n	y	n	y	y	y	n	-	n	y
ふるい鍵		1			1		0		1	0	1				0

解答例　そうでないと，イブが簡単に盗聴できてしまうからです。たとえば $\oplus$ だけの場合，イブが PBS を $\oplus$ 方向に設定してパルスを測定すると，ビットが 0 または 1 とわかってしまいます。測定によって光子は消えてしまいますが，イブは測定した偏光の光子を改めてボブに送信すれば，イブの存在はわからず，盗聴成功です。◆

ふるい鍵作成以降の流れについては，11.2.5 項〜11.2.8 項で述べます。

11.2.3　B92，E91，Y00 プロトコル

BB84 より後に考案された B92，E91，Y00 プロトコルを簡単に紹介します。

B92 プロトコル　その後ベネットは，用いる量子状態を非直交状態にした B92 を提案しました。

例題 11.2　B92 プロトコルの盗聴不可能性

2 つの非直交状態を用いる B92 プロトコル（表 11.4 参照）は，盗聴不可能であることを示しなさい。

解答例　イブが，アリスからの光子を受信して，コピーすることは量子複製不可能定理によって不可能であり，測定して新たな光子をボブに送る方法は例題 11.1 で考察したように失敗します。そこで，以下に別の方法を考察します。

アリスが送信した 2 つの非直交状態を $|u_0\rangle_{\mathrm{A}}$ と $|u_1\rangle_{\mathrm{A}}$ とし，$a \equiv \langle u_1|u_0\rangle > 0$ とします。非直交状態として，たとえば縦偏光と斜め偏光を用いることができますが，

B92 プロトコル（表 11.4 の場合）にあるように，コヒーレント状態 $|\alpha\rangle$ と $|-\alpha\rangle$ では $a = e^{-2|\alpha|^2}$ となります（10.1.2 項参照）。

イブが状態 $|v\rangle_{\mathrm{E}}$ とユニタリー変換 U_{AE} を用意して

$$U_{\mathrm{AE}}|u_0\rangle_{\mathrm{A}}|v\rangle_{\mathrm{E}} = |u_0\rangle_{\mathrm{A}}|v_0\rangle_{\mathrm{E}}, \quad U_{\mathrm{AE}}|u_1\rangle_{\mathrm{A}}|v\rangle_{\mathrm{E}} = |u_1\rangle_{\mathrm{A}}|v_1\rangle_{\mathrm{E}} \tag{11.1}$$

のように 2 つの状態 $|v_0\rangle_{\mathrm{E}}$ と $|v_1\rangle_{\mathrm{E}}$ とが生成できたとします。

ところが，(11.1) の 2 つの式の両辺の右辺どうし，左辺どうしの内積をとると $a = a\langle v_1|v_0\rangle$ となり，$\langle v_1|v_0\rangle = 1$，すなわち，$|v_0\rangle_{\mathrm{E}} = |v_1\rangle_{\mathrm{E}}$ となってしまいます。したがってイブはアリスの用意した $|u_0\rangle_{\mathrm{A}}$ と $|u_1\rangle_{\mathrm{A}}$ について何も情報を得ず，盗聴は不可能です。 ◆

コヒーレント状態 $|\alpha\rangle$ と $|-\alpha\rangle$ を使用する場合　ボブがコヒーレント状態 $|\alpha\rangle$ と $|-\alpha\rangle$ を識別するために，アリスは信号光とは別に同じレーザー光源からの強い参照光をボブに送信します。ボブは，この参照光を適切に減光して $|\alpha\rangle$ または $|-\alpha\rangle$ をランダムにつくり，信号光と重ね合わせます。その結果，信号が $|\alpha\rangle$ として観測されればビット 0，$|-\alpha\rangle$ として観測されればビット 1 とします。識別できなければ，そのパルスは捨てます。

送受信終了後にアリスとボブが，公開古典通信路を通じて基底が一致したパルスを選んでふるい鍵とすることは BB84 と同じです。

E91 プロトコル　BB84 や B92 は単一光子を用いる方法ですが，1991 年にエカートは，エンタングルメントを利用する E91 を提案しました（11.2.4 項）。

Y00 プロトコル　100 個ほどの光子を用い，量子揺らぎを活用する Y00 は，YK98（Yuan-Kim，1998 年）を改良した方法です。Y00 は，鍵配送だけでなく暗号文自体を送ることにも利用できます（11.3 節）。

11.2.4 エンタングル光子対による鍵配送

ここでは，E91 プロトコルについて概観します。4 つのベル状態のどの種類を使ってもよいですが，ここでは直線偏光した光子のエンタングル状態

$$|\Psi^{(-)}\rangle = \frac{1}{\sqrt{2}}(|\updownarrow\rangle_{\mathrm{A}}|\leftrightarrow\rangle_{\mathrm{B}} - |\leftrightarrow\rangle_{\mathrm{A}}|\updownarrow\rangle_{\mathrm{B}}) \tag{11.2}$$

を用いることにします。ここで $|\updownarrow\rangle$, $|\leftrightarrow\rangle$ はそれぞれ縦偏光，横偏光状態を表しま

す。光子 A はアリスに，B はボブに送られます。それぞれの光子対について 2 人は，PBS の基底（PBS の偏光軸は，上向きを 0° とする）を 3 種類の中からランダムに 1 つ選んで測定します。

アリスとボブの 3 種類の角度 ϕ_j^{A} と角度 ϕ_j^{B}, $(j = 1, 2, 3)$ は次のようです。

$$\phi_1^{\mathrm{A}} = 0,\ \phi_2^{\mathrm{A}} = \frac{\pi}{4},\ \phi_3^{\mathrm{A}} = \frac{\pi}{8}, \quad \phi_1^{\mathrm{B}} = 0,\ \phi_2^{\mathrm{B}} = -\frac{\pi}{8},\ \phi_3^{\mathrm{B}} = \frac{\pi}{8} \tag{11.3}$$

なぜわざわざこのような角度の偏光で測ったりするのでしょうか。それは，盗聴の有無を判断するためです。すなわち，次のベルの不等式（を一般化した CHSH 不等式）をチェックするのです。

PBS を透過した事象を $+1$，反射した事象を -1 とし，アリスが ϕ_i^{A}，ボブが ϕ_j^{B} の角度で測定したときの期待値を $E(\phi_i^{\mathrm{A}}, \phi_j^{\mathrm{B}})$ として，次式を計算します。

$$S \equiv E(\phi_1^{\mathrm{A}}, \phi_3^{\mathrm{B}}) + E(\phi_1^{\mathrm{A}}, \phi_2^{\mathrm{B}}) + E(\phi_2^{\mathrm{A}}, \phi_3^{\mathrm{B}}) - E(\phi_2^{\mathrm{A}}, \phi_2^{\mathrm{B}}) \tag{11.4}$$

量子力学（すなわち盗聴が無い場合）では $S = -2\sqrt{2}$ になり，最大限のノイズや盗聴があった場合などでは $-\sqrt{2} \leq S \leq \sqrt{2}$ となるのです。

この方法でも，公開通信路での確認でアリスとボブの基底が一致したパルスのビット値をふるい鍵とします。2 人の選んだ角度が一致する確率は BB84 や B92 より小さいですが，一致しなかった角度のビットについても盗聴の有無のチェックに使えるため，単に捨てるだけのデータが無いという意味で効率的といえます。

問題 11.3 E91 プロトコルにおいて，ふるい鍵となる光子対の割合を求めなさい。ただし，2 人はそれぞれの光子を正しく 100%の検出効率で受信するものとします。

♥

11.2.5 ふるい鍵の誤り訂正

BB84，B92，E91 プロトコルで，2 人の基底の角度が一致したときのビット値がふるい鍵となります（E91 プロトコルでのふるい鍵では，測定値 1 はビット値 0 に，測定値 -1 はビット値 1 にします）。ふるい鍵は誤りを含んでいる可能性があるので，まずアリスとボブは，所定の数のビットをランダムに選んで比較し，誤り率を求めます。次に残りのビットについて誤りを訂正して完全に誤りのない最終鍵を得る必要があります。この項では，その方法について考えます（参考文献 [バウミースター] 2.5.1 項)。

誤り訂正プロトコル　ここではブラッサールとサルヴァーユ（Louis Salvail）によって提案された誤り訂正方法を紹介します（「誤り率は小さい」という仮定のもとに行われます）。

(1) アリスとボブは，それぞれのふるい鍵のビット列を所定の大きさのブロックに分割する。ブロックの大きさは，誤り発生率の関数として最適化する。
(2) 公開通信路を通じて2人は，それぞれの各ブロックのパリティ（1の数が偶数か奇数か）の情報を交換する。パリティが一致した場合は次のブロックを調べる。一致しない場合は，そのブロックを2つの部分ブロックに分割して各部分ブロックのパリティを比較する，という操作を繰り返す。不一致の部分ブロックは，最終的に1個ずつの量子ビットになるので，どちらかのビット値を修正して一致させる。
(3) (2)の一連の操作が終わると，その時点での各ブロックは誤り無しか，または偶数個の誤りを有していることになる。そこで，以前より大きいブロックに分割して(2)の操作を繰り返す。
(4) 同様の操作を所定のステップ数をもって終了する。このステップ数は，不一致がすべて解消される確率が最大となり，同時に鍵データの漏洩が最小になるように最適化する。

この訂正方式では，ビット数は減りません。

11.2.6 秘匿性増幅

こうして2人は，訂正済みの n ビットの鍵 $k_{訂正済}$ と誤り率を手に入れました。誤りをすべて盗聴のせいと考えて，誤り率から見積もったビット数（τ）だけビット数を短くし，次のようにビット列をシャッフルして安全性を確保します。

具体的にはアリスは，ランダムに0と1が並んだ $(n-\tau)\times n$ の行列 $\hat{K}$ を選んでボブに公開通信路を通じて送信します。2人は $n-\tau$ ビットの最終鍵（final key）$k_{最終}$ を次の演算で共有します。

$$k_{最終} = \hat{K} k_{訂正済} \pmod 2 \tag{11.5}$$

11.2.7 量子暗号の盗聴攻撃

量子暗号の盗聴攻撃は，次の3種類に大別されます（参考文献［バウミースター］

5.2 節)。中間者攻撃 (man-in-the-middle attack, または世界分離攻撃 (separate worlds attack)), インコヒーレント攻撃 (incoherent attack, または個別攻撃 (individual particle attack)), コヒーレント攻撃 (coherent attack, または連結攻撃 (joint attack)) です。

この項では, BB84 プロトコルの場合の盗聴について考察しますが, B92 や E91 プロトコルの場合もほぼ同様です。

中間者攻撃と認証 イブは, アリスとボブの中間に入り, アリスに対してはボブに, ボブにはアリスになりすまします (中間者攻撃)。

イブはこの方法によって暗号鍵を手に入れられるのでしょうか。イブは, アリスからの光子をコピーして 1 個をボブに送り, もう 1 個を測定するということはできません (量子複製不可能定理によって, 一般にコピーはできないのです)。

そこでイブは, アリスからの光子を, ボブと同じように縦・横偏光基底または斜め偏光基底をランダムに選んで測定します。測定してしまうと光子は無くなってしまうので, イブは測定した結果と同じ偏光の光子をボブに送付します。このとき, イブの盗聴が検知されない確率を考えてみましょう。

問題 11.4 1 個の光子について, イブの盗聴が検知されない確率は $\frac{3}{4}$ であることを示しなさい。 ♥

したがって, n 個の光子において, イブの盗聴が検知される確率は $1-\left(\frac{3}{4}\right)^n$ となり, n が十分大きいと 1 に近づき, 確実に検知できます。

ところがイブは, アリスとボブとの間に次のように介入すれば, 2 人を欺くことができるのです。必要なら集団でイブを演じて, アリスと送受信するボブ役の組と, ボブと送受信するアリス役の組が協力すれば, それぞれ別の共通鍵を作成できて, 思いのままに 2 人 (2 つのグループ) を欺くことができてしまうのです。しかしながら, この攻撃は, 認証システムによって防止できます。

認証システム ネットワーク経由で正しい相手かどうかを確認する方法がデジタル認証 (digital authentication) です。ここではハッシュ関数を用いる方法を紹介します (参考文献 [稲村])。ハッシュ関数は, データを入力するとそのデータ特有とみなせる百数十ビットの情報, メッセージダイジェスト (message digest) を出力します。データを 1 ビットでも改ざんすると, まったく違った出力になるので,データ改ざん防止用に利用されます。ハッシュ関数は一方向関数であり，出力から元の入力データを復元することは非常に困難です。また，異なった入力で同じ出力を出すこと（衝突）も同様に困難です。

アリスとボブは，あらかじめ短い共通鍵を保有しておきます。2 度目からは，共有した最終鍵の一部をそれに使うことができます。アリスは，1 回限りのチャレンジデータ，および使うハッシュ関数の情報をボブに送ります。ボブは，そのデータと共通鍵を合わせてハッシュ関数を通し，その結果（メッセージダイジェスト）をアリスに送ります。アリスも同じことをして，メッセージダイジェストが同じなら正しい相手と認証できるのです。イブはその共通鍵は知らないので，メッセージダイジェストは一致しないため，中間攻撃は失敗するのです。

インコヒーレント攻撃　イブは個々の光子と量子プローブ $\mathcal{P}_i$ をエンタングル状態にして，プローブに得た状態を量子メモリに蓄積します（**図 11.3**）。

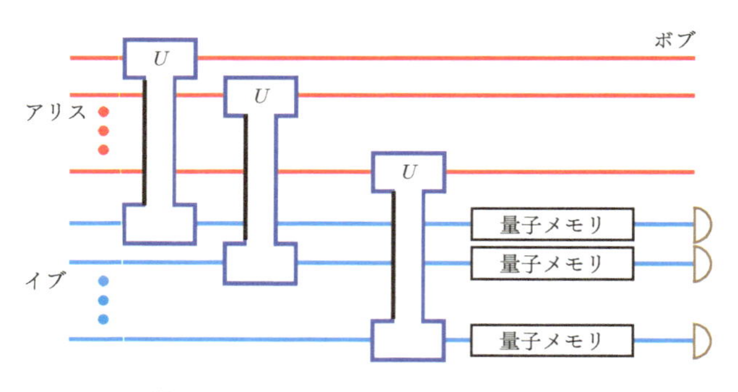

図 11.3　インコヒーレント攻撃（模式図）

アリスとボブの公開通信終了後に，このデータを POVM 測定などで情報を得るのです。この方法を，インコヒーレント攻撃といいます。イブの盗聴戦略は，盗聴をアリスとボブに気づかれない程度に控えめにしながら，最大限の情報を引き出すようにすることです。

コヒーレント攻撃　インコヒーレント攻撃と異なり，コヒーレント攻撃 では，イブは送信される全光子をイブの巨大なプローブとエンタングル状態にして，巨大な量子メモリに蓄積します。イブは，アリスとボブの公開通信終了後にこのデータを量子コンピュータで解析することによって，最大限の情報を得ようとするのです

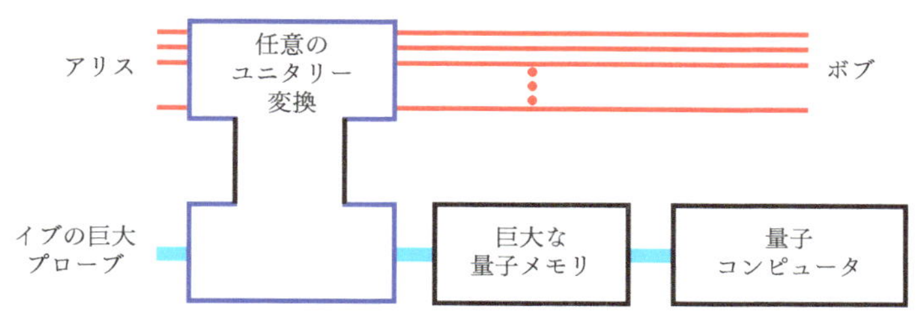

図 11.4　コヒーレント攻撃（模式図）

（図 11.4）。

一括攻撃（collective attack）はコヒーレント攻撃のクラスの一部分とされます。すなわち，プローブを個々の光子とエンタングル状態にするところはインコヒーレント攻撃と同じですが，データは量子コンピュータによって一括解析するのです。

11.2.8 量子鍵配送の安全性証明

コヒーレント攻撃を含めたすべての攻撃に対する安全性証明は，複雑で困難です。そこで安全性の証明は，「どのような攻撃に対しても安全」という大網を広げた言い方で行われます（参考文献 [富田] 5.2 節）。

安全性の定義　まず安全性を数学的に次のように表現します。

(1) アリスとボブのもつ最終鍵の誤り確率が，任意に定めた数値以下になるようにする。
(2) イブが最終鍵についてもつ情報量を，任意に定めた数値以下にする。

安全性証明の概要　まず完全に安全な暗号鍵を生成する理想的なプロトコルを仮定します。そして，この理想的プロトコルと実際のプロトコルとを見分ける可能性が小さいことを示すのです。この見分けられるか否かを判定する仮想的な「判定装置」を定義します。

判定装置への入力は，盗聴から得られるすべての情報，および理想的プロトコルと実際的プロトコルが出力する 2 つの最終鍵です。判定装置は，物理的に許される任意の測定を行うことができ，最終的に 1 ビット（見分けられるか否か）を出力します。見分けられないという判定が得られれば，実際のプロトコルも安全であることが立証されます。

11.3 光通信量子暗号

単一光子による BB84 プロトコルは，かなり非効率と言わざるを得ません。それに対して YK98 やそれを改良した Y00 プロトコルは，光通信技術のみを使用して安全かつ高速な通信を実現します（参考文献 [二見] など)。Y00 プロトコルのように通常の光通信による超安全な暗号技術全般を，光通信量子暗号と呼びます。本章での最後に，玉川大学などがほぼ実用化に成功した光通信量子暗号について概説します。

数理暗号と物理暗号　通常の光通信では，通信路として光ファイバーが用いられています。光ファイバーでは盗聴はできないと思われていましたが，比較的簡単に盗聴できることが示されました（スノーデン（Edward J. Snowden）事件など)。

盗聴を防ぐための暗号は，数理暗号と物理暗号とに大別されます。数理暗号は，2 値の平文を数理的なアルゴリズムによって，2 値の暗号文に変換します。そのため暗号文は，意味はともかく 2 値で読むことができます。

ところが物理暗号は，共通鍵を知らないと暗号文自体が読めないようになっている新しいタイプの暗号アルゴリズムです。その代表例が Y00 プロトコルで，多値信号を用いて暗号化します。

Y00 プロトコルの概要　物理暗号 Y00 プロトコルは，KCQ（Keyed Communication in Quantum noise）原理を基礎としています。すなわち Y00 プロトコルは，共通鍵を持たない盗聴者が受信すると，本質的にランダムな量子ノイズ（ショットノイズの主成分）によってビットがマスキングされてしまって 0 と 1 が区別できず，読むことさえできない暗号なのです。

Y00 プロトコルは，この原理によりシャノン限界を超越します。つまり，短い共通鍵を用いて十分安全なランダムストリーム暗号方式が実現できるのです（あるとき Y00 プロトコルが解読されたと主張されたことがありましたが，その後改良されて安全性が保たれているようです)。

光強度変調方式と光位相変調方式　Y00 プロトコルの実装方式には，大きく分けて光強度変調方式と光位相変調方式とがあります。両方式とも，既存の光デバイスが利用可能という経済性があり，さらに 10,000 km の長距離離間伝送を 100 Gbit/s という高速で実証済みの技術です。

光強度変調方式は，2 値では，1 を時間の長さ T のコヒーレント状態 $|\alpha\rangle$ に，0 を時間の長さ T のオフ状態に対応させます。また，多値（$2M$ 個）は，0 と 1 をビットごとに M 対の中からランダムにバイアス（閾値）を選んで（強度をシフトして）実現します。

光位相変調方式は，2 値では 0 と 1 を $|\alpha\rangle \equiv |0°\rangle$ と $|-\alpha\rangle \equiv |180°\rangle$ に対応させます。多値（$2M$ 個）では ϕ を一定の角度として，ランダムに $0 \leq j \leq M$ を選んで 0 と 1 を $|(j\phi)°\rangle$ と $|(j\phi+180)°\rangle$ に対応させます。

Y00 のプロトコル

(1) アリスは M 対の非直交コヒーレント状態を用意する。
(2) アリスは共通鍵を疑似乱数発生器で長い疑似乱数に伸長する。その乱数列を $\log_2 M$ ビットずつのブロックに分け，各ブロックの十進数に対応する基底を M 個の基底から選ぶ。アリスは，その基底でランダムに 0 か 1 をボブに送信する。
(3) ボブはアリスと同じ疑似乱数を持っているので常に正しい基底で受信でき，0 か 1 を正確に区別することができる。
(4) 盗聴者イブは共通鍵や疑似乱数を持たないので正しくない基底で受信し，さらに不可避かつランダムに（ボブとは独立に）生成される量子ノイズでぼかされて 0 と 1 が区別できず，意味のある結果を得ることができない。

信号光波形と復号波形　**図 11.5** は，強度変調方式，100 Gbit/s で伝送したとき

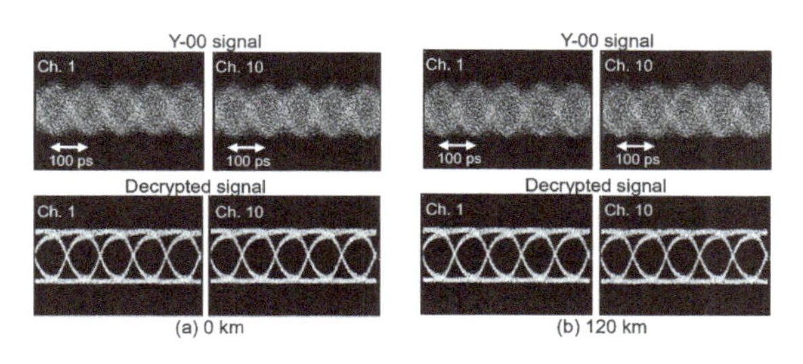

図 11.5　Y00 信号光波形と復号後の 2 値波形。(a): 0 km，(b): 120 km（文献 [二見]）

の Y00 信号光波形と復号後の 2 値波形です。10 の波長を重ねて送受信し，Ch.1 は 1549.7 μm，Ch.10 は 1553.3 μm です。信号は，40 km と 80 km に置かれた光ファイバー増幅器で増幅しています。

第12章 量子誤り訂正符号と耐故障性計算

第９章ではノイズのある通信路を考えました。この章では，量子通信や量子計算における誤りをどのように訂正するかについて考えます（参考文献 [ニールセン] 第 10 章，[富田]6.4 節）。

12.1 古典誤り訂正符号

まずは古典の誤り訂正について考えます。12.2 節と 12.3 節に見るように，量子誤り訂正に古典の方法が活かされているので，古典を学ぶことが重要なのです。**表 12.1** に，この節で使用する記号をまとめます。

表 12.1 $[n,k]$ **符号での使用記号（誤りは 1 ビットの反転のみと仮定）**

記号	名称	行 × 列	個数	備考
$\tilde{G}$	生成行列	$n \times k$	1	符号生成
$\tilde{H}$	検査行列	$(n-k) \times n$	1	符号の誤り検査
$\vec{x}$	符号化されるベクトル	$k \times 1$	2^k	k ビットの情報
$\vec{y}$	誤りなし符号語ベクトル	$n \times 1$	2^k	$\vec{y} = \tilde{G}\vec{x}$
$\vec{y}'$	誤りあり符号語ベクトル†1	$n \times 1$	$n2^k$	$\vec{y}' = \vec{y} \oplus \vec{e}$
$\vec{e}$	誤りベクトル	$n \times 1$	n	$\vec{y}' = \vec{y} \oplus \vec{e}$
$\vec{s}$	シンドローム†2	$(n-k) \times 1$	n	$\vec{s} = \tilde{H}\vec{y}' = \tilde{H}\vec{e}$

†1 誤りは，各符号化ベクトル（2^k 個）の n 行のどれか 1 個のみなので，$n2^k$ 個存在

†2 $\vec{e}$ の j 番目のビットだけが 1 のとき，$\vec{s}$ の列が $\tilde{H}$ の j 番目の列と一致する

古典での誤りは，ビット反転のみを考えます。ビット消失が起きた場合には，誤り確率を $\frac{1}{2}$ としてランダムにビット 0 か 1 のどちらかに決めるなどの処理を行います。以下では誤り率は小さくて，誤りは符号語 1 個につき 1 箇所だけ（1 ビット反転のみ）と仮定します。

12.1.1 古典誤り訂正符号の例

ノイズ源として，2 値対称ビット反転を考えます。すなわち，確率 p で $0 \to 1$ と $1 \to 0$ が起こり，確率 $1-p$ ではビットは変化しないと考えます。

繰り返し符号　誤り訂正の基本は「冗長性」です。繰り返し符号（repetition code）は，たとえば

$$0 \to 000, \quad 1 \to 111 \tag{12.1}$$

のようにビットを多重化します。000 や 111 は，それぞれビット 0 や 1 の役割を果たすので，論理的 0（logical 0）や論理的 1 と呼ばれます。

多数決復号　ビット反転確率 p が小さい場合は，2 ビット以上が反転することは少なく，000 が 010 のように 1 ビットだけ反転する場合が大多数です。それで，$010 \to 000$ のように多数決復号（majority decoding）によって正しく訂正できます。

2 ビット以上反転する確率は $3p^2(1-p)+p^3 = 3p^2 - 2p^3$ なので，この値が p より小さければ（すなわち $p < \frac{1}{2}$ ならば），多数決復号はメリットがあります。

12.1.2 古典線形符号

k ビットの情報に冗長性を加えて n ビットに符号化する符号を，$[n,k]$ 符号と呼びます。12.1.1 項で考えた符号は $[3,1]$ 符号です。

生成行列　$[n,k]$ 符号を生成する $n \times k$（n 行 k 列）の行列を，生成行列（generator matrix）と呼び，$\tilde{G}$ で表します（アダマール行列と区別するためチルダ（tilde）記号をつけて，検査行列を $\tilde{H}$ とするので，生成行列も $\tilde{G}$ にしました）。$\tilde{G}$ の要素はすべて 0 か 1 です。

k ビットの情報ビット列 $\vec{x}$ は，$\tilde{G}\vec{x}$ で符号化されます。このような場合，**和の計算は 2 を法として行うこと**（$1+1+1=1$ など）にご注意ください。

繰り返し符号の例　たとえば 12.1.1 項で考察した $[3,1]$ 符号の $\tilde{G}$ は

$$\tilde{G} = \begin{pmatrix} 1 \\ 1 \\ 1 \end{pmatrix} = (1,1,1)^T \tag{12.2}$$

です。$(1,1,1)^T$ の T は転置を表します。符号語は，$\tilde{G}(0)=(0,0,0)^T$, $\tilde{G}(1)=(1,1,1)^T$ となります。

例題 12.1 $[6,2]$ **符号の** $\tilde{G}$

2 ビットの情報を 3 回繰り返す $[6,2]$ 符号の $\tilde{G}$ と符号語を作成しなさい。

解答例 2 ビットの情報を 3 回繰り返す $[6,2]$ 符号の $\tilde{G}$ は

$$\tilde{G}=\begin{pmatrix}1&0\\1&0\\1&0\\0&1\\0&1\\0&1\end{pmatrix} \tag{12.3}$$

と定義すれば，4 個の符号語は

$$\tilde{G}\begin{pmatrix}0\\0\end{pmatrix}=\begin{pmatrix}0\\0\\0\\0\\0\\0\end{pmatrix},\ \tilde{G}\begin{pmatrix}0\\1\end{pmatrix}=\begin{pmatrix}0\\0\\0\\1\\1\\1\end{pmatrix},$$

$$\tilde{G}\begin{pmatrix}1\\0\end{pmatrix}=\begin{pmatrix}1\\1\\1\\0\\0\\0\end{pmatrix},\ \tilde{G}\begin{pmatrix}1\\1\end{pmatrix}=\begin{pmatrix}1\\1\\1\\1\\1\\1\end{pmatrix} \tag{12.4}$$

となり，題意を満たします。 ◆

パリティ検査行列 線形符号の誤り訂正には，パリティ検査行列 $\tilde{H}$ を導入します。$\tilde{H}$ は $(n-k)\times n$ の行列ですべて 0 か 1 の要素をもち，符号語である n 行 1 列のベクトル $\vec{y}\equiv\tilde{G}\vec{x}$ に対して

$$\tilde{H}\vec{y} = \vec{0} \tag{12.5}$$

のとき，誤り無しと判断します。ここで右辺の $\vec{0}$ は，$(n-k)\times 1$ ベクトルで，その要素がすべて 0 です。

$\tilde{G}$ から $\tilde{H}$ の生成　$\tilde{G}$ の列と直交する $n-k$ 個の線形独立な 1 行 n 列のベクトルを選び，それぞれを行とする $(n-k)\times n$ の行列を $\tilde{H}$ とします。たとえば，$[3,1]$ 符号の生成行列 (12.2) に対する検査行列の 1 つの例は

$$\tilde{H} = \begin{pmatrix} 1 & 1 & 0 \\ 1 & 0 & 1 \end{pmatrix} \tag{12.6}$$

となります。$\tilde{H}$ は符号語 $\tilde{G}(0) = (0,0,0)^T$, $\tilde{G}(1) = (1,1,1)^T$ に対して (12.5) を満たします。

$\tilde{G}$ と $\tilde{H}$ の関係　線形符号 $[n,k]$ において，$\tilde{H}$ を行や列をうまく入れ替えて，$\tilde{H} = [\hat{A}|\hat{I}_{n-k}]$ の形のパリティ検査行列にします。ここで $\hat{A}$ は $(n-k)\times k$ の行列，$\hat{I}_{n-k}$ は $(n-k)\times(n-k)$ の恒等行列です。すると，$\tilde{H}$ に対する生成行列 $\tilde{G}$ は次のように与えられます[※1]。

$$\tilde{H} = [\hat{A}|\hat{I}_{n-k}] \leftrightarrow \tilde{G} = \begin{pmatrix} \hat{I}_k \\ \text{---} \\ \hat{A} \end{pmatrix} \tag{12.7}$$

問題 12.1　$[3,1]$ のときに (12.7) が成り立っていることを示しなさい。 ♥

誤りシンドローム　メッセージ（ビット列）$\vec{x}$ の符号語 $\vec{y}$ が $\vec{y} = \tilde{G}\vec{x}$ のとき，$\tilde{H}\vec{y} = \vec{0}$ が誤り無しです。誤り $\vec{e}$ により $\vec{y}' = \vec{y} \oplus \vec{e}$ となったとき，$\tilde{H}\vec{y}' = \tilde{H}\vec{e} \equiv \vec{s}$ の $\vec{s}$ を誤りシンドローム（error syndrome）といいます。

誤り訂正の例　例として，[4,2] 符号の生成行列を考えます。

※1　(12.7) において，ビットの場合（数値が 0 と 1 の場合）以外では $\hat{A} \to -\hat{A}$ とする。ビットの場合は，2 を法とするので $-\hat{A} = \hat{A}$ であり，負符号は省いてよい。

$$\tilde{G} \equiv \begin{pmatrix} 1 & 0 \\ 0 & 1 \\ 1 & 0 \\ 1 & 1 \end{pmatrix} \tag{12.8}$$

4つの符号語は次のように求まります。

$$\vec{y}_1 = \tilde{G}\begin{pmatrix} 0 \\ 0 \end{pmatrix} = \begin{pmatrix} 0 \\ 0 \\ 0 \\ 0 \end{pmatrix}, \quad \vec{y}_2 = \tilde{G}\begin{pmatrix} 0 \\ 1 \end{pmatrix} = \begin{pmatrix} 0 \\ 1 \\ 0 \\ 1 \end{pmatrix}$$

$$\vec{y}_3 = \tilde{G}\begin{pmatrix} 1 \\ 0 \end{pmatrix} = \begin{pmatrix} 1 \\ 0 \\ 1 \\ 1 \end{pmatrix}, \quad \vec{y}_4 = \tilde{G}\begin{pmatrix} 1 \\ 1 \end{pmatrix} = \begin{pmatrix} 1 \\ 1 \\ 1 \\ 0 \end{pmatrix} \tag{12.9}$$

これらに対するパリティ検査行列は，$\tilde{G}$ と $\tilde{H}$ の関係より

$$\tilde{H} = \begin{pmatrix} 1 & 0 & 1 & 0 \\ 1 & 1 & 0 & 1 \end{pmatrix} \tag{12.10}$$

となり，(12.5) を満たします。

$\vec{y}$ の1つのビットが反転して $\tilde{H}\vec{y}' = \vec{s} \neq \vec{0}$ となった場合，シンドローム $\vec{s}$ と $\tilde{H}$ とから，どのビットが反転したかがわかるのです（問題 12.2 参照）。

問題 12.2 シンドローム $\vec{s}$ が $\tilde{H}$ の j 番目の列と一致しているとき，$\vec{y}$ の j 番目のビットが反転したと決定できる理由を示しなさい。 ♥

ハミング符号 整数 $r\,(\geq 2)$ に対して，恒等的に0でない長さ r のビット列すべて（$2^r - 1$ 個）を列とする行列をパリティ検査行列 $\tilde{H}$ とします。この $\tilde{H}$ により，$[2^r - 1, 2^r - r - 1]$ 線形符号（ハミング符号）が定義されます。

量子誤り訂正において重要な符号は $r = 3$ の $[7, 4]$ 符号で，$\tilde{H}$ は次のようになります。

$$\tilde{H} = \begin{pmatrix} 0 & 0 & 0 & 1 & 1 & 1 & 1 \\ 0 & 1 & 1 & 0 & 0 & 1 & 1 \\ 1 & 0 & 1 & 0 & 1 & 0 & 1 \end{pmatrix} \tag{12.11}$$

ハミング重みと符号の距離　ハミング距離 (Hamming distance) は，ビット数が同じ 2 つのビット列をビットごとに比較したときの，異なっているビット対の総数です（すなわち，対応するビットごとの排他的論理和が 1 である総数です）。ビット列 y_1, y_2 のハミング距離を，$d(y_1, y_2)$ と表します。たとえば $y_1 = 0010101$ と $y_2 = 0100101$ では 2 か所が異なっているので，$d(y_1, y_2) = 2$ です。

ビット列 y のハミング重み (Hamming weight) は，$\mathrm{wt}(y) = d(y, 0)$ と定義されます。つまり y のハミング重みは，y の中のビット 1 の総数です。

符号 C の距離 $d(C)$ を，任意の 2 つの符号語間の最小距離で定義します。

$$d(C) \equiv \min_{y_1, y_2 \in C, y_1 \neq y_2} d(y_1, y_2) = \min_{y_1 \in C, y_1 \neq 0} \mathrm{wt}(y_1) \tag{12.12}$$

つまり $d(C)$ は，すべてが 0 である符号語以外の符号語における，ビット 1 の総数のうち最小の数です。たとえば $d([3,1]) = 3$, $d([6,2]) = 3$ です。

$d \equiv d(C)$ として，符号 C を $[n, k, d]$ と表します。符号語が誤りによって $\vec{y}'$ になったとき，$d(y, y') \leq t$ を満たすユニークな $\vec{y}$ に復号すると，最大 t の誤りまで訂正が可能です。ただし，そのための条件は「符号語間の距離が $2t + 1$ 以上であること」です。

双対符号　符号 C を，生成行列 $\tilde{G}$ とパリティ検査行列 $\tilde{H}$ を有する $[n, k]$ 符号とします。このとき，C に双対 (dual) な符号 $C^\perp$ を定義して，$C^\perp$ は生成行列 $\tilde{H}^T$ とパリティ検査行列 $\tilde{G}^T$ をもつとします（**表 12.2**）。

表 12.2　双対符号

符号	生成行列	検査行列
C	$\tilde{G}$	$\tilde{H}$
$C^\perp$	$\tilde{H}^T$	$\tilde{G}^T$

$C \subseteq C^\perp$ のとき C は弱い自己双対，$C = C^\perp$ のとき厳密に自己双対であるといいます。

量子誤り訂正では自己双対関係が自然に得られ，このことが 12.2.5 項で述べる CSS 符号のキーポイントとなります。

12.2 量子誤り訂正符号

古典の場合の誤りは，12.1 節で見たようにビット反転しかありません。ところが量子では，ビット反転や位相反転に加えて量子ビットが連続的に変化しうるのです。

さらに量子複製不可能定理により，古典のようにはビットのコピーができません。しかも量子ビットを測定すると，一般に量子状態は壊れてしまうのです。

ところが，なんとこのような量子の場合でも，誤り訂正が可能なのです。どのようにして量子ビットの誤り訂正が可能になるのでしょうか。

12.2.1 3量子ビットのビット反転符号

まずは，1量子ビットの状態として，次のように $|0\rangle$ と $|1\rangle$ の重ね合わせ状態を考えてみます。

$$|\psi\rangle \equiv \alpha_0|0\rangle + \alpha_1|1\rangle \tag{12.13}$$

論理量子ビット　(12.13) を $|0_L\rangle \equiv |000\rangle$ と $|1_L\rangle \equiv |111\rangle$ のように論理量子ビットを用いて次のように表すことができます。

$$|\psi_L\rangle \equiv \alpha_0|0_L\rangle + \alpha_1|1_L\rangle = \alpha_0|000\rangle + \alpha_1|111\rangle \tag{12.14}$$

この状態は，$|0\rangle$ に初期化された 2 つの補助ビットと CNOT ゲートを用いて実現できるのです（図 12.1）。

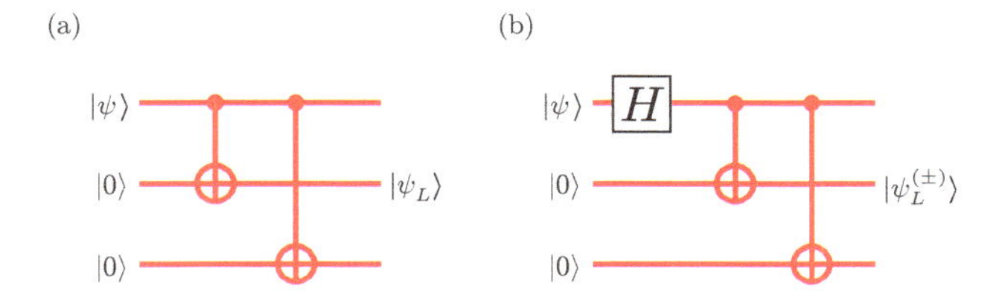

図 12.1　$|\psi_L\rangle$ **作成の量子回路図。論理ビットが (a)** $|000\rangle$ **と** $|111\rangle$**，(b)** $|+++\rangle$ **と** $|---\rangle$.

図 12.1(a) において，3 量子ビットが (12.14) の状態になることは，制御ビットが 0 のときは標的ビットはそのまま 0 で，制御ビットが 1 のときは標的ビットは反転して 1 になることからわかります。

1 量子ビットの反転発生　(12.14) の状態からたかだか 1 量子ビットの反転が起こったとすると，状態は**表 12.3** のどれかになります。

表 12.3　1 量子ビット反転の 3 量子ビット状態と誤り検出演算子

反転ビット	3 量子ビット状態	誤り検出演算子
反転無し	$\alpha_0\|000\rangle + \alpha_1\|111\rangle$	$\hat{P}_0 \equiv \|000\rangle\langle 000\| + \|111\rangle\langle 111\|$
第 1 量子ビット	$\alpha_0\|100\rangle + \alpha_1\|011\rangle$	$\hat{P}_1 \equiv \|100\rangle\langle 100\| + \|011\rangle\langle 011\|$
第 2 量子ビット	$\alpha_0\|010\rangle + \alpha_1\|101\rangle$	$\hat{P}_2 \equiv \|010\rangle\langle 010\| + \|101\rangle\langle 101\|$
第 3 量子ビット	$\alpha_0\|001\rangle + \alpha_1\|110\rangle$	$\hat{P}_3 \equiv \|001\rangle\langle 001\| + \|110\rangle\langle 110\|$

誤り検出と誤り訂正　どの量子ビットに誤りが起きたのかを知るには，どうすればよいのでしょうか。それを知るための測定を，誤り検出（error-detection）またはシンドローム診断（syndrome diagnosis）と呼びます。表 12.3 の 3 列目は対応する誤り検出の射影演算子です。たとえば $\hat{P}_1$ は $|\psi_1\rangle \equiv \alpha_0|100\rangle + \alpha_1|011\rangle$ とすると $\langle\psi_1|\hat{P}_1|\psi_1\rangle = 1$ となり，測定結果の出力（誤りシンドローム）は 1 となります。

誤り訂正は，誤りシンドロームが 1 の量子ビットを $\hat{X}$ を適用して反転させることで可能なのです。しかしながらこの方法では，元の $|\psi\rangle$ が破壊されてしまいます。

誤り検出と誤り訂正の改善　表 12.3 では 4 個の誤り検出の射影演算子を定義しました。しかし，誤り検出の演算子は $\hat{Z}_1\hat{Z}_2 \equiv \hat{Z} \otimes \hat{Z} \otimes \hat{I}$ と $\hat{Z}_2\hat{Z}_3 \equiv \hat{I} \otimes \hat{Z} \otimes \hat{Z}$ の 2 個に減らすことができます。

たとえば $\hat{Z}_1\hat{Z}_2$ は

$$\hat{Z}_1\hat{Z}_2 \equiv (|00\rangle\langle 00| + |11\rangle\langle 11|) \otimes \hat{I} - (|01\rangle\langle 01| + |10\rangle\langle 10|) \otimes \hat{I} \tag{12.15}$$

と書けます。つまり，$\hat{Z}_1\hat{Z}_2$ は，量子ビット 1 と 2 を比較して同じであれば 1，異なっていれば -1 の固有値をもつ演算子です（パリティ測定）。

もし，たとえば状態が $\hat{Z}_1\hat{Z}_2$ で -1，すなわち誤りシンドローム s_{12} が 1 であれば，量子ビット 1 または 2 が反転したと考えられます。$\hat{Z}_2\hat{Z}_3$ で 1，すなわち誤りシンドローム s_{23} が 0 であれば，反転したのは量子ビット 1 と決まります。

表 12.4 は，3 個の量子ビットのうち 1 個までのビット反転が起きた場合の誤りシンドロームの値です。誤りシンドロームで誤りと判定された量子ビットは，$\hat{X}$ で反転して訂正できます。

12.2.2　3 量子ビットの位相反転符号

位相反転では，確率 p で次のように $|1\rangle$ の係数の符号が変わるとします。

$$\alpha_0|0\rangle + \alpha_1|1\rangle \quad \rightarrow \quad \alpha_0|0\rangle - \alpha_1|1\rangle \tag{12.16}$$

表 12.4　ビット反転と誤りシンドローム

反転量子ビット	$\hat{Z}_1\hat{Z}_2$	$\hat{Z}_2\hat{Z}_3$	s_{12}	s_{23}
なし	1	1	0	0
第 1	−1	1	1	0
第 2	−1	−1	1	1
第 3	1	−1	0	1

位相反転に対処するには，$|\pm\rangle \equiv \frac{1}{\sqrt{2}}(|0\rangle \pm |1\rangle)$ に対して $\hat{X}|\pm\rangle = \pm|\pm\rangle$ を使えばよいことがわかります。すなわち基底を $|\pm\rangle$ にすると，位相反転はビット反転に対応するのです。そこで論理量子ビットを

$$|0_L\rangle = |+++\rangle, \quad |1_L\rangle = |---\rangle \tag{12.17}$$

として，ビット反転の方法を真似ます。

そのためには図 12.1(b) のように $|\psi\rangle$ の量子ビットにアダマールゲート $\hat{H}$ を適用し，状態を $|\psi_L^{(\pm)}\rangle \equiv \alpha_0|+++\rangle + \alpha_1|---\rangle$ にすればよいのです。

そして $\hat{Z}_1\hat{Z}_2$ と $\hat{Z}_2\hat{Z}_3$ の代わりに $\hat{X}_1\hat{X}_2$ と $\hat{X}_2\hat{X}_3$ を使います。誤りシンドロームで誤りと判定された量子ビットには，$\hat{Z}$ を適用して訂正することになります。最後に再度アダマールゲートを適用して元の基底に戻します。

12.2.3 ショアの 9 量子ビットの誤り訂正符号

1995 年，ショアは 1 量子ビットに生じるいかなる誤りも訂正できることを示しました。連続的な誤りも訂正できるとは，どのような仕組みなのでしょうか。

図 12.2 の 9 量子ビットの符号により，1 量子ビットに生じるビット反転，位相反転，ビット・位相反転の誤りを訂正することによって，任意の誤りが訂正できるのです。補助ビットとのエンタングルメントを残さずに第 1 量子ビットだけが復帰できればよいので，図 12.2 のように CNOT ゲートやトフォリゲートなどで訂正しています。具体的な誤り訂正の例については，付録 D.3 節をご覧ください。

すべての誤りが訂正可能な理由　ショアの 9 量子ビットのビット訂正符号は，9 量子ビットのうちの 1 量子ビットだけにビット反転（$\hat{X}$），位相反転（$\hat{Z}$），その両方の誤り（つまり $i\hat{Y}$）が起きたときに誤り訂正が可能です。この離散的な訂正で，なぜ連続的な誤りまで訂正できてしまうのでしょうか。

それを端的に説明するために，1 量子ビットの誤りを CPTP 量子演算 $\mathcal{E}$ で記述

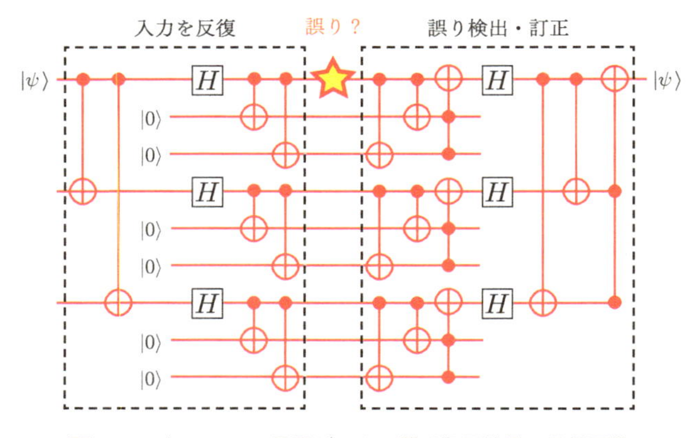

図 12.2 ショアの 9 量子ビットの誤り訂正符号の量子回路

しましょう（参考文献 [ニールセン]9.2 節）。$\mathcal{E}$ を演算要素 $\{\hat{K}_i\}$ の演算子和表現を用いて誤り訂正を解析します。

誤りが起こる前の符号化量子ビットを $|\psi_L\rangle = \alpha_0|0_L\rangle + \alpha_1|1_L\rangle$ とすると，誤りが起きた後の状態は $\mathcal{E}(|\psi_L\rangle\langle\psi_L|) = \sum_i \hat{K}_i|\psi_L\rangle\langle\psi_L|\hat{K}_i^\dagger$ と表されます。

いま $\hat{K}_i|\psi_L\rangle\langle\psi_L|\hat{K}_i^\dagger$ だけを考え，さらに第 1 量子ビットだけに注目して，$\hat{K}_i$ を $\{\hat{I}_1, \hat{X}_1, \hat{Z}_1, \hat{X}_1\hat{Z}_1\}$ の線形結合で次のように表します。

$$\hat{K}_i = e_{i0}\hat{I}_1 + e_{i1}\hat{X}_1 + e_{i2}\hat{Z}_1 + e_{i3}\hat{X}_1\hat{Z}_1 \tag{12.18}$$

非正規化量子状態 $\hat{K}_i|\psi_L\rangle$ は 4 つの項 $|\psi_L\rangle$，$\hat{X}_1|\psi_L\rangle$，$\hat{Z}_1|\psi_L\rangle$，$\hat{X}_1\hat{Z}_1|\psi_L\rangle$ の重ね合わせ状態です。この状態に誤り検出・誤り訂正を適用すると，量子状態は $|\psi_L\rangle$ に収縮してしまうのです。他の演算要素や量子ビットの場合もまったく同様に，量子状態は $|\psi_L\rangle$ に戻ります。

縮退符号　(12.14) の論理ビットにおいて，たとえば第 1 量子ビットに位相反転が起こっても第 2 量子ビットあるいは第 3 量子ビットが位相反転しても区別ができません。このような符号を縮退符号といいます。これは量子特有の現象です。

問題 12.3　縮退符号でどのビットに位相反転が起こったのかわからなくても，誤り訂正には問題ないのでしょうか。

12.2.4 量子ハミング限界

非縮退符号について成り立つ量子ハミング限界について説明します。k 量子ビットに冗長性を加えて n 量子ビットとし，t 個までの誤りを修正できる符号語を作成したいとします。

j 個（$j \le t$）の誤りが生じたとき，誤りが生じうる場所の数は ${}_nC_j$ 個あります（${}_nC_j$ は二項係数）。誤りは $\hat{X}, \hat{Z}, \hat{X}\hat{Z}$ の 3 種類なので，全部で 3^j 個あります。したがって，t 個以下の誤りの総数は $\sum_{j=0}^{t} {}_nC_j 3^j$ となります。$j=0$ は誤り無しの場合です。さらに，ベクトルの数は 2^k 個ある（表 12.1）ので 2^k 倍します（量子ビットでは $k=1$）。誤り訂正ができるためには当然，その総数が n 量子ビットで可能な数，2^n 以下でなければなりません。したがって，量子ハミング限界は以下で与えられます。

$$2\sum_{j=0}^{t} {}_nC_j 3^j \le 2^n \tag{12.19}$$

たとえば $t=1$ の場合，$n \ge 5$ でなければなりません。すなわち，1 量子ビットの誤りを訂正できる非縮退符号語は，論理量子ビットが 5 量子ビット以上の場合であることがわかります。

12.2.5 CSS 符号*

CSS（Calderbank-Shor-Steane）符号は，より一般のクラスのスタビライザー符号（12.3 節参照）の重要な部分クラスに相当します。CSS 符号は，双対符号（12.1.2 項参照）を利用して定義します。

C_1 と C_2 は古典線形符号 $[n, k_1]$ と $[n, k_2]$ であり，$C_2 \subset C_1$，C_1 と $C_2^{\perp}$ は両方とも t 個の誤りを訂正可能とします。これらを用いて，t 個までの誤りが訂正できる $[n, k_1 - k_2]$ の量子符号 $\mathrm{CSS}(C_1, C_2)$ を構成します。

$y_1 \in C_1$ の任意の符号語 y_1 に対して，$|y_1 + C_2\rangle$ を次のように定義します。

$$|y_1 + C_2\rangle \equiv \frac{1}{\sqrt{|C_2|}} \sum_{y_2 \in C_2} |y_1 \oplus y_2\rangle \tag{12.20}$$

量子符号 $\mathrm{CSS}(C_1, C_2)$ は，すべての $y_1 \in C_1$ に対して状態 $|y_1 + C_2\rangle$ が張るベクトル空間であると定義されます。C_1 の中の剰余類（付録 A.2.1 項参照）の数は $\frac{C_1}{C_2} = 2^{k_1 - k_2}$ であり，異なる剰余類の $|y_1 + C_2\rangle$ は直交するので，$\mathrm{CSS}(C_1, C_2)$ 符号は $[n, k_1 - k_2]$ 量子符号です。

$\mathrm{CSS}(C_1, C_2)$ 符号は，C_1，$C_2^{\perp}$ を用いて量子誤りが検出・訂正できます。これを，その重要な 1 例であるスティーン符号で見てみましょう。

12.2.6 スティーン符号

スティーン符号は，(12.11) のパリティ検査行列 $\tilde{H}$ を有する [7,4,3] ハミング符号 C から構築します（参考文献 [バウミースター]7.4.6 項）。$C_1 \equiv C$, $C_2 \equiv C^{\perp}$ と定義すると，定義により

$$\tilde{H}[C_2] = G[C_1]^T = \begin{pmatrix} 1 & 0 & 0 & 0 & 0 & 1 & 1 \\ 0 & 1 & 0 & 0 & 1 & 0 & 1 \\ 0 & 0 & 1 & 0 & 1 & 1 & 0 \\ 0 & 0 & 0 & 1 & 1 & 1 & 1 \end{pmatrix} \tag{12.21}$$

が得られます。

$C_2^{\perp} = (C^{\perp})^{\perp} = C$ なので，C_1 と $C_2^{\perp}$ は等しく，距離 3 の符号なので 1 ビット誤りを訂正できます。C_1 は [7,4] 符号，C_2 は [7,3] 符号なので $\mathrm{CSS}(C_1, C_2)$ 符号は [7,1] 符号です。

この $[7, 1]$ 符号は重要で，いろいろなところに出てきます。論理量子ビットは次のように，7 個の物理量子ビットの重ね合わせで構成されます。

$$\begin{aligned} |0_L\rangle &= \frac{1}{\sqrt{8}}(|0000000\rangle + |1010101\rangle + |0110011\rangle + |1100110\rangle \\ &\quad +|0001111\rangle + |1011010\rangle + |0111100\rangle + |1101001\rangle) \qquad (12.22) \\ |1_L\rangle &= \frac{1}{\sqrt{8}}(|111111\rangle + |0101010\rangle + |1001100\rangle + |0011001\rangle \\ &\quad +|1110000\rangle + |0100101\rangle + |1000011\rangle + |0010110\rangle) \qquad (12.23) \end{aligned}$$

$|0_L\rangle$ の 1 の数は偶数，$|1_L\rangle$ の 1 の数は奇数となっています。また，$|0_L\rangle$ と $|1_L\rangle$ はそれぞれ対応する項のビットが反転していることがわかります。

スティーン符号での誤り訂正　量子状態を $|\psi_L\rangle = \alpha_0|0_L\rangle + \alpha_1|1_L\rangle$ とします。論理ビット $|0_L\rangle$ や $|1_L\rangle$ を構成する任意の 1 個のビット列を $\vec{v}$ とすると，検査行列 $\tilde{H}$ に対して $\tilde{H}\vec{v} = 0$ を満たしています。つまり 1 量子ビットの誤りを，誤りシンドロームによって訂正することができるのです。

図 12.3 は誤り訂正の量子回路です。$|0\rangle$ に初期化した 3 個の補助ビットに CNOT によって情報を得て，測定の結果が誤りシンドローム $\vec{s}$ になります。

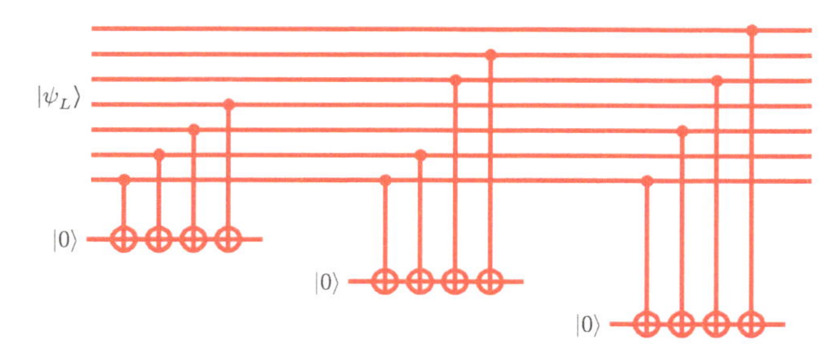

図 12.3　スティーン符号でのビット反転誤り訂正の量子回路

$|\psi_L\rangle$ の 7 個の物理量子ビットは検査行列 (12.11) の 7 個の列に対応し，3 個の補助ビットは検査行列 (12.11) の 3 個の行に対応します。つまり，$\tilde{H}$ の各行の 1 の位置の量子ビットを制御ビットとし，対応する補助ビットを標的ビットとして CNOT ゲートを行うのです。

測定した $\vec{s}$ の 3 個のビットがすべて 0 なら誤り無しです。また，$\vec{s}$ のビット列が $\tilde{H}$ の第 j 列と一致した場合は，$|\psi_L\rangle$ の j 番目の量子ビットがビット反転したことがわかり，そのビットに量子ゲート $\hat{X}$ を適用して訂正するのです。

位相反転に対しては，$|\psi_L\rangle$ の各量子ビットの最初と最後にアダマールゲートを適用することによって同様に訂正できます。こうしてビット反転，位相反転，およびその両方の訂正ができて，1 量子ビットの誤りを訂正することができるのです（12.2.3 項参照）。

12.3 スタビライザー符号

スタビライザー符号（stabilizer code，固定部分群符号）は，スタビライザー（stabilizer，固定部分群）と呼ばれる演算子の組によって安定化された量子状態空間（ベクトル空間）です。スタビライザー符号は，加法性量子符号（additive quantum code）とも呼ばれ，古典線形符号と同様の構成法に基づく重要な量子符号です。

12.3.1 スタビライザー形式

スタビライザーは，ある量子状態を不変にする交換可能な演算子の組のことです。

スタビライザーの例とその意味　たとえばベル状態の 1 つ $|\Phi^{(+)}\rangle = \frac{1}{\sqrt{2}}(|00\rangle + |11\rangle)$ は $\hat{X}_1\hat{X}_2$ や $\hat{Z}_1\hat{Z}_2$ の演算に対して

$$\hat{X}_1\hat{X}_2|\Phi^{(+)}\rangle = \hat{Z}_1\hat{Z}_2|\Phi^{(+)}\rangle = |\Phi^{(+)}\rangle \tag{12.24}$$

となって不変です。つまり，$|\Phi^{(+)}\rangle$ は $\hat{X}_1\hat{X}_2$ や $\hat{Z}_1\hat{Z}_2$ によって安定化（stabilize）されているのです。

スタビライザー形式（stabilizer formalism）は，量子状態ではなく，スタビライザーを用いて量子符号を記述する形式です。スタビライザーは群論（group theory，付録 A.2 節参照）を巧みに使って，誤り訂正符号をはじめ量子ゲートや測定などの演算も記述できるのです。とくに重要な群はパウリ群 G_n で，1 量子演算 G_1 は (A.7) です。

スタビライザーとベクトル空間　スタビライザー S は G_n の固定部分群です。S によって安定化される n 量子ビット状態の集合を，V_S と定義します。

たとえば 3 量子ビット（$n = 3$）で $S = \{\hat{I}, \hat{Z}_1\hat{Z}_2, \hat{Z}_2\hat{Z}_3, \hat{Z}_1\hat{Z}_3\}$ の場合について V_S を求めてみましょう。

$\hat{Z}_1\hat{Z}_2$ により固定される部分群は $\{|000\rangle, |001\rangle, |110\rangle, |111\rangle\}$ が張り，$\hat{Z}_2\hat{Z}_3$ により固定される部分群は $\{|000\rangle, |100\rangle, |011\rangle, |111\rangle\}$ が張ります。よって S によって安定化されるベクトル空間 V_S は両方に共通な $\{|000\rangle, |111\rangle\}$ となります。

生成元　上の例では，S の 2 つの要素によって安定化されるベクトル空間 V_S が決定されました。このように，群 G の各要素がその一部の要素 $g_1, \cdots, g_l$ の要素の積として書ける場合，要素 $g_1, \cdots, g_l$ を生成元（generator）といい，$G = \langle g_1, \cdots, g_l\rangle$ と書きます。上の例では $S = \langle \hat{Z}_1\hat{Z}_2, \hat{Z}_2\hat{Z}_3\rangle$ です。スタビライザー符号は $[n, k]$ 符号であり，S の生成元の数は $l = n - k$ 個となります。

例題 12.2　**S が有意な V_S を安定化する条件**

S が有意な V_S を安定化する必要条件は，S の要素が可換であること，および $-\hat{I}$ を含まないことを示しなさい。

解答例　安定化される量子状態を $|\psi\rangle$ とします。

まず S の要素が非可換のとき，矛盾することを示します。S の非可換の要素を $\hat{A}, \hat{B}$ とすると，仮定より，$-\hat{B}\hat{A} = \hat{A}\hat{B}$ です。すると $-|\psi\rangle = -\hat{B}\hat{A}|\psi\rangle = \hat{A}\hat{B}|\psi\rangle = |\psi\rangle$

となり，これは $|\psi\rangle = 0$ を意味するので矛盾です。

次に 2 番目の条件については，安定化の条件から $-\hat{I}|\psi\rangle = |\psi\rangle$ となりますが，上と同様に矛盾します。 ◆

スティーン符号での生成元　表 12.5 の $g_1, \cdots, g_6$ がスティーン符号の生成元です。表 12.5 でたとえば g_1 は $g_1 = \hat{I} \otimes \hat{I} \otimes \hat{I} \otimes \hat{X} \otimes \hat{X} \otimes \hat{X} \otimes \hat{X}$ を意味します。

表 12.5　スティーン 7 量子ビット符号での生成元

要素	生成元要素						
g_1	$\hat{I}$	$\hat{I}$	$\hat{I}$	$\hat{X}$	$\hat{X}$	$\hat{X}$	$\hat{X}$
g_2	$\hat{I}$	$\hat{X}$	$\hat{X}$	$\hat{I}$	$\hat{I}$	$\hat{X}$	$\hat{X}$
g_3	$\hat{X}$	$\hat{I}$	$\hat{X}$	$\hat{I}$	$\hat{X}$	$\hat{I}$	$\hat{X}$
g_4	$\hat{I}$	$\hat{I}$	$\hat{I}$	$\hat{Z}$	$\hat{Z}$	$\hat{Z}$	$\hat{Z}$
g_5	$\hat{I}$	$\hat{Z}$	$\hat{Z}$	$\hat{I}$	$\hat{I}$	$\hat{Z}$	$\hat{Z}$
g_6	$\hat{Z}$	$\hat{I}$	$\hat{Z}$	$\hat{I}$	$\hat{Z}$	$\hat{I}$	$\hat{Z}$

表 12.5 と (12.11) との類似性を見てください。

スティーン符号での検査行列　スタビライザー S の生成元が l 個のとき，検査行列は $l \times 2n$ の行列となります。[7,4] のスティーン符号では，6×14 の行列で (12.25) となります。左 7 列の 1 が $\hat{X}$，右 7 列の 1 が $\hat{Z}$ に対応しています。また，左右両側の同じ列に 1 があるときは，そのビットに $i\hat{Y}$ がはたらくことを意味します。

$$\tilde{H} = \left(\begin{array}{ccccccc|ccccccc} 0 & 0 & 0 & 1 & 1 & 1 & 1 & 0 & 0 & 0 & 0 & 0 & 0 & 0 \\ 0 & 1 & 1 & 0 & 0 & 1 & 1 & 0 & 0 & 0 & 0 & 0 & 0 & 0 \\ 1 & 0 & 1 & 0 & 1 & 0 & 1 & 0 & 0 & 0 & 0 & 0 & 0 & 0 \\ 0 & 0 & 0 & 0 & 0 & 0 & 0 & 0 & 0 & 0 & 1 & 1 & 1 & 1 \\ 0 & 0 & 0 & 0 & 0 & 0 & 0 & 0 & 1 & 1 & 0 & 0 & 1 & 1 \\ 0 & 0 & 0 & 0 & 0 & 0 & 0 & 1 & 0 & 1 & 0 & 1 & 0 & 1 \end{array}\right) \tag{12.25}$$

12.3.2 ユニタリーゲートとスタビライザー

状態 $|\psi\rangle$ は，スタビライザーで安定化されているとします。$|\psi\rangle$ にユニタリー変換 $\hat{U}$ を行った状態 $\hat{U}|\psi\rangle$ は，どのように安定化されるのでしょうか。

$\hat{g} \in S$ とすると

$$\hat{U}|\psi\rangle = \hat{U}\hat{g}|\psi\rangle = (\hat{U}\hat{g}\hat{U}^\dagger)\hat{U}|\psi\rangle \tag{12.26}$$

となるので，$\hat{U}|\psi\rangle$ は $\hat{U}\hat{g}\hat{U}^\dagger$ で安定化されることがわかります。

クリフォード演算子　とくに $\hat{U}$ としてアダマールゲート，CNOT ゲート，S ゲートなどを考え，$\hat{g}$ としてパウリ演算子を考えることは重要です（**表 12.6**）。

表 12.6　$\hat{U}\hat{g}\hat{U}^\dagger$ **変換とパウリ演算子**

$\hat{U}$	$\hat{U}\hat{g}\hat{U}^\dagger$ 変換
CNOT	$\hat{X}_1 \to \hat{X}_1\hat{X}_2$, $\hat{X}_2 \to \hat{X}_2$, $\hat{Y}_1 \to \hat{Y}_1\hat{Z}_2$, $\hat{Y}_2 \to \hat{Z}_1\hat{Y}_2$, $\hat{Z}_1 \to \hat{Z}_1$, $\hat{Z}_2 \to \hat{Z}_1\hat{Z}_2$
$\tilde{H}$	$\hat{X} \to \hat{Z}$, $\hat{Y} \to -\hat{Y}$, $\hat{Z} \to \hat{X}$
$\hat{S}$	$\hat{X} \to \hat{Y}$, $\hat{Y} \to -\hat{X}$, $\hat{Z} \to \hat{Z}$
$\hat{X}$	$\hat{X} \to \hat{X}$, $\hat{Y} \to -\hat{Y}$, $\hat{Z} \to -\hat{Z}$
$\hat{Y}$	$\hat{X} \to -\hat{X}$, $\hat{Y} \to \hat{Y}$, $\hat{Z} \to -\hat{Z}$
$\hat{Z}$	$\hat{X} \to -\hat{X}$, $\hat{Y} \to -\hat{Y}$, $\hat{Z} \to \hat{Z}$

$\hat{U}\hat{g}\hat{U}^\dagger = \hat{g}' \in S$ のように，パウリ演算子をパウリ演算子の積に移すユニタリー演算子をクリフォード（Clifford）演算子といいます。

問題 12.4　$\hat{H}$，$\hat{S}$ について，（表 12.6）が成り立つことを示しなさい。♥

クリフォード演算子ではない例（非クリフォード演算子）は，T ゲート（$\hat{T} = \mathrm{diag}(1, e^{i\pi/4})$）とトフォリゲート（CCNOT ゲート）です。たとえば T ゲートでは

$$\hat{T}\hat{X}\hat{T}^\dagger = \frac{\hat{X}+\hat{Y}}{\sqrt{2}}, \quad \hat{T}\hat{Y}\hat{T}^\dagger = \frac{-\hat{X}+\hat{Y}}{\sqrt{2}} \quad \hat{T}\hat{Z}\hat{T}^\dagger = \hat{Z} \tag{12.27}$$

となり，パウリ演算子の積にはならないものが生じます。

問題 12.5　(12.27) を示しなさい。♥

正規化群　パウリ群 G_n に対して $\hat{U}G_n\hat{U}^\dagger = G_n$ を満たす $\hat{U}$ を正規化群（normalizer）と呼んで $N(G_n)$ と表します。CNOT ゲート，アダマールゲート，S ゲートなどは，正規化群ゲートとも呼ばれます。

12.3.3 ゴッテスマン-クニルの定理

ゴッテスマン-クニル（Gottesman-Knill）の定理は，古典コンピュータが量子コンピュータを効率よくシミュレートできる条件を与えるものです。その条件は，「クリフォードゲートのみから構成される量子回路であること」です。つまり，量子コンピュータが威力を発揮するためには，非クリフォードゲートを有効に使いこなすことが要求されるのです。

12.4 耐故障性量子計算

これまで量子ビットの誤り訂正を議論してきました。しかし，量子計算を耐故障性（fault-tolerant）にするには，量子演算や測定などからの誤りも訂正しなければなりません。

量子演算（任意のユニタリー演算）において万能ゲートは，1 量子回転ゲートと CNOT ゲートであることを思い出しましょう。1 量子回転ゲートは，$\hat{X}$, $\hat{Z}$, $\hat{H}$, $\hat{S}$, $\hat{T}$ を組み合わせることで精度よく実現できます。これらの量子演算も含めて耐故障性にすることが必要なのです。

耐故障性量子計算（FTQC; fault-tolerant quantum computing）は，実現可能なのでしょうか。また，そのためには，どのようなことに注意しなければならないのでしょうか。

しきい値定理　「耐故障性量子計算は，各量子回路での誤り率を所定のしきい値以下に保つことによって可能である」，これがしきい値定理（threshold theorem）です。

ここでは，「耐故障性量子計算がどのように達成できるか」について考察します。

12.4.1 耐故障性の概要

まずは「耐故障性量子コンピュータにするために何が必要か」について考えます。

基本的考え方　符号化により 1 量子ビットの誤りが訂正可能であることがわかりました。耐故障性の基本的考え方は，最後の測定までは復号は行わずに符号化のまま量子計算を行うことです。その際に注意すべきことは，誤りを別の量子ビットに伝搬しないようにすることです。

表 12.7 に耐故障性量子計算の方法をまとめました（12.4.2 項でより詳しく概説します。）

表 12.7 耐故障性量子計算の方法

対象	耐故障化	備考
各量子ビット	論理量子ビット（$\|0_L\rangle, \|1_L\rangle$）に変換	スタビライザーで安定化
1 量子演算	各物理量子ビットごと	他ビットに伝搬しない
2 量子演算	対応物理量子ビットごと	他ビットに伝搬しない
誤りシンドローム	対応物理量子ビットごとに補助ビット	他ビットに伝搬しない

CNOT ゲートの例　たとえば CNOT ゲートを行う場合について考えてみましょう。制御ビットにビット反転（$\hat{X}_1$）が起こると，ゲートは右のゲートから先に左のゲートへと演算することに注意して（$\circ$ はゲートどうしの積の記号）

$$\mathrm{CNOT} \circ \hat{X}_1 = \hat{X}_2 \circ \hat{X}_1 \circ \mathrm{CNOT} \tag{12.28}$$

となり（表 12.6 参照），標的ビットにも誤りが伝搬します（**図 12.4**(a)）。

標的ビットの位相反転は，CNOT ゲートによって制御ビットに伝搬するのです（図 12.4(b)）。

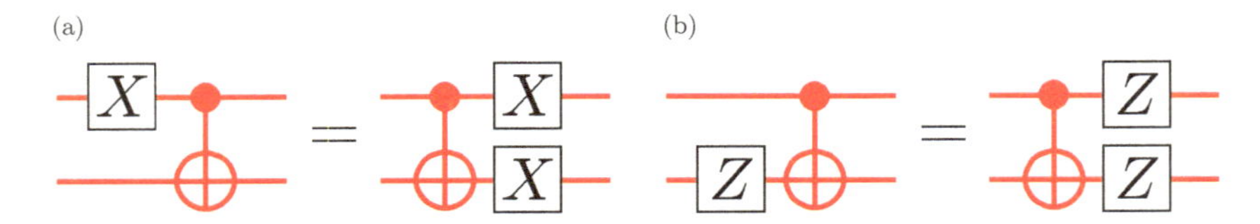

図 12.4 CNOT における誤りの伝搬の量子回路図。(a) ビット反転，(b) 位相反転

図 12.5 は，量子回路に耐故障性（FT: Fault Tolerant）をもたせる方法例です。EC は誤り訂正（Error Correction）です。

12.4.2 耐故障性量子演算

量子演算に耐故障性をもたせる方法について，簡潔に説明します（参考文献 [ニー

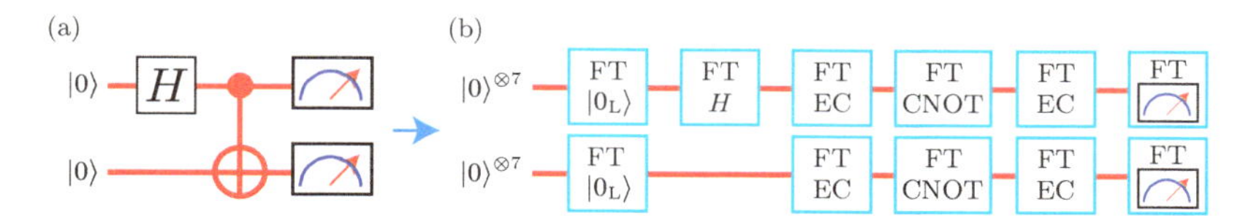

図 12.5　量子回路に耐故障性をもたせる方法例

ルセン]10.6 節)。

論理量子ビット化　まず量子ビットは，符号化状態（encoded state）にして安定化します。$[n,k]$ 符号では，$k=1$ の符号，すなわち $2^k=2^1$ 個の符号化ベクトルを有する符号が使用されます。なぜなら量子計算では，2 個の符号化ベクトル $|0_L\rangle$, $|1_L\rangle$ が必要だからです。そこでここでは，わかりやすく使いやすいスティーン符号を例として概説します。

1 量子演算　ゲートも符号化ゲート（encoded gate）にすることなどが必要です。パウリゲートやアダマールゲートなど 1 量子演算は，各物理量子ビットごとに行います。

たとえばビット反転の符号化ゲート $\bar{\hat{X}}$ は $\bar{\hat{X}} \equiv \hat{X}_1 \otimes \cdots \otimes \hat{X}_7$ なので，7 つの物理量子ビットそれぞれに $\hat{X}$ ゲートを適用すればよいのです。位相反転の符号化ゲート $\bar{\hat{Z}}$ も同様です。このように符号化ゲートを物理量子ビットごとに行うことを，**トランスバーサル性**（transversality）といいます。

2 量子演算　たとえば CNOT ゲートを行う場合には制御ビットにビット反転（$\hat{X}_1$）が起きると (12.28) となり，標的ビットにも誤りが伝搬します。

そこで CNOT ゲートは 2 つの論理量子ビットに対し，各対応物理量子ビットごとに行います（**図 12.6**）。

耐故障性 $\hat{T}$ ゲートの実現　1 量子演算子でも非クリフォードゲートである $\hat{T}$ の耐故障性化には工夫が必要です。**図 12.7** がその量子回路です。

演算を行う量子状態を $|\psi_L\rangle = \alpha_0|0_L\rangle + \alpha_1|1_L\rangle$ とし，補助論理ビット $|0_L\rangle$ を用意します。

アダマールゲート $\hat{H}$ と T ゲート $\hat{T}$ は，補助論理ビット $|0_L\rangle$ の各物理量子ビットごとに行います。その結果，次の状態が生成されます。

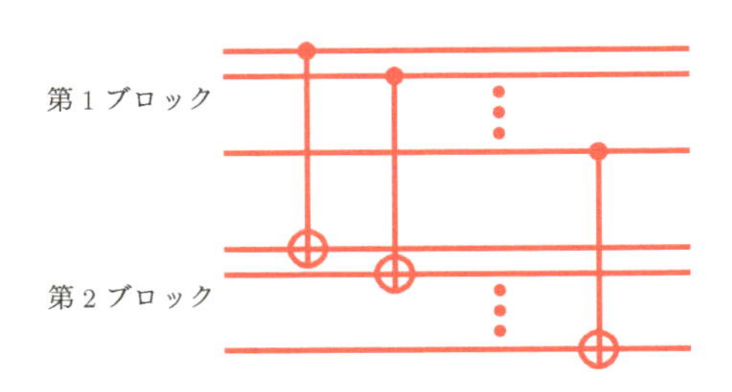

図 12.6 耐故障性 CNOT 量子回路

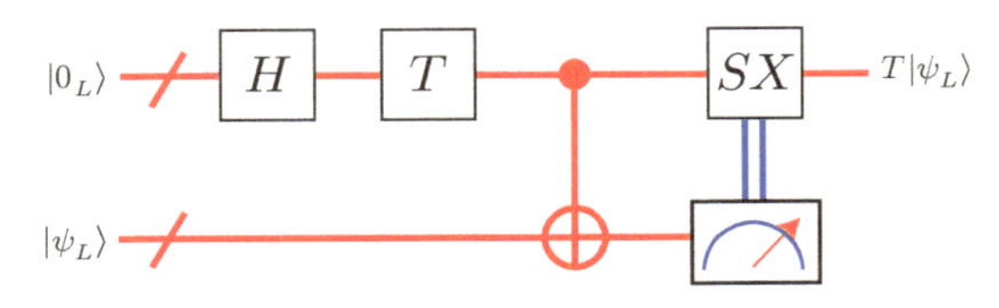

図 12.7 耐故障性 $\hat{T}$ ゲートの量子回路

$$|\Theta_L\rangle \equiv \frac{|0_L\rangle + e^{i\pi/4}|1_L\rangle}{\sqrt{2}} \tag{12.29}$$

ここで耐故障性 CNOT ゲートを行うと次の状態が得られます。

$$\begin{aligned}&\frac{|0_L\rangle(\alpha_0|0_L\rangle + \alpha_1|1_L\rangle) + e^{i\pi/4}|1_L\rangle(\alpha_0|1_L\rangle + \alpha_1|0_L\rangle)}{\sqrt{2}}\\ &= \frac{\left(\alpha_0|0_L\rangle + \alpha_1 e^{i\pi/4}|1_L\rangle\right)|0_L\rangle + \left(\alpha_1|0_L\rangle + \alpha_0 e^{i\pi/4}|1_L\rangle\right)|1_L\rangle}{\sqrt{2}}\end{aligned} \tag{12.30}$$

最後に第 2 量子ブロックを測定して 0 なら終了し，1 なら第 1 ブロックに $\hat{S}\hat{X}$ を行うと，状態は（全体の位相を除いて）目標の $\hat{T}|\psi_L\rangle$ となります。

問題 12.6 第 2 量子ブロックの測定結果が 1 のとき，第 1 ブロックに $\hat{S}\hat{X}$ を行えばよいことを示しなさい。 ♥

耐故障性 $\hat{T}$ ゲートの正しさチェック ここで (12.30) の状態が正しく生成されたかどうかの確認について述べます。$|0_L\rangle$ は $\hat{Z}$ の $+1$ 固有状態なので，$|\Theta_L\rangle$ は $\hat{T}\hat{H}\hat{Z}\hat{H}\hat{T}^\dagger = \hat{T}\hat{X}\hat{T}^\dagger = \exp\left(\frac{-i\pi}{4}\right)\hat{S}\hat{X}$ の $+1$ 固有状態になります。

そこで $\hat{H}\hat{T}$ で生成された状態（正しく生成されれば $|\Theta_L\rangle$）について $\exp\left(\frac{-i\pi}{4}\right)\hat{S}\hat{X}$ を耐故障性測定します。$+1$ 固有値が得られたときは，正しく生成されたことにな

ります。もし -1 固有状態だった場合は，つくり直すか，または次の操作を行います。その状態に $\hat{X}\hat{S}\hat{X}\hat{X} = -\hat{S}\hat{X}$ を適用して，$+1$ 固有状態に変えるのです。

誤りシンドローム　論理量子ビットの耐故障性誤りシンドロームには，補助量子ビットを用います。7 量子ビットのスティーン符号でのシンドロームは 3 行 1 列のベクトルなので，補助ビットの組が 3 組必要です。それぞれの組の補助ビットをショア状態にすると耐故障性を満たすことを，ショアが示しました。

ショア状態は，次に示す，1 が偶数個ある 4 個のビット列合計 8 個の重ね合わせ状態です。

$$|\mathrm{Shor}\rangle = \frac{1}{\sqrt{8}}(|0000\rangle + |0011\rangle + |0101\rangle + |0110\rangle + |1001\rangle + |1010\rangle + |1100\rangle + |1111\rangle) \tag{12.31}$$

図 12.8 のように補助ビットへ CNOT ゲートを行って測定し，シンドロームを得てビット反転誤りを訂正します。位相誤りの訂正は，図 12.8 の各物理量子ビットの最初と最後にアダマールゲートを適用することによって行います。

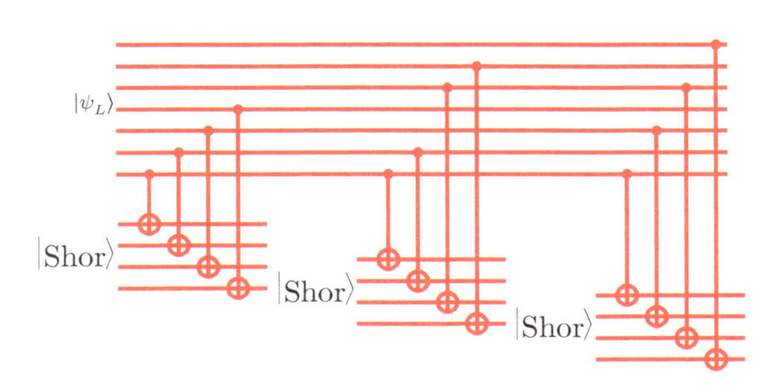

図 12.8　耐故障性誤りシンドローム

12.4.3　連結符号としきい値定理

各量子回路での誤り率を p とするとき，2 個以上の誤りが出る確率は $O(p^2)$ です。耐故障性量子計算が失敗するのは 2 個以上の誤りが生じるときであり，その確率を cp^2 と書きます。

図 12.9 のブロック図の各ステップでの p^2 の係数の合計 c が $c \simeq 10^4$ となったと

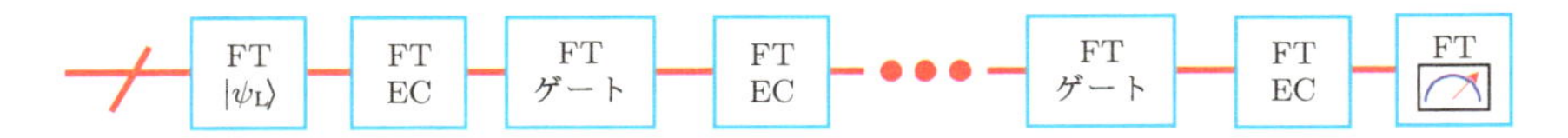

図 12.9　耐故障性量子計算のブロック図

き，たとえば $p < 10^{-4}$ ならば 全体の誤り率 $< 10^{-4}$ となります。

連結符号　耐故障性化では，量子ビットを符号化して論理量子ビットにし，量子ゲートも符号化しました。このプロセスを**図 12.10** のように繰り返すと，誤り確率はさらに小さくできると期待されます。これを連結符号（concatenated code）といいます。

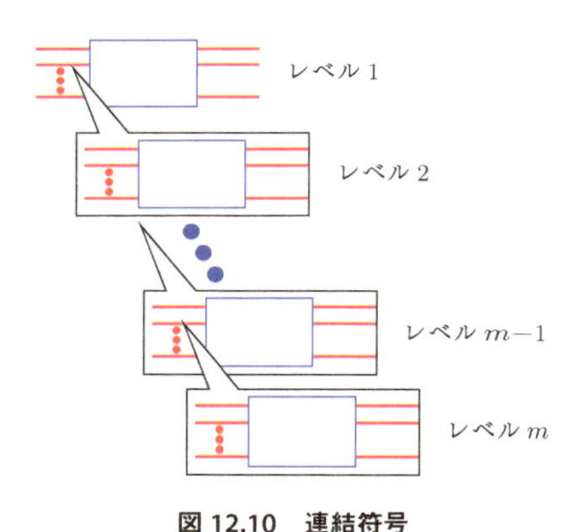

図 12.10　連結符号

g 個のゲートを含む系を m 回連結して最終精度 ϵ を達成したいとします。すると各ゲートの精度は $\frac{\epsilon}{g}$ となり，

$$\frac{(cp)^{2^m}}{c} \leq \frac{\epsilon}{g} \tag{12.32}$$

を満たさなければなりません。$p < p_{\mathrm{th}} \equiv \frac{1}{c}$ ならば，そのような m が見出せて最終精度 ϵ が達成できます。

12.4.4　耐故障性測定

耐故障性量子回路構築の際，演算子の測定は重要な役割を演じます。ここでも耐故障性であるために重要なことは，各ブロックに最大 1 個の誤りしか生じないこと，

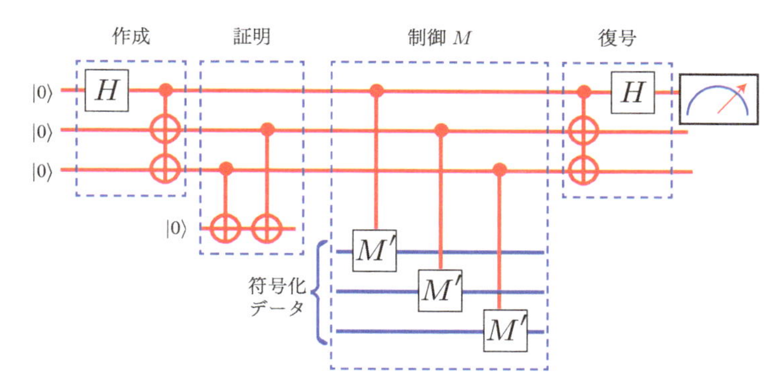

図 12.11 耐故障性測定の量子回路（論理量子ビットを 3 物理量子ビットに簡略化した）

測定の誤り確率が $O(p^2)$ 以下であることです。

図 12.11 は耐故障性測定の量子回路図です。$\hat{M}$ を演算した結果を直接測定すると，符号化データが破壊されてしまいます。そこで，補助ビットを制御ビットとしてデータビットに $\hat{M}$ を演算し，その補助ビットを測定します。

耐故障性測定にするにはまず，$|0\rangle$ に初期化した 7 個の補助ビットを用意し，第 1 の補助ビットにアダマール変換した後，6 個の補助ビットに CNOT を適用して「猫状態」(cat state) $\frac{|0000000\rangle+|1111111\rangle}{\sqrt{2}}$ にします（図 12.11 では 3 物理量子ビットに簡略化しています）。

続いて，この補助ビットブロックを制御ビットとして，符号化データに $\hat{M}'$ を物理量子ビットごとに（トランスバーサルに）適用します。最後に補助ビットブロックを復号して，第 1 補助ビットを測定するのです。

$\hat{M}'$ にするのは，符号化データによって $\hat{M}$ が変化するからです。たとえば符号化としてスティーン符号を用いると，$\hat{M}$ が $\hat{H}$ の場合は $\hat{M}'=\hat{H}$，$\hat{S}$ の場合は $\hat{M}'=\hat{Z}\hat{S}$ となります。

猫状態が正しく生成されたことの検証 (verification) は重要です。その検査には，任意の 2 ビットのパリティが偶であることを確認します。i ビットと j ビットのパリティは $\hat{Z}_i\hat{Z}_j$ の測定結果が $+1$（偶）になることです。ならなかった場合は作成し直します。図 12.11 にはその一部だけ示しました。

こうして，耐故障性量子計算が可能になります。

第13章 量子情報科学の現状と展望

この章では，量子情報科学の現状をまとめ，将来を展望します※1。まず量子コンピュータの現状と展望について述べます。量子通信と量子暗号については，量子暗号通信として概観します。

13.1 量子コンピュータの現状と展望

2010年代の量子コンピュータ開発は，まずは実機製作を実証し，ノイズありの状態（NISQ）で量子コンピュータの需要を増やしつつ，地道に開発を続けて2050年ごろにはFTQC（耐故障性量子コンピュータ）を実現させせようという心構えでした。

ところが2020年代に入ってから，2000年当初の悲観的観測を吹き飛ばし，実機製作実証・ユーザーへの「練習台提供」の段階から，拡張性を意識した実機製作へとフェーズが移ってきたように思われます。その1つの理由に，誤り抑制・緩和技術（error suppression-mitigation）の格段の進歩があります。そして，「NISQからearly FTQCへ」という挑戦的な開発が行われるようになり，需要も高まってきているのです。日本も量子コンピュータのビジネスでのさらなる利活用推進を図るため，2025年2月17日にNEDO（新エネルギー産業技術総合開発機構）は，「量子コンピューター・ユースケース事例集」を作成して56の事例を公開しました（文献[NEDO]）。

13.1.1 誤り抑制・緩和技術の進歩とその帰結

ノイズは量子コンピュータのアキレス腱ともいえます。第12章では，誤り訂正符号について考えました。誤り抑制・緩和技術は，それ以外のハードウェアの改善や

※1 文献[CRDS]に，量子コンピュータ・通信分野の2024年4月現在の世界の動向がまとめられている。

ソフトウェアなどでノイズの影響を減少させる技術です。誤り抑制・緩和技術としていろいろな技術が開発されています（たとえば文献 [遠藤]，その例は表 4.3 参照）。

また，2024 年 8 月には大阪大学と富士通が，STAR（Space-Time efficient Analog Rotation quantum computing）アーキテクチャを開発して必要物理量子ビット数を大幅に減らすことができると発表しました。1 量子ゲートの位相角回転を高精度・高効率で行い，その効率的操作手順を自動的に作成する技術を開発したのです（文献 [阪大富士通]）。

物理量子ビット数と期待できる成果　そのような努力の結果，当初考えられていたより 2 桁ほども少ない物理量子ビット数で，旧来予測と同等の成果が期待できるようになりました（**表 13.1**）。

表 13.1　物理量子ビット数と期待できる成果（参考文献 [佐藤]）

物理量子ビット数	期待できる成果
10^2	簡単なシミュレーション，論理量子ビット作成
10^3	量子多体系・量子化学計算など実践的問題
10^4	量子化学計算や最適化計算でスパコンを凌駕
10^6	FTQC 実現，スパコン凌駕，酵素分解反応解析など
2×10^6	2048 ビット素因数分解で RSA 暗号解読
$(5 \sim 6) \times 10^6$	金融工学におけるモンテカルロ法，データ検索など

NISQ と古典のハイブリッド　世界の量子コンピュータへの熱量は相当のものですが，業界には AI の過去 2 回の冬の時代の厳しい記憶が色濃くあるようです（**表 13.2**）。

表 13.2　AI ブームの 2 度の冬の時代といま（参考文献 [zero2one]）

ブーム	時代	方向性	限界・対処
第 1 次	1950 年代	推論・探索	実世界の複雑な問題への対処困難
第 2 次	1980 年代	知識	膨大な知識の記述・管理困難
第 3 次	2000 年代	機械学習	ビッグデータを AI 自身が学習

そこで業界では，NISQ と古典のハイブリッドで成果を挙げて需要を保ちつつ，FTQC へつなげようと，ユーザーへのサービスを図っています。たとえば富士通や Google は，スーパーコンピュータを駆使する HPC（High Performance Computer）

を投入して，40 量子ビット相当の量子シミュレータと NISQ のどちらもユーザーが簡単に選べるようにして結果をチェックしたり，ノイズの影響を調べたりできるようにしているのです（たとえば文献 [富士通]）。

13.1.2 世界の量子コンピュータの現状

次に量子コンピュータの世界の現状を見てみましょう。

量子アニーリング方式コンピュータの動き　量子アニーリング方式で唯一の実績を誇っている D-Wave 社は，2024 年 4 月 18 日に高速量子アニール機能を発表するなど気炎を上げています。この機能は，同社のすべての QPU（Quantum Processing Unit）でクラウド利用可能とうたっています。

しかしながら，同社も量子ゲート方式に舵を切る動きもあるようです。量子アニーリング方式量子コンピュータ会社関連の株式の価格が，量子ゲート方式の株式の価格の約 $\frac{1}{10}$ であるという株式市場の現状も，その一因かもしれません。また（とくに日本では），量子ではなく古典の疑似量子アニーラが活躍していることも関係しているかもしれません。すなわち疑似量子アニーラ技術の進展が著しく，わざわざ高価でしきいが高い量子アニーラを使わなくても組み合わせ最適化問題が解けるようになってきたからでしょうか。

いま現在の量子ゲート方式コンピュータの動き　いまは，はじめから拡張性を意識し，誤り訂正を組み込んで，量子ビット数が 1,000 個程度でも論理量子ビットを作成して誤りを極力減少させて計算しようとする動きが主流となりつつあります。しかも，量子ビットの誤り抑制・緩和技術も進化して，誤り率も格段に向上しつつあります。

世界での量子コンピュータ開発の動きも速く，出遅れていた冷却原子，シリコン（量子ドット），光※2，ダイヤモンド（色中心），マヨラナ準粒子などの量子ビット候補によるたくさん（2024 年時点で 261 社，うち米国は 75 社（参考文献 [日本総研 1]））のスタートアップ（和製英語ではベンチャー）企業が設立されて，成果や開発のロードマップが発表されています。また，既成企業などとの協業も盛んに行われています。

※2　OptQC（光量子コンピュータ）が，2024 年 9 月 2 日に東大古澤研からのスピンオフとして設立された。

世界の量子コンピュータ　**表 13.3** と**表 13.4** に，世界の量子コンピュータの主な会社・研究所を，量子候補の種類ごとにまとめます（文献 [インターフェース] やネット）。ソフトウェアのスタートアップ企業も次々と設立されています。中国は，量子暗号通信網の構築で世界をリードしています（13.2.2 項参照）が，量子コンピュータ分野でも特許申請件数が 2024 年に米国を抜いて 1 位になるなど成果を挙げてきているようです。

表 13.3　各種量子コンピュータ (1)

会社・研究所	国	ビット数	備考
超伝導量子コンピュータ			
D-Wave	カナダ	5,760	量子アニーリング方式
IBM	米国	1,121	2016 年に世界初のクラウド
Google	米国	70	2019 年量子超越性実証。現在は誤り訂正に
Rigetti	米国・英国	80	2022 年に株式上場。上場廃止危機脱した？
Intel	米国	17	2017 年 10 月。その後シリコンへ（？）
理研	日本	64	2023 年 3 月クラウド公開，第 2，第 3 号機も
本源量子	中国	72	本源悟空第 3 世代，2024 年 1 月
捕捉イオン量子コンピュータ			
Quantinuum	米国・英国	56	2021 年にハネウェルとケンブリッジが合併
IonQ	米国	32	2021 年株式上場
DLR QCI†1	ドイツ	10	初号機 QSea 1（2024 年 5 月 30 日）
Qubitcore	日本	–	2024 年 7 月設立
冷却原子量子コンピュータ			
Atom computing	米国	1,180	コロラド大学からスピンオフ
ColdQuanta	米国	数百	コロラド大学からスピンオフ，2007 年設立
QuEra	米国	256	ハーバード/MIT のスピンオフ
Pasqal	フランス	100	2019 年設立
分子研	日本	＞2	2 量子ゲート高速化，企業と連携
NanoQT†2	日本	–	拡張性大（独自技術），2022 年 4 月設立

†1 ドイツ宇宙航空センター量子コンピュータイニシアティブ
†2 Quantum Technologies，独自技術「光ファイバー共振器 QED」を応用

13.1.3 量子コンピュータの展望

量子コンピュータの将来を展望します。まずは典型的な例として，超伝導量子コンピュータ，冷却原子量子コンピュータ，そしてつい最近立ち上がったシリコンや光量子コンピュータについて概観します。

表 13.4 各種量子コンピュータ (2)

会社・研究所	国・地域	ビット数	備考
光量子コンピュータ			
Xanadu	カナダ	12	Aurora 機
北京玻色量子科技	中国	100	天工量子脳（2023 年 6 月 13 日）
OptQC	日本	3	商業機を 2025 年度に産総研に納入予定†3
精華大学	台湾	1	単一光子（32 次元）卓上サイズ（2024 年 10 月 24 日）
PsiQuantum	米・豪	–	2027 年までに 10^6 量子ビットの FTQC
シリコン量子コンピュータ			
Intel	米国	12	得意のシリコンで勝負
SQC†4	オーストラリア	–	New South Wales 大学からスピンオフ
日立	日本	–	英国にケンブリッジ量子研究所設立
Blueqat	日本	–	日本のスタートアップ
Quantum Motion	英国	–	ソニーも参加
Quobly	フランス	–	CEA と CNRS から独立
Qutech	オランダ	6	デルフト工科大学などと協力
Diraq	オーストラリア	–	2024 年 New South Wales 大学に開設
本源量子	中国	–	シリコンに進出
Equal1	米国ほか	–	UnityQ，ラック収納タイプ
ダイヤモンド量子コンピュータ			
SaxonQ	ドイツ	>50	SuNQC†5
Quantum Brilliance	オーストラリア	–	2019 年設立
トポロジカル量子コンピュータ			
マイクロソフト	米国	8	2025 年 2 月 19 日に Majorana 1 チップ完成†6

†3 2024 年 1 月 19 日，東大，NTT などと
†4 Silicon Quantum Computing
†5 Leipzig 大学からのスピンオフ（2023.01.01-2026.12.31）
†6 Azure Quantum（トポロジカル量子ビットはノイズに強いと期待され 2005 年から開発）

超伝導量子コンピュータの拡張性戦略 捕捉イオン量子コンピュータや超伝導量子コンピュータは，量子コンピュータが実際に造られ，商業的にも十分価値があることを実証しました。ここでは，超伝導量子コンピュータの拡張性戦略の例を概説します（参考文献 [鈴木]）。シリコン量子コンピュータも，ほぼ同じ問題を抱えていますが，日立は大規模化を最優先に考えて開発しているとのことです。

超伝導量子コンピュータの拡張性に関して，現段階で，まず次の 3 つの課題が挙

げられます。

(1) チップへの配線の 3 次元化

超伝導量子ビットは 2 次元に並べられ，現在では各辺へ 2 次元的に配線されています。量子ビット数が多くなると限界は明らかです。そこで 3 次元的に配線する方法の開発が必要です。

(2) 電子回路の効率化

多数の量子ビットを制御するために，制御用マイクロ波の周波数や波形を多重化する必要があり，電子回路の効率化は必須です。

(3) 量子ビット較正の効率化

製造工程の関係で，超伝導量子ビットの個性にはばらつきがあります。多数の量子ビットの較正（calibration）の自動化・効率化は急務です。

これらが実現した段階で，量子誤り抑制・緩和や訂正符号の実装が行われ，誤り耐性量子コンピュータの実現に近づくことができるでしょう。また各量子コンピュータをモジュール化し，各モジュールを量子ネットワークで接続して並列的に計算を行うことによって全体の量子ビット数を稼ぐことも，重要な案の 1 つとして検討されています。

冷却原子量子コンピュータの戦略　次は，進展著しい冷却原子量子コンピュータについてです (参考文献 [古田])。冷却原子量子コンピュータの最大の利点は，個々の量子ビットにまったく個性がなく同一であることです。したがって，較正などの作業は必要ありません。さらなる利点は，光ピンセット技術の使用によって，必要な原子を移動させ，任意の原子と結合させることが可能な，全結合システムを構築できることです。

問題 13.1　光ピンセット技術では，どのようにして原子をとらえて移動させるのでしょうか。 ♥

2023 年 12 月にハーバード大学と MIT のグループが，48 個の論理量子ビット（それぞれ 7 個の物理量子ビットからなる）により種々の研究を行ったと発表して世界を驚かせました。

超伝導やシリコンのように，量子ビットが平面（2 次元）に並べられていると，量子誤り訂正符号として表面符号しか使えません。しかし，冷却原子のように 3 次元的ならば，量子誤り訂正符号もそのような制約はなく，より効率的な符号が使えます（たとえば文献 [後藤 1]）。

さらに冷却原子量子ビットでは，量子ビットの集まりを，保存用，エンタングルメント用，測定用の 3 つに分け，必要に応じて保存領域から量子ビットを専用領域に移動させて，演算や読み出しができるという新たなアーキテクチャーが確立されました。この方式により，測定型量子計算方式が適用でき，測定に時間がかかるなどの冷却原子量子ビットの欠点を補って，大規模化への可能性が見えてきたところです。ただ，冷却原子方式には，量子誤り訂正における補助ビット読み出しによってデータ量子ビットにノイズが乗ってしまうという問題がありました。京都大学のグループは，この問題を 2 つの同位元素を用いることによって解決したと発表しました（文献 [京大 2]，2024 年 12 月 11 日）。

シリコン量子コンピュータにおけるシャトリング量子ビット方式　実はシリコン量子コンピュータでも，量子ビットを自由に移動させて演算や読み出しを行う方式が提案されています。2023 年 6 月 12 日に日立は，シャトリング量子ビット方式（shuttling qubit control method）を提案しました（文献 [日立]，**図 13.1**）。

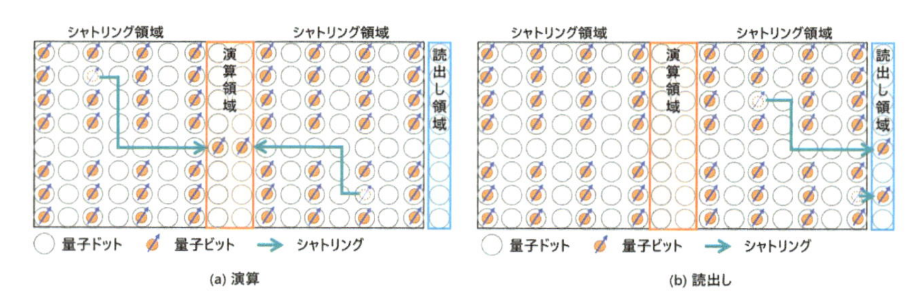

図 13.1　シャトリング量子ビット方式（文献 [日立]）

これまでは，すべての量子ビットに演算・読み出し回路を接続していましたが，シャトリング方式により演算・読み出し回路や配線構造などが簡略化されるとともに，クロストークの影響も抑制でき，大規模化へ大きく前進すると期待されます。日立は，分子研とともにこの方式も取り入れた量子 OS（Operating System）の開発を開始して，量子コンピュータの早期実用化を目指しています。

光量子コンピュータが始動　2024 年 11 月 8 日，理研・東大の古澤チームリーダーのグループから，世界初の汎用光計算プラットフォーム完成の発表がありました（文献 [理研古澤]）。

発表された方式は，時間分割多重化手法を用いた測定誘起型のアナログタイプで，ユーザーはクラウド経由で大規模かつ効率的な計算を行うことが可能な光量子コンピュータです。測定誘起型量子コンピュータでは，測定基底の変更を行う量子テレポーテーション（**図 13.2**）を繰り返して演算を行います。

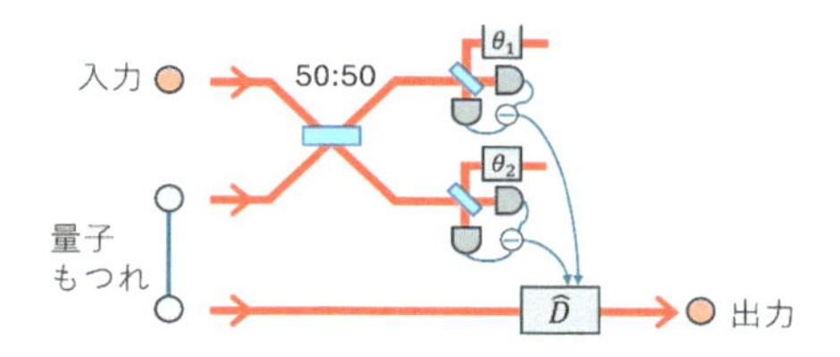

図 13.2　測定基底の変更を行う量子テレポーテーション（文献 [理研古澤] 図 1）

図 13.3 は，その光学装置の概略図です。4 つの量子リソースデバイス A ～ D は光パラメトリック増幅器で，スクイーズド光を生成します。スクイーズド光はパルス化され，ビームスプリッターで重ね合わされて，AB と CD のエンタングル対とされます。対の B と D はそれぞれ Δt と $N\Delta t$ だけ遅延され，同時刻に存在する 4 つの光パルスが 1 セットとなります。こうしてつくられた N 個のセットが量子計算のリソースとなるのです。

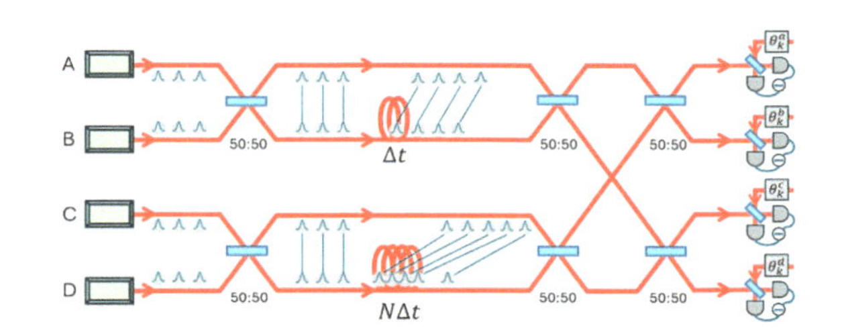

図 13.3　光量子コンピュータ光学装置概略図（文献 [理研古澤] 図 2）

ロードマップ　Google のロードマップでは 2030 年までに 100 万量子ビット達成を目指しています。また，IBM も 2029 年には耐故障性の 200 論理量子ビットで

1 億ゲートを実行可能にするとのことです[※3]。冷却原子の QuEra は 2026 年には 100 論理量子ビットを実現するとうたっています[※4]。

さらにネットで見ると，米国 PsiQuantum 社はシリコン技術を駆使して，2027 年までに 10^6 光量子ビットの FTQC を，シカゴ郊外とオーストラリアに設置するとしています。いよいよ本格的な量子コンピュータ時代がやってこようとしていて，医薬品，新素材の開発など，科学技術に革新を起こすことでしょう。

13.2 量子暗号通信の現状と展望

ここでは，まずポスト量子暗号の現状をまとめたのち，量子通信についての各国の動向について，量子暗号通信も含めてまとめます。

13.2.1 ポスト量子暗号の現状

まずは，ポスト量子暗号の現状を概観します（参考文献 [國廣]）。暗号方式は，暗号化／鍵共有とデジタル署名との 2 つに大別されます。

ポスト量子暗号の募集と結果　アメリカ国立標準技術研究所（NIST：National Institute of Standards and Technology）は，2016 年 12 月にポスト量子暗号の募集を開始しました。2019 年 1 月 30 日には 82 件の応募のうち第 2 ラウンドに進む 26 方式が発表され，2022 年 7 月 5 日に標準化に進む第 3 ラウンドの 4 候補が発表されました。その 4 候補は，暗号化/鍵共有のカテゴリでは CRYSTALS-Kyber，デジタル署名のカテゴリでは CRYSTALS-Dilithium，FALCON，SPHINCS+の 3 方式です。このうち最後の候補はハッシュ関数に基づく方式で，それ以外は格子暗号に基づいています。

第 3 ラウンドで選ばれた方式が格子暗号が 3 つとハッシュ関数が 1 つであったことから，多様性確保のため，改めて第 4 ラウンドの募集が行われています。第 2 ラウンドに進んだ 26 暗号方式の 1 つが第 4 ラウンド開始直後に解読されてしまった，という事件がありました。このことからも，多様性の確保が重要であることがわかります。

※3　https://www.ibm.com/blogs/solutions/jp-ja/quantum-roadmap/
※4　https://www.hpcwire.jp/archives/82772

2024年8月13日には，CRYSTALS-Kyber, CRYSTALS-Dilithium, SPHINCS+の3つのドラフト版が，それぞれFIPS 203，FIPS 204，FIPS 205として公開されました。FIPSとは米国連邦情報処理標準を表します。FALCONのドラフト版も2024年末に公開されました。

2030年までに非ポスト量子暗号であるRSA暗号などをポスト量子暗号に置き換えるべく，慎重な検討が続けられています。

13.2.2 量子暗号通信の現状と将来

ここでは世界各国の量子暗号通信の現状と将来を概観します。

中国の動向　何と言っても中国の量子暗号通信への力の入れようは突出していて，成果も上がっています※5（参考文献 [ニッポンドットコム] など）。2016年8月に中国は，量子科学衛星（quantum scientific satellite）「墨子」（Micius または Mozi）を軌道に投入しました。

人工衛星が地上と量子暗号をやりとりするためには，地表の各所に地上局が必要です。中国は着々と世界各地に地上局を建設してきました※6。2017年に人工衛星と地上間での量子鍵送信実験にも成功し，2024年11月時点で全長4,600 kmの量子暗号通信網を構築しています。2025年には，全国ネットワークの整備を目指しています。

中国以外の世界の状況　スイスの企業IDQ（Id quantique）社は韓国の48の政府機関を結ぶ800 kmの量子暗号通信網を構築し，世界第2位となっています（参考文献 [松田]）。ほかに米国はもちろん，シンガポール，欧州連合（EU）が量子暗号通信網の構築を鋭意進めているところです。進展の一例を記すと，2024年12月30日，米国ノースウェスタン大学のチームが長さ30 kmの使用中の光ファイバーを通じて量子テレポーテーションを実現したと発表しました（たとえば文献 [カラパイア]）。

日本の状況　日本は中国にこそ差をつけられていますが，量子暗号通信分野では

※5　中国は，2000年に第1次宇宙白書を出して以来，計画未達や遅延無く計画を実現していて，今や米国を抜いて世界1の宇宙大国になっている。

※6　各国に中国が建設してきた地上局は，「それぞれの国に役立つ通信衛星やリモートセンシング衛星などの静止衛星を提供して管理も行う」というスタイルによって着々と増やしてきた。

世界で健闘している国の 1 つです。東芝は 30 年以上にわたり量子分野の基礎研究に携わってきて，2021 年 6 月には 600 km の量子暗号通信に成功したと発表しました。東芝は，米国スタートアップの Quantum Xchange や英国ケンブリッジと量子暗号通信の検証に成功しています（参考文献 [日本総研 2]）。

玉川大学量子情報科学研究所は 2020 年 12 月に，位相変調方式の Y00 光通信量子暗号において，10,000 km を超える安全な光ファイバー通信が実現可能なことを実証したと発表しています。

総務省は，宇宙戦略基金実施方針として，量子暗号衛星通信の実用化支援をしています（文献 [総務省]）。また，東芝や NEC を対象候補として 2030 年までに量子暗号国産技術を確立し，サイバー攻撃への防御体制を整備するとのことです（日本経済新聞 2024 年 10 月 8 日朝刊記事）。

量子暗号通信のまとめ　この分野の重要性は十分認識され，巨大な市場も約束されています。不断の努力が続けられていて，その進展に目が離せません。

コラム ❼ 情報理論と量子力学 (2)

量子情報理論の進展に伴い，量子力学と情報との深いつながりが明らかになり，「情報科学の原理が量子力学の新たな原理になるのでは」という期待が高まっています（参考文献 [木村]）。

◆ Q ビズム

まず Q ビズム（QBism）について概観します。Q ビズムは，量子論と**ベイズ統計**を融合して，量子論のパラドックスなどを解消・軽減しようとするモデルです（参考文献 [フォン・ベイヤー]）。

ベイズ統計は，ベイズ（Thomas Bayes（1701-1761，英））のアイデアをラプラス※7 が完成させて広めたものです。

ベイズ確率は，確率を「主観的信念」としてとらえる点で通常用いられる客観的な頻度確率とは異なっているのです。頻度確率は，たとえばサイコロを無限回振った極限で，出る目の確率がそれぞれ $\frac{1}{6}$ などと結論します。しかしベイズ統計は，1 回限りの事象などを主体的な確信度で確率化したものです。ベ

※7　Pierre-Simon Laprace（1749-1827，仏）ラプラス変換，ラプラシアン，ラプラスの悪魔（決定論の帰結）などで有名。SI 単位系の 1 m の定義を $\frac{\text{地球の子午線の長さ}}{10^7}$ と提唱したのもラプラス。

イズ統計は，新たな情報による確率の更新を，数学的に定式化された規則（ベイズの定理など）に基づいて行います。

Q ビズムは，認識論的コペンハーゲン解釈（または，現代版コペンハーゲン解釈）とも称されます※8。Q ビズムでは，波動関数は数学的な道具に過ぎないと考えます。波動関数を主観的な信念であると解釈し，ベイズ統計の規則によって波動関数を改訂していくのです。Q ビズムによれば，「波動関数の収縮は，観測者が主観的確率の割り当てを新たな情報に基づいて突発的・非連続的に更新しただけ」なのです。EPR 相関も，Q ビズムでは単なる認識上の変化であり，遠方に瞬時に情報が伝わったわけではありません。

Q ビズムは，2002 年 1 月に発表されたケイブズ（Carlton M. Caves），フックス（Christopher A. Fuchs），シャック（Ruediger Shack）の 3 人の論文をはじめとします。量子情報理論家であるフックスは，ボルンの確率規則を，波動関数を持ち出さずに，確率論の言葉でほぼ完全に書き直せることを示しました。つまり，確率だけを用いて実験結果を予言できることが示されたのです。現時点での Q ビズムの目標は「Q ビズムが，新たな確固たる前提の上に量子力学を再構築すること」のようです。

◆ 情報因果律の原理と量子力学

1970 年代に情報と量子力学との関係に最初に着目したのは，ホイーラーでした。そのスローガンは「It from bit」でしたが，現在では「It from qubit」になっています。「It」は時空（すなわち，全宇宙）を表します。

2009 年，ポロウスキー（Marcin Pawlowski）たちが，「情報因果律の原理」を適用することによって，ベルの不等式における量子力学での最大値（$2\sqrt{2}$）を導くことができることを発見しました（ベルは，「隠れた局所的な変数の理論では，不等式は 2 を超えない」という定理を証明したのです）。情報因果律の原理とは，「遠隔地についての知りうる情報は，そこから伝送されてきた情報量を超えることはない」という当たり前と思える原理です。この原理は，エンタングル状態に対しても成り立ちます。こうして，情報理論の原理から量子力学の予言を導くことに初めて成功したのです。

※8　コペンハーゲン解釈は，ボーアたちが活躍したデンマークのコペンハーゲンを中心に広く支持された量子論の哲学的解釈。アインシュタインやシュレーディンガーたちの考え方と対立。

◆ 純粋化可能の原理と量子力学

さらに，2010 年ダリアーノ（Giacomo M. D'Ariano（1955-，伊））たちは，まったく別の情報原理から量子力学の数学原理の基本的枠組みを導出することに成功しました。基本となる情報原理は，純粋化可能の原理です。純粋状態とは，すでに最大限の情報を得ている状態であり，また，1 つの波動関数で表される状態です。純粋化可能の原理とは，「混合状態（密度行列で表される状態）を補助量子系とのエンタングル状態にすることによって純粋状態にできる」という原理です（6.3.2 項参照）。

純粋化可能の原理は，古典的な状態（たとえば箱の中のコインの表と裏の混合状態）には成り立ちません。しかしながら，量子力学の混合状態なら成り立つのです。すなわち，量子力学は純粋化が可能な世界なのです。

量子情報科学のさらなる研究によって，「量子力学の教科書が，直観的に理解しやすい情報原理から書き直される日が来る」と期待されているのです。

付録 A 情報科学の数理

ここでは，情報科学で頻繁に使われる数学の基礎的事項をまとめます（参考文献主に [ニールセン] 付録 1, 2, 4）。

A.1 確率論基礎

古典情報科学はもちろん，量子力学も本質的に確率的であり，量子情報科学でも確率論は基本的なツールです。

A.1.1 確率論の基本概念

日常でも雨が降る確率や地震の起きる確率など，いろいろなところで確率が使われます。このように，確率的な事象を表す変数（雨が降る確率では天気）を**確率変数**（random variable）といい，大文字 X などで表します。その 1 つの値 x をとる確率（たとえば雨になる確率）を $\Pr(X=x)\equiv p(X=x)$，以後，$X=$ を省略して $\Pr(x)\equiv p(x)$ と表します。

条件付き確率　$p(y|x)$ は条件付き確率（conditional probability）と呼ばれ，$X=x$ がわかっているときに $Y=y$ となる確率です。$p(y|x)$ は，次式で定義されます。

$$p(y|x)\equiv\frac{p(x,y)}{p(x)}=\frac{p(x|y)p(y)}{p(x)} \tag{A.1}$$

ここで $p(x,y)$ は，$(X=x)\wedge(Y=y)$（$\wedge$ は AND）の確率です。

(A.1) の最初の項と 2 番目の項の等式 $p(y|x)=\frac{p(x|y)p(y)}{p(x)}$ は，**ベイズの規則**（Bayes' rule）と呼ばれます。条件付き確率の例は，確率変数が天気の場合，「前日が夕焼けだったときに翌日晴れになる確率」などです。

(A.1) は，次のように x と y について対称です。

$$p(x, y) = p(y|x)p(x) = p(x|y)p(y) \tag{A.2}$$

もしすべての x, y に対して $p(x, y) = p(x)p(y)$ の場合，X と Y は独立（independent）であるといいます。X と Y が互いに独立の場合は，すべての x, y に対して $p(y|x) = p(y)$ と $p(x|y) = p(x)$ が成り立ちます。

全確率の法則　条件付き確率 $p(y|x)$ に $p(x)$ をかけて x の総和をとると

$$p(y) = \sum_x p(y|x)p(x) \tag{A.3}$$

となります。これを全確率の法則（law of total probability）といいます。

A.1.2　期待値と分散

確率変数 X の期待値（expectation value，または平均値（average, mean））$E(X)$ と分散（variance）$\mathrm{var}(X)$ は次式で定義されます。

$$E(X) \equiv \langle X \rangle = \sum_x x p(x) \tag{A.4}$$

$$\mathrm{var}(X) \equiv E\left[(X - E(X))^2\right] = E(X^2) - E(X)^2 \tag{A.5}$$

標準偏差とチェビシェフの不等式　標準偏差（standard deviation）$\Delta(X) \equiv \sqrt{\mathrm{var}(X)}$ は確率変数 X の散らばりの度合いを表します。

チェビシェフの不等式（Chevyshev's inequality）は

$$p\left[|X - E(X)| \geq \lambda \Delta(X)\right] \leq \frac{1}{\lambda^2} \tag{A.6}$$

と表され，標準偏差から λ 倍離れている確率は $\frac{1}{\lambda^2}$ で小さくなることがわかります。

A.2　群論

群論は，量子情報においていくつかの局面で重要なはたらきをします。

A.2.1　群の基本的な定義

群は，「**表** A.1 の 4 条件を満たす空でない集合」と定義されます。

表 A.1 群が満たすべき条件

条件名（英語）	条件
閉じている（closure）	$^\forall(g_1, g_2) \in G$ に対して，$g_1 \cdot g_2 \in G$ が成立
結合則（associative）	$^\forall(g_1, g_2, g_3) \in G$ に対して， $(g_1 \cdot g_2) \cdot g_3 = g_1 \cdot (g_2 \cdot g_3)$ が成立
単位元（identity）が存在	$^\forall g \in G$ に対して，$g \cdot e = e \cdot g = g$ を満たす $e \in G$ が存在
逆元（inverse）が存在	$^\forall g \in G$ に対して, $g \cdot g^{-1} = g^{-1} \cdot g = e$ を満たす $g^{-1} \in G$ が存在

表 A.1 で $^\forall g \in G$ は,「群 G の任意の（すべての）元（げん）（要素）g」という意味です。また，$g_1 \cdot g_2$ の「$\cdot$」は広い意味での積（たとえば和でも ok）を表し，省略されることも多いです。

位数　群 G の元の数が有限個のとき，G は有限（finite）であるといいます。有限群 G の元の数を位数（order）といい，$|G|$ と書きます。位数を r（正の整数）とするとき，r は e 以外の $\forall g \in G$ に対し $g^r = e$ を満足する最小の r です。

アーベル群と非アーベル群　$^\forall(g_1, g_2) \in G$ に対して $g_1 g_2 = g_2 g_1$（可換）のとき，G をアーベル群（Abelian group）といい，非可換の群を非アーベル群（non-Abelian group）といいます。非アーベル群の例として次のパウリ群（Pauli group）があります。

$$G_1 \equiv \{\pm\hat{I}, \pm i\hat{I}, \pm\hat{X}, \pm i\hat{X}, \pm\hat{Y}, \pm i\hat{Y}, \pm\hat{Z}, \pm i\hat{Z}\} \tag{A.7}$$

部分群　群 G と同じ乗法演算のもとに，G の元の一部分だけで群をつくるとき，その群を部分群（subgroup）といいます。

生成元　群 G の一部の元 $\{g_1, g_2, \cdots, g_l\}$ の任意の積で G のすべての元が生成されるとき，これらの元を群生成元（group generator）といいます。このとき $g_1, g_2, \cdots, g_l$ は G を生成するといい，$G = \langle g_1, g_2, \cdots, g_l\rangle$ と書きます。たとえば (A.7) は $G_1 = \langle \hat{X}, \hat{Z}, i\hat{I}\rangle$ と書けます。

巡回群　$^\forall g \in G$ が $^\exists a$（ある a）と $^\exists n$（整数）とによって $g = a^n$ と表されると

き，a を G の生成元といい，$G = \langle a \rangle$ と書き，G は巡回群（cyclic group）といいます。また，群の一部が生成されるとき，生成される群を巡回部分群と呼びます。

剰余類　群 G 中の部分群 H の $^{\exists}g \in G$ で決定される集合 $gH \equiv \{gh|h \in H\}$ を，左の剰余類（left coset）といいます。右の剰余類も同様に定義されます。

加法群 $\boldsymbol{Z}_n$ の場合，部分群 H の剰余類を $\exists g \in \boldsymbol{Z}_n$ に対して $g + H$ と書きます。

A.2.2 群の行列表現

行列も群をつくります。$n \times n$ の行列の集合を $\hat{M}_n$ とすると，行列の群は $\hat{M}_n$ の中の（に含まれる）集合です。

群 G の行列表現（matrix representation）$\hat{M}$ は，群 G を行列群に写像する関数として定義されます。すなわち，$g \in G$ が $\hat{M}(g) \in M_n$ に写像されると，$g_1 g_2 = g_3$ は $\hat{M}(g_1)\hat{M}(g_2) = \hat{M}(g_3)$ となります。写像が 1 対 1 の場合を**同形**（isomorphism），複数対 1 の場合を**準同形**（homomorphism）といいます。

同値　2 つの行列群の対応する元の**指標**（character）が一致するとき，2 つの行列群は**同値**（等価，equivalent）であるといいます。ここで指標とは行列のトレースの値です※1。

共役類　1 つの行列群の中で元のトレースの絶対値が同じ値になる元の集まりを，共役類（conjugacy class）といいます。

既約と可約　ある行列群がブロック対角形の別の行列群と同値であるとき，その行列群を完全可約（completely reducible），同値ではない場合，既約（irreducible）であるといいます。ここでブロック対角形の行列とは，複数の正方行列が対角に並び，それ以外の行列要素が 0 の行列です。

※1　$n \times n$ の行列群の任意の元のトレースの絶対値は n 以下となります。トレースの値が n になるのは単位行列です。

A.3 凸結合，凸集合，アフィン関数，凸関数，凹関数

ここでは，情報科学でよく出てくる凸結合，凸集合，凸関数，凹関数やアフィン関数について簡潔にまとめます（参考文献 [石坂] 付録 A.4 節）。

凸結合　立体が凸（convex）とは，内部に空洞が無く，外形もへこんでいるところがない立体のことです。凸立体を数学的にどのように定義したらよいでしょうか。そのためには，立体の中の任意の 2 点を結ぶ線分を考えます。この線分上のどの点も立体の内部にあれば，立体は凸と結論できます。

立体内の任意の 2 点を $\vec{r}_1, \vec{r}_2$ とし，p を $0 \leq p \leq 1$ とすると，2 点を結ぶ線分上の点は

$$p\vec{r}_1 + (1-p)\vec{r}_2 \tag{A.8}$$

と表されます※2。この数式を凸結合といいます。凸結合がすべて立体の内部にあるとき，立体は凸です。たとえば三日月型では，線分上の点が立体の外になりえるので凸ではありません。

ベクトル空間の凸集合　この概念をベクトル空間 V に一般化します。V に属する任意のベクトル $\vec{v}_1, \vec{v}_2$ と任意の実数 $p, (0 \leq p \leq 1)$ について，凸結合 $p\vec{v}_1 + (1-p)\vec{v}_2$ が V に属するとき，V は凸集合と呼ばれます。以下で，$\vec{v}_1, \vec{v}_2$ と p は同様に定義されます。

アフィン関数，凸関数，凹関数　関数 $f(x)$ がアフィン（affine）関数であるとは，$x_2 > x_1$ として，次の関係が成り立つときです。

$$f(px_1 + (1-p)x_2) = pf(x_1) + (1-p)f(x_2) \tag{A.9}$$

$f(x)$ がアフィン関数であることは，$f(x)$ が線形関数（1 次関数）であることを意味します。

また，関数 $f(x)$ が凸関数（convex function）であるとは，次の関係が成り立つときです。

※2　ここで，$\vec{r}_i \equiv (x_i, y_i, z_i)$，$(i = 1, 2)$。

$$f(px_1 + (1-p)x_2) \leq pf(x_1) + (1-p)f(x_2) \tag{A.10}$$

すなわち，関数 $f(x)$ が下に凸であることです。$\sum_{i=1}^{d} p_i = 1$ として，(A.10) を一般化した次式も凸関数の定義です。

$$f\left(\sum_{i=1}^{d} p_i x_i\right) \leq \sum_{i=1}^{d} p_i f(x_i) \tag{A.11}$$

逆に $f(x)$ が凹関数（concave function）とは，$-f(x)$ が凸関数であることです（図 7.1 参照）。

A.4 整数論

整数論は暗号や量子アルゴリズムで使われます。

A.4.1 整数の計算と合同式

ここでは，RSA 暗号などで必要になる整数計算や定理を概説します。

最大公約数　整数 a と b の最大公約数（greatest common divisor）を $\gcd(a,b)$ と書きます。$\gcd(a,b) = 1$ のとき，a と b は互いに素であるといいます。

合同式　整数 a と b の差が自然数（正の整数）n の倍数のとき，a と b は n を法（modulus）として合同（congruent）といい，次のように表します※3。

$$a \equiv b \pmod{n} \tag{A.12}$$

同類と異類　合同式では

$$\begin{aligned} &a \equiv b \pmod{n} \text{ ならば } b \equiv a \pmod{n} \\ &a \equiv b \pmod{n} \text{ かつ } b \equiv c \pmod{n} \text{ ならば } a \equiv c \pmod{n} \end{aligned} \tag{A.13}$$

が成り立つので，ある数と合同な数を同類，合同でない数を異類といい，すべての

※3　(mod n) のカッコを省く文献も多い。

整数を 2 つのグループに分けることができます。たとえば 2 を法とすると，整数は偶数と奇数とに分かれます。

n 類，既約類，オイラー関数　n を法とすると，すべての整数は $0, 1, \cdots, n-1$ の n 個の整数のどれかと合同になります。すなわち，すべての整数は n 類に分類されます。

その n 個の整数の中で n と素の整数のみを含む類を既約類といいます。n を法とする既約類の中の整数の数がオイラー（Leonhard Euler（1707-1783，スイス））関数 $\varphi(n)$ です。たとえば $n = 6$ のとき，既約類は $\{0, 1, 5\}$ であり，$\varphi(6) = 3$ となります。

A.4.2　オイラーの定理とフェルマーの小定理

整数 a が自然数 n と素であるとき，次式が成り立ちます。

$$a^{\varphi(n)} \equiv 1 \pmod{n} \quad \text{(オイラーの定理)} \tag{A.14}$$

n が素数のとき $\varphi(n) = n - 1$ となり，オイラーの定理はフェルマー（Pierre de Fermat（1607-1665，仏））の小定理と呼ばれます。

A.4.3　ユークリッドの互除法

ユークリッド（Euclid（BC330-275?，ギリシャ））の互除法は，剰余算（modular arithmetic）により 2 つの自然数 a と b の最大公約数 $\gcd(a, b)$ を求める方法で，$a > b$ として次のように計算します。

a を b で割り，余り（剰余，remainder）を $r_1, (\geq 0)$ とします。$r_1 = 0$ なら $\gcd(a, b) = b$ です。また $r_1 = 1$ のときは $\gcd(a, b) = 1$ であり，a と b は互いに素です。

そうでない場合は，b を r_1 で割って余りを r_2 とします。$r_2 = 0$ なら $\gcd(a, b) = r_1$，$r_2 = 1$ の場合は a と b は互いに素です。

この計算を余り r_n が 0 か 1 になるまで繰り返します，$r_n = 0$ になったら $\gcd(a, b) = r_{n-1}$，$r_n = 1$ のときは a と b は互いに素です。**図 A.1** にその例を掲げます。

図 A.1　ユークリッドの互除法の例

問題 A.1　ユークリッドの互除法を用いると，最大公約数が求まることを示しなさい。ヒント：a を b で割った余りを r とすると，q を正の整数として $a = bq + r$ と書ける。これを用いて，$\gcd(b, r) \geq \gcd(a, b)$ と $\gcd(a, b) \geq \gcd(b, r)$ を示す。 ♥

付録 B 量子ビットの数理

ここでは，量子力学の基本である線形代数の数学を簡潔に述べ，量子ビットや演算子（ゲート）を数式で表します。

B.1 線形代数

量子力学は線形代数で記述されます（参考文献 [ニールセン] 第 2 章，[富田] 第 2 章，[石坂] 付録 A)。

B.1.1 ベクトル

ここでは，ベクトル（波動関数）の性質について概観します。

線形独立と基底　ベクトル空間のスパン集合（spanning set）は，その空間の任意のベクトル $|v\rangle$ が $|v\rangle = \sum_i^d a_i|v_i\rangle$ と表せるようなベクトルの集合 $\{|v_i\rangle, (i = 1, 2, \cdots d)\}$ のことです。

線形独立（linearly independent）とは，0 でない $|v_1\rangle, \cdots, |v_d\rangle$ に対して

$$a_1|v_1\rangle + a_2|v_2\rangle + \cdots + a_d|v_d\rangle = 0 \tag{B.1}$$

が成り立つとき，複素数の係数 $\{a_i, (i = 1, 2, \cdots d)\}$ がすべて 0 となる場合です。そのベクトルの数（この場合は d）を次元（dimension）といいます。線形独立でないベクトルの集合を，線形従属（linearly dependent）といいます。

ベクトル空間を張る線形独立なベクトルの集合を基底（basis）といいます。

定理 B.1 グラム-シュミットの正規直交基底集合作成法

基底集合 $|v_1\rangle, \cdots, |v_d\rangle$ から次のように構成された $|u_1\rangle, \cdots, |u_d\rangle$ は，正規直交基底集合となる（グラム-シュミット (Gram-Schmidt) の正規直交化法）：

まず $|u_1\rangle = \frac{|v_1\rangle}{\| v_1 \|}$ と定義し，$2 \leq k \leq d$ に対して残りのベクトルを

$$|u_k\rangle \equiv \frac{|v_k\rangle - \sum_{i=1}^{k-1} \langle u_i | v_k \rangle |u_i\rangle}{\| |v_k\rangle - \sum_{i=1}^{k-1} \langle u_i | v_k \rangle |u_i\rangle \|} \tag{B.2}$$

のように次々と定義する。 ♠

定理 B.2 コーシー-シュワルツの不等式

2 つのベクトル $|u\rangle$ と $|w\rangle$ について

$$\langle u|w\rangle^2 \leq \langle u|u\rangle\langle w|w\rangle \tag{B.3}$$

が成り立つ。 ♠

証明 グラム-シュミットの正規直交基底集合作成法を利用してコーシー-シュワルツの不等式を導きます。

正規直交基底 $|i\rangle$ をグラム-シュミットの方法で，最初の項を $\frac{|w\rangle}{\sqrt{\langle w|w\rangle}}$ として用意します。完全性関係 $\sum_i |i\rangle\langle i| = \hat{I}$ を (B.3) の右辺に代入して次式を得ます。

$$\langle u|u\rangle\langle w|w\rangle = \sum_i \langle u|i\rangle\langle i|u\rangle\langle w|w\rangle = \sum_i |\langle u|i\rangle|^2 \langle w|w\rangle \tag{B.4}$$

最初の項 $\frac{|w\rangle}{\sqrt{\langle w|w\rangle}}$ だけを残し，すべて非負である残りを省くと

$$\langle u|u\rangle\langle w|w\rangle \geq \frac{|\langle u|w\rangle|^2}{\langle w|w\rangle}\langle w|w\rangle = |\langle u|w\rangle|^2 \tag{B.5}$$

となって (B.3) が得られます。 ♣

B.1.2 行列の分類と性質

行列は，ベクトルに演算する演算子としてはたらきます。ここでは，一般に n 行 n 列の行列（演算子）について考えます（参考文献 [富田]2.1 節など）。**表 B.1** に量

表 B.1　有用な行列（演算子）とその性質

行列	特徴	性質
正規	$\hat{N}^\dagger\hat{N} = \hat{N}\hat{N}^\dagger$	対角化可能，スペクトル分解可能
エルミート	$\hat{H}^\dagger = \hat{H}$	正規かつ固有値が実数
正値	$\hat{A} \geq 0$	エルミートかつ固有値が非負
射影	$\hat{P}^2 = \hat{P}$	正値かつ固有値が 0 か 1
ユニタリー	$\hat{U}^\dagger = \hat{U}^{-1}$	正規かつ固有値の絶対値が 1
恒等	$\hat{I}$	対角行列で対角要素がすべて 1（上記すべて満足）

子情報科学で重要な行列（演算子）の性質を，**図 B.1** にそれらの関係をまとめます。

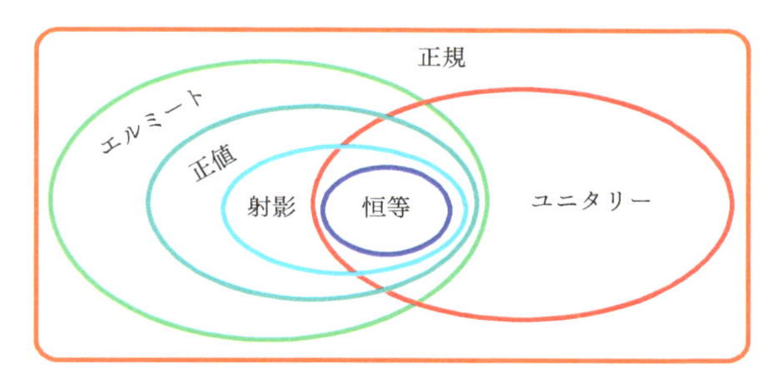

図 B.1　有用な行列（演算子）の関係

スペクトル分解　正規（normal）演算子 $\hat{N}$ は，$\hat{N}^\dagger\hat{N} = \hat{N}\hat{N}^\dagger$ を満たす行列で，対角化可能です。対角化された正規行列は，固有値 λ_j と正規直交化された固有ベクトル $|e_j\rangle$ を用いて次のように書けます。

$$\hat{N} = \sum_{j=1}^{d} \lambda_j |e_j\rangle\langle e_j| \tag{B.6}$$

これをスペクトル分解（spectral decomposition）といいます。

演算子関数　スペクトル分解ができると，演算子関数が定義できます。演算子 $\hat{N}$ の関数 $f(\hat{N})$ は次のように定義されます。

$$f(\hat{N}) \equiv \sum_{j=1}^{n} f(\lambda_j)|e_j\rangle\langle e_j| = \begin{pmatrix} f(\lambda_1) & 0 & 0 & \cdots & 0 \\ 0 & f(\lambda_2) & 0 & \cdots & 0 \\ 0 & 0 & f(\lambda_3) & \cdots & 0 \\ \vdots & \vdots & \vdots & \ddots & \vdots \\ 0 & 0 & 0 & \cdots & f(\lambda_n) \end{pmatrix} \tag{B.7}$$

正規演算子に属する演算子　エルミート演算子やユニタリー演算子など量子情報科学で扱う演算子は，すべて正規演算子です。したがって，これらすべての演算子はスペクトル分解することができます。図B.1のようにユニタリー演算子とエルミート演算子とは重なりをもつので，ユニタリーかつエルミートの演算子があります。

$\hat{A}$ が正値演算子（positive operator）とは，任意の状態 $|\phi\rangle$ に対して $\langle\phi|\hat{A}|\phi\rangle \geq 0$ が成り立つことです。

B.1.3 不確定性原理

一般に行列（演算子）は非可換です（たとえば (2.16)）。非可換な2つのエルミート演算子の測定値には不確定性原理が成り立ちます。

定理 B.3　ハイゼンベルクの不確定性原理

2つのエルミート演算子を $\hat{C}, \hat{D}$ とし，量子状態を $|\psi\rangle$ とすると

$$\Delta(C)\Delta(D) \geq \frac{\langle\psi|[\hat{C}, \hat{D}]|\psi\rangle}{2} \tag{B.8}$$

が成り立つ。ただし $\Delta(C), \Delta(D)$ はそれぞれ $\hat{C}, \hat{D}$ の標準偏差である。♠

証明の概要　2つのエルミート演算子を $\hat{A}, \hat{B}$ とし，x と y を実数として $\langle\psi|\hat{A}\hat{B}|\psi\rangle = x + iy$ とおきます。すると $\hat{A}, \hat{B}$ がエルミート演算子であることから $\langle\psi|[\hat{A}, \hat{B}]|\psi\rangle = 2iy$ と $\langle\psi|\{\hat{A}, \hat{B}\}|\psi\rangle = 2x$ が得られます※1。

この結果から次式が得られます。

$$|\langle\psi|[\hat{A}, \hat{B}]|\psi\rangle|^2 + |\langle\psi|\{\hat{A}, \hat{B}\}|\psi\rangle|^2 = 4|\langle\psi|\hat{A}\hat{B}|\psi\rangle|^2 \tag{B.9}$$

※1　$[\hat{A}, \hat{B}] \equiv \hat{A}\hat{B} - \hat{B}\hat{A}, \quad \{\hat{A}, \hat{B}\} \equiv \hat{A}\hat{B} + \hat{B}\hat{A}$

コーシー-シュワルツ（Cauchy-Schwarz）の不等式より，次式を得ます。

$$|\langle\psi|\hat{A}\hat{B}|\psi\rangle|^2 \leq |\langle\psi|\hat{A}^2|\psi\rangle|^2|\langle\psi|\hat{B}^2|\psi\rangle|^2 \tag{B.10}$$

(B.9) と (B.10) とを組み合わせ，負でない項を落とすと，次式が得られます。

$$|\langle\psi|[\hat{A},\hat{B}]|\psi\rangle|^2 \leq 4|\langle\psi|\hat{A}^2|\psi\rangle|^2|\langle\psi|\hat{B}^2|\psi\rangle|^2 \tag{B.11}$$

この式に $\hat{A} = \hat{C} - \langle\hat{C}\rangle$ と $\hat{B} = \hat{D} - \langle\hat{D}\rangle$ を代入して (B.8) が求まります。 ♣

B.2 1量子ゲートと演算子

この節では，第 2 章で割愛した 1 量子ゲートの数式について述べます。量子ゲートと量子演算子（行列）は同義語として扱い，文中では演算子には $\hat{X}$ のようにハットをつけ，図では省きます。

B.2.1 ブロッホ球とベクトル

原点を中心とする半径 1 の球（ブロッホ※2球）を考えます。**図 B.2** のように座標軸 x, y, z を決め，原点から球面上の点への 3 行 1 列のベクトル（ブロッホベクトル）を考えます。とくに，原点から点 $(0,0,1)^T$ へのベクトルを状態 $|0\rangle$，原点から点 $(0,0,-1)^T$ へのベクトルを状態 $|1\rangle$ と定めます（逆に定義する文献もあるので注意）。

状態 $|0\rangle$ と $|1\rangle$ の任意の重ね合わせ状態 $|\psi\rangle$ は，原点からブロッホ球面上の 1 点への 2 行 1 列のベクトルとして表されます。角度 θ, ϕ を図 B.2 のように決めると，$|\psi(\theta,\phi)\rangle$ は次のように表されます。

$$|\psi(\theta,\phi)\rangle = \cos\left(\frac{\theta}{2}\right)|0\rangle + e^{i\phi}\sin\left(\frac{\theta}{2}\right)|1\rangle = \begin{pmatrix} \cos\left(\frac{\theta}{2}\right) \\ e^{i\phi}\sin\left(\frac{\theta}{2}\right) \end{pmatrix} \tag{B.12}$$

$|e^{i\phi}| = 1$ なので，$e^{i\phi}$ は複素平面上で原点を中心とする単位円上の点となります。ϕ は，原点とその点を結ぶ線分が $+x$ 軸となす（$+x$ 軸から反時計回りに計った）角

※2 Felix Bloch（1905-1983，スイス，米）ドイツで研究するも，ユダヤ系ということで 1933 年に米国へ逃れた。1952 年に NMR の基礎研究でパーセル（Edward M. Purcell）とともにノーベル物理学賞を受賞した。

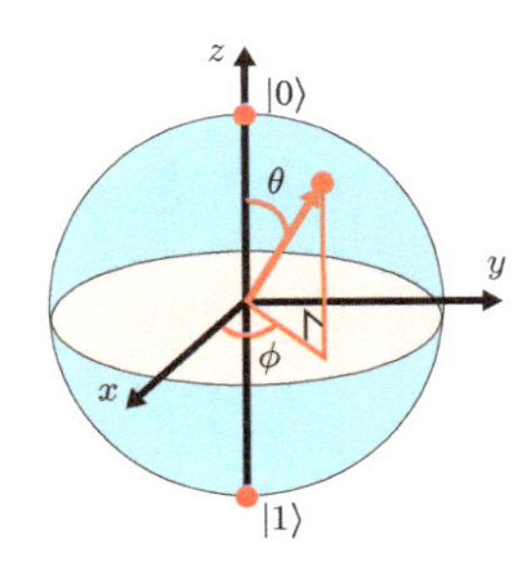

図 B.2　ブロッホ球

度です。

角度 (θ, ϕ) に対するブロッホベクトル $\boldsymbol{r}$ は，

$$\boldsymbol{r} \equiv (\sin\theta\cos\phi, \sin\theta\sin\phi, \cos\theta)^T \tag{B.13}$$

と表されます。ここで，記号 ^{T} は転置行列をとることを表します。

B.2.2 アダマールゲートの回転軸

アダマールゲートは，ベクトルを**図 B.3** の回転軸のまわりに回転させる変換です。

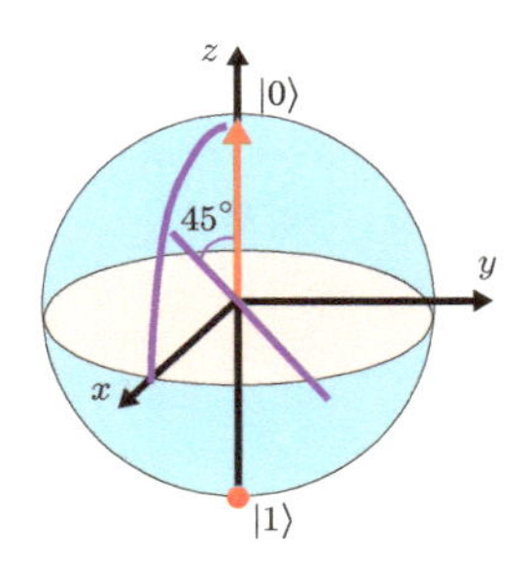

図 B.3　アダマールゲートを定義する回転軸

アダマールゲートと軸の周りの回転　上向きの状態（$|0\rangle$）を図 B.3 のように定義された回転軸の回りに 180° 回転させると，向きが $+x$ 軸方向になることを実際に確かめてみましょう。

たとえば，物差しを水平から 45° 傾けて持ち，そこにボールペンなどを上向きに固定します（**図 B.4**(a)）。そして，物差しをその場で 180° 回転させて（裏返して）み

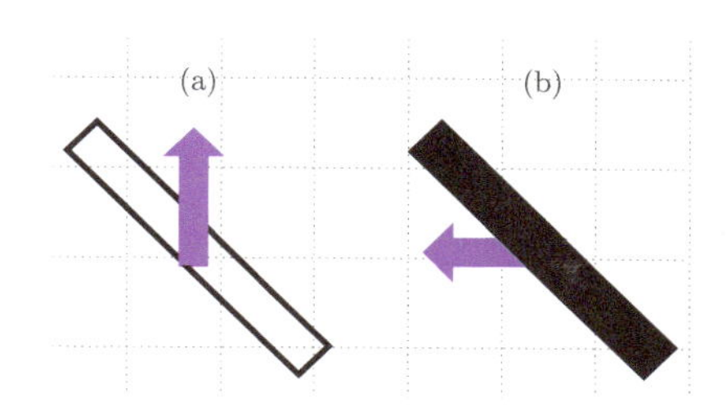

図 B.4　アダマールゲートを $|0\rangle$ に演算すると

ます。するとボールペンは水平（図 B.4 では $+x$ 方向）になるのです（図 B.4(b)）。この状態は (2.21) に対応します。さらに 180° 回転させると，また上向きに戻ります（$\hat{H}^2 = \hat{I}$ に対応します）。

ボールペンを下向きに取りつければ，ボールペンは水平逆向き（図 B.4 では $-x$ 方向）になり，(2.22) に対応する状態が得られます。

B.2.3　x, y, z 軸の周りの回転演算子と $\hat{X}, \hat{Y}, \hat{Z}, \hat{S}, \hat{T}$

x, y, z 軸の周りに任意の角度 θ だけ右回りに回転したときの演算子 $\hat{R}_x(\theta), \hat{R}_y(\theta), \hat{R}_z(\theta)$ は，

$$\hat{R}_x(\theta) \equiv e^{-i\frac{\theta}{2}\hat{X}} = \cos\left(\frac{\theta}{2}\right)\hat{I} - i\sin\left(\frac{\theta}{2}\right)\hat{X} = \begin{pmatrix} \cos\left(\frac{\theta}{2}\right) & -i\sin\left(\frac{\theta}{2}\right) \\ -i\sin\left(\frac{\theta}{2}\right) & \cos\left(\frac{\theta}{2}\right) \end{pmatrix}$$

$$\hat{R}_y(\theta) \equiv e^{-i\frac{\theta}{2}\hat{Y}} = \cos\left(\frac{\theta}{2}\right)\hat{I} - i\sin\left(\frac{\theta}{2}\right)\hat{Y} = \begin{pmatrix} \cos\left(\frac{\theta}{2}\right) & -\sin\left(\frac{\theta}{2}\right) \\ \sin\left(\frac{\theta}{2}\right) & \cos\left(\frac{\theta}{2}\right) \end{pmatrix}$$

$$\hat{R}_z(\theta) \equiv e^{-i\frac{\theta}{2}\hat{Z}} = \cos\left(\frac{\theta}{2}\right)\hat{I} - i\sin\left(\frac{\theta}{2}\right)\hat{Z} = \begin{pmatrix} e^{-i\theta/2} & 0 \\ 0 & e^{i\theta/2} \end{pmatrix} \tag{B.14}$$

と表されます。

問題 B.1　(B.14) が成り立つことを示しなさい。ヒント：両辺をテイラー展開し，(2.16) と (2.14) を使う。♥

$\hat{R}_x(\theta), \hat{R}_y(\theta), \hat{R}_z(\theta)$ がそれぞれ x, y, z 軸の周りの回転を表すことは 6.1.2 項の問題 6.4 で考察します。

(B.14) から，$\hat{R}_x(\theta), \hat{R}_y(\theta), \hat{R}_z(\theta)$ は，1 回転（$\theta = 2\pi$）では

$$\hat{R}_x(2\pi) = \hat{R}_y(2\pi) = \hat{R}_z(2\pi) = \begin{pmatrix} -1 & 0 \\ 0 & -1 \end{pmatrix} \tag{B.15}$$

となって元に戻らず（$\hat{R}_x(2\pi) \neq \hat{R}_x(0)$ など），2 回転（$\theta = 4\pi$）で初めて元に戻ること（$\hat{R}_x(4\pi) = \hat{R}_x(0) \equiv \hat{I}$ など）がわかります。量子ビットやスピン $\frac{1}{2}$ は，このように，2 回転して初めて元に戻るのです。

問題 B.2 紅白の鉢巻（など）の上端を固定して鉛直につるし，下にボールペン（など）を水平に取り付けます。ボールペンを水平に 2 回転させてねじれた鉢巻を，ボールペンを回転させることなく上下左右に平行移動させると，ねじれがとれることを確かめなさい。また，1 回転のねじれは平行移動ではとれないことも確かめなさい。 ♥

(2.14) と (2.26) の定義式から，ゲート $\hat{X}, \hat{Y}, \hat{Z}, \hat{S}, \hat{T}$ は，$\hat{R}_x(\theta), \hat{R}_y(\theta), \hat{R}_z(\theta)$ と次のような関係があることがわかります。

$$\begin{aligned} &\hat{X} = i\hat{R}_x(\pi), \quad \hat{Y} = i\hat{R}_y(\pi), \quad \hat{Z} = i\hat{R}_z(\pi), \\ &\hat{S} = e^{i\pi/4}\hat{R}_z\left(\frac{\pi}{2}\right), \quad \hat{T} = e^{i\pi/8}\hat{R}_z\left(\frac{\pi}{4}\right) \end{aligned} \tag{B.16}$$

すなわち，$\hat{X}$ は x 軸の周りに 180° 回転する演算子であり，$\hat{Y}$，$\hat{Z}$ も同様です。また，$\hat{S}$，$\hat{T}$ は，$+z$ 軸の周りに（右ねじの進む向きに），90° 回転，45° 回転する演算子です。

B.2.4 ラビ振動

初期状態 $|0\rangle$ に，$|a\rangle$ と $|b\rangle$ のエネルギー差に対応する振動数の光を時間 t だけ入射することを考えます。すると，状態は図 5.1 のように，2 つのエネルギーレベル間を行ったり来たりの振動をします（ラビ振動）。

ラビ振動は，1 量子ビットに演算する次のような位相回転ゲートと考えることができます（文献 [早坂]）。

$$\begin{pmatrix} \cos\left(\frac{\Omega t}{2}\right) & -ie^{i\phi}\sin\left(\frac{\Omega t}{2}\right) \\ -ie^{-i\phi}\sin\left(\frac{\Omega t}{2}\right) & \cos\left(\frac{\Omega t}{2}\right) \end{pmatrix} \tag{B.17}$$

ここで，Ω はラビ周波数（ラビ振動数）と呼ばれ，ϕ は時刻 $t = 0$ での光の位相です。

B.2.5 量子の統計性

ここでは，量子の大別，ボース粒子とフェルミ粒子，そして2次元の世界ではエニオン粒子の存在が許されることを見ます。

2個の同種粒子の交換　2個の同種粒子が量子状態1（$|\psi_1\rangle$）と量子状態2（$|\psi_2\rangle$）にあるときの状態を，$|\psi_1\psi_2\rangle$ と書きます。この状態で，2つの同種粒子を入れ替えても物理的には何も変わらないので，以下の式が成り立ちます。

$$|\psi_2\psi_1\rangle = \eta|\psi_1\psi_2\rangle \tag{B.18}$$

量子力学では，係数 η が付きます。

$\langle\psi_1\psi_2|\psi_1\psi_2\rangle = \langle\psi_2\psi_1|\psi_2\psi_1\rangle = 1$ なので，係数 η は θ を実数として $\eta \equiv e^{i\theta}$ とおけます。すなわち $|\eta| = |e^{i\theta}| = 1$ となります。

ボース粒子とフェルミ粒子　3次元の世界では，もう一度2つの同種粒子を入れ替えても同じなので，

$$|\psi_1\psi_2\rangle = \eta|\psi_2\psi_1\rangle = \eta^2|\psi_1\psi_2\rangle \tag{B.19}$$

となり，$\eta^2 = 1$，すなわち $\eta = \pm 1$ となります。$\eta = 1$ すなわち $\theta = 0$ がボース粒子，$\eta = -1$ すなわち $\theta = \pi$ がフェルミ粒子となります。

問題 B.3　フェルミ粒子はパウリの排他原理（1つの量子状態を占めることができる同種フェルミ粒子は，1個だけ）に従うことを示しなさい。 ♥

スピンと統計性　粒子はスピン※3 (spin) という量子数をもっています。スピン量子数を s として $\theta = 2\pi s$ とおいたとき，s が，ボース粒子では整数（$s = 0, 1. 2. \cdots$），フェルミ粒子では半整数（$s = \frac{1}{2}, \frac{3}{2}, \frac{5}{2}, \cdots$）となることがわかります。

エニオンとマヨラナ準粒子　2次元の世界では，$\theta = 0, \pi$ 以外の値をとれるの

※3　自己角運動量ともいい，自己回転の勢いを表す量子数である。スピンも量子化されて，整数または半整数の値をとる。角運動量ベクトル ≡ 位置ベクトル × 運動量ベクトル であり 運動量ベクトル ≡ 質量 × 速度ベクトル（速度 ≪ 光速 のとき）と定義される。

で，エニオン（anyon）と呼ばれます（文献 [Wilczek]）。エニオンはトポロジー的性質をもち，同種エニオンの入れ替えは組みひも理論に従います。

エニオンの 1 例として，マヨラナ粒子（粒子と反粒子が同じであるフェルミ粒子）が考えられています。ニュートリノ（電子族と対になる 電荷 $= 0$ の素粒子）がマヨラナ粒子かもしれないといわれていますが，未解明です。

2 次元の世界は物質中で実現でき，エニオンも準粒子（quasiparticle）として存在できます（準粒子は物質中でのみ存在できる粒子，素粒子は真空中にも存在できる基本粒子の呼称です）。

B.3 2量子ビットの数式

ここでは 2.2 節で割愛したことがらについて概説します。

B.3.1 2量子ビットでのアダマール行列とパウリ行列

2 量子ビットに対する $\hat{H} \otimes \hat{H}$ やパウリ演算子 $\hat{X}_1 \equiv \hat{X} \otimes \hat{I}$，$\hat{X}_2 \equiv \hat{I} \otimes \hat{X}$ などはどのような行列で表されるのでしょうか。

一般に，2×2 の行列の直積 $\hat{A} \otimes \hat{B}$ は，次のように計算できます。

$$\hat{A} \otimes \hat{B} = \begin{pmatrix} A_{11}\hat{B} & A_{12}\hat{B} \\ A_{21}\hat{B} & A_{22}\hat{B} \end{pmatrix} \tag{B.20}$$

ここで，$A_{11}\hat{B}$ などはそれぞれ 2×2 の行列なので，全体で 4×4 のの行列になります。

すると $\hat{H} \otimes \hat{H}$ は次のようになります。

$$\begin{aligned} \hat{H} \otimes \hat{H} &= \frac{1}{\sqrt{2}} \begin{pmatrix} 1 & 1 \\ 1 & -1 \end{pmatrix} \otimes \frac{1}{\sqrt{2}} \begin{pmatrix} 1 & 1 \\ 1 & -1 \end{pmatrix} = \frac{1}{\sqrt{2}} \begin{pmatrix} \hat{H} & \hat{H} \\ \hat{H} & -\hat{H} \end{pmatrix} \\ &= \frac{1}{2} \begin{pmatrix} 1 & 1 & 1 & 1 \\ 1 & -1 & 1 & -1 \\ 1 & 1 & -1 & -1 \\ 1 & -1 & -1 & 1 \end{pmatrix} \end{aligned} \tag{B.21}$$

同様にして $\hat{X}_1$ と $\hat{X}_2$ は次のように表されます。

$$\hat{X}_1 = \begin{pmatrix} 0 & 0 & 1 & 0 \\ 0 & 0 & 0 & 1 \\ 1 & 0 & 0 & 0 \\ 0 & 1 & 0 & 0 \end{pmatrix}, \quad \hat{X}_2 = \begin{pmatrix} 0 & 1 & 0 & 0 \\ 1 & 0 & 0 & 0 \\ 0 & 0 & 0 & 1 \\ 0 & 0 & 1 & 0 \end{pmatrix} \tag{B.22}$$

さらに $\hat{Y}$ と $\hat{Z}$ についての行列も次のように求まります。

$$\hat{Y}_1 = \begin{pmatrix} 0 & 0 & -i & 0 \\ 0 & 0 & 0 & -i \\ i & 0 & 0 & 0 \\ 0 & i & 0 & 0 \end{pmatrix}, \quad \hat{Y}_2 = \begin{pmatrix} 0 & -i & 0 & 0 \\ i & 0 & 0 & 0 \\ 0 & 0 & 0 & -i \\ 0 & 0 & i & 0 \end{pmatrix} \tag{B.23}$$

$$\hat{Z}_1 = \begin{pmatrix} 1 & 0 & 0 & 0 \\ 0 & 1 & 0 & 0 \\ 0 & 0 & -1 & 0 \\ 0 & 0 & 0 & -1 \end{pmatrix}, \quad \hat{Z}_2 = \begin{pmatrix} 1 & 0 & 0 & 0 \\ 0 & -1 & 0 & 0 \\ 0 & 0 & 1 & 0 \\ 0 & 0 & 0 & -1 \end{pmatrix} \tag{B.24}$$

B.3.2 制御ユニタリーゲート

制御ユニタリーゲートの量子回路は**図** B.5(a) のように表されます（参考文献 [ニールセン] 4.3 節）。

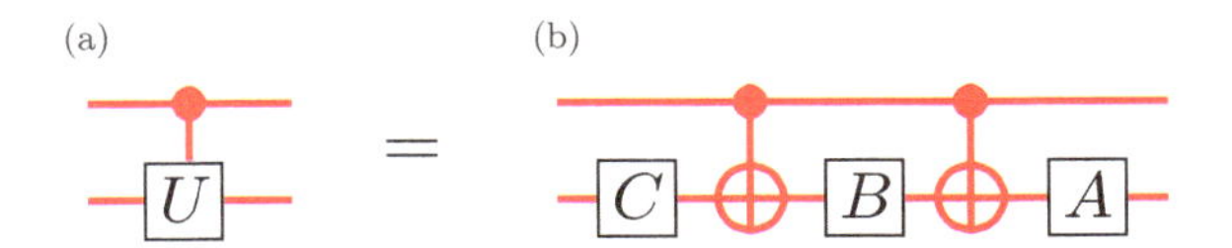

図 B.5 制御ユニタリーゲートの量子回路

制御ユニタリーゲートのはたらきは，制御ビットの状態を $|c\rangle_{\mathrm{c}}$，標的ビットの状態を $|t\rangle_{\mathrm{t}}$ とすると，次のように書けます。

$$|c\rangle_{\mathrm{c}}|t\rangle_{\mathrm{t}} \mapsto |0\rangle_{\mathrm{c}}|t\rangle_{\mathrm{t}} + |1\rangle_{\mathrm{c}}\hat{U}|t\rangle_{\mathrm{t}} \tag{B.25}$$

ユニタリーゲート $\hat{U}$ の場合　$\hat{U}$ は次のように表されます。

$$\hat{U} = \begin{pmatrix} e^{-i\left(\frac{\alpha+\beta}{2}\right)}\cos\left(\frac{\theta}{2}\right) & e^{-i\left(\frac{\alpha-\beta}{2}\right)}\sin\left(\frac{\theta}{2}\right) \\ e^{i\left(\frac{\alpha-\beta}{2}\right)}\sin\left(\frac{\theta}{2}\right) & e^{i\left(\frac{\alpha+\beta}{2}\right)}\cos\left(\frac{\theta}{2}\right) \end{pmatrix} \equiv \hat{R}_z(\alpha)\hat{R}_y(\theta)\hat{R}_z(\beta) \tag{B.26}$$

次のように $\hat{A}$, $\hat{B}$, $\hat{C}$ を定義すると

$$\hat{A} = \hat{R}_z(\alpha)\hat{R}_y\left(\frac{\theta}{2}\right), \quad \hat{B} = \hat{R}_y\left(-\frac{\theta}{2}\right)\hat{R}_z\left(-\frac{\alpha+\beta}{2}\right), \quad \hat{C} = \hat{R}_z\left(-\frac{\alpha-\beta}{2}\right) \tag{B.27}$$

$$\hat{A}\hat{B}\hat{C} = \hat{I}, \quad \hat{A}\hat{X}\hat{B}\hat{X}\hat{C} = \hat{U} \tag{B.28}$$

となって，制御ユニタリーゲートの量子回路は図 B.5(b) のように表されます。

CNOT ゲートの重要性　ユニタリーゲートとして $\hat{X}$ を用いた CNOT ゲートは重要です。なぜかというと図 B.5(b) のように，制御ユニタリーゲートが任意の 1 量子回転ゲートと CNOT ゲートの組み合わせでつくれるからです。さらに，CNOT ゲートを使用して簡単にエンタングル状態をつくったり解消したりできるのです (2.2.3 項参照)。

キックバック　制御ユニタリーゲートにより標的量子ビットは変化しますが，制御量子ビットも変化することがあります。

たとえば $|\pm\rangle = \frac{1}{\sqrt{2}}(|0\rangle \pm |1\rangle)$ として，標的量子ビットが $|-\rangle$ で制御量子ビットが $|+\rangle$ のとき，CNOT ゲートにより

$$\begin{aligned} |+\rangle_{\mathrm{c}}|-\rangle_{\mathrm{t}} \mapsto \frac{1}{\sqrt{2}}(|0\rangle_{\mathrm{c}}|-\rangle_{\mathrm{t}} + |1\rangle_{\mathrm{c}}\hat{X}|-\rangle_{\mathrm{t}}) &= \frac{1}{\sqrt{2}}(|0\rangle_{\mathrm{c}}|-\rangle_{\mathrm{t}} - |1\rangle_{\mathrm{c}}|-\rangle_{\mathrm{t}}) \\ &= |-\rangle_{\mathrm{c}}|-\rangle_{\mathrm{t}} \end{aligned} \tag{B.29}$$

となって，制御量子ビットが $|+\rangle$ から $|-\rangle$ に変わります。

また，標的量子ビットがユニタリーゲート $\hat{U}$ の固有状態 $|\lambda\rangle$ で $\hat{U}|\lambda\rangle = \lambda|\lambda\rangle$ のとき，制御ユニタリーゲートによって

$$\begin{aligned} |+\rangle_{\mathrm{c}}|\lambda\rangle_{\mathrm{t}} \mapsto \frac{1}{\sqrt{2}}(|0\rangle_{\mathrm{c}} + |1\rangle_{\mathrm{c}})\hat{U}|\lambda\rangle_{\mathrm{t}}) &= \frac{1}{\sqrt{2}}(|0\rangle_{\mathrm{c}}|\lambda\rangle_{\mathrm{t}} + |1\rangle_{\mathrm{c}}\hat{U}|\lambda\rangle_{\mathrm{t}} \\ &= \frac{1}{\sqrt{2}}(|0\rangle + \lambda|1\rangle)|\lambda\rangle_{\mathrm{t}} \end{aligned} \tag{B.30}$$

となって，制御量子ビットの $|1\rangle$ の係数に λ が掛かります。このような制御ユニタリーゲートによる制御量子ビットの変化を，キックバックといいます。

B.3.3 2量子ビットのユニタリー変換

ここでは，$\hat{X}_1$ などのユニタリー変換を計算します（表12.5参照）。
$\hat{U} = \mathrm{CNOT}$ のときの $\hat{U}\hat{X}_1\hat{U}^\dagger$ は

$$\begin{aligned}\hat{U}\hat{X}_1\hat{U}^\dagger &= \begin{pmatrix} 1 & 0 & 0 & 0 \\ 0 & 1 & 0 & 0 \\ 0 & 0 & 0 & 1 \\ 0 & 0 & 1 & 0 \end{pmatrix}\begin{pmatrix} 0 & 0 & 1 & 0 \\ 0 & 0 & 0 & 1 \\ 1 & 0 & 0 & 0 \\ 0 & 1 & 0 & 0 \end{pmatrix}\begin{pmatrix} 1 & 0 & 0 & 0 \\ 0 & 1 & 0 & 0 \\ 0 & 0 & 0 & 1 \\ 0 & 0 & 1 & 0 \end{pmatrix} \\ &= \begin{pmatrix} 0 & 0 & 0 & 1 \\ 0 & 0 & 1 & 0 \\ 0 & 1 & 0 & 0 \\ 1 & 0 & 0 & 0 \end{pmatrix} = \hat{X}_1\hat{X}_2 \end{aligned} \tag{B.31}$$

となります。他も同様に計算できます。

付録 C 計算量理論

情報理論の数学分野の 1 つとして，計算量理論があります。個々の計算機本体の性能などには依らずに，計算量や資源量を定量化，分類する分野です（文献 [森前] など）。
ここでは，よく聞く「NP 問題」とは何かなど必要最小限のことがらを簡潔に紹介し，量子コンピュータとの関係を考察します。まず，古典チューリング機械と量子チューリング機械の動作について概説します。続いて古典計算量理論，最後に量子計算量理論について考察します。

C.1 古典／量子チューリング機械

数学でコンピュータを扱うためには，まずコンピュータを数学的に定義する必要があります。コンピュータがまだ形を成していなかったころ，このモデル化を行ったのがチューリングでした。

C.1.1 古典チューリング機械の動作

（古典）チューリング機械（Turing machine）は，コンピュータの全動作を単純化した数学モデルです。チューリング機械には，入出力用のテープが与えられ，それを読み書きするヘッド，およびメモリ（内部状態）があります。

ヘッドは，テープに書かれた，ヘッドの位置の入力データを読み込みます。その値とメモリの値とによって，左か右に動くか，または停止しているかのヘッドの動作が決まります。さらに，テープに数値や記号を書き込むことも行います。チューリング機械は，その動作を繰り返して，最後は止まるか永久に動き続けるかします（これは停止性問題（halting problem）といい，「ある問題が有限時間内で計算し終わるか否かを判定するアルゴリズムは存在するか」という問題です。1936 年，チューリングは，チューリング機械を定義することによって，そういうアルゴリズムは存在しないことを証明しました)。

C.1.2 古典チューリング機械の種類

古典チューリング機械は，決定性(deterministic)，非決定性(non-deterministic)，確率的（probabilistic）の 3 種類に分けられます（**表 C.1**)。

表 C.1　古典チューリング機械の種類

種類	入力に対してのヘッドの動作
決定性	ユニークに選択肢が決まる
非決定性	ヘッドの複数の選択肢の 1 つを自由に選択
確率的	乱数を振って確率的に選択肢を選択

C.1.3 量子チューリング機械

ドイチュは，古典チューリング機械を量子チューリング機械に拡張しました。**表 C.2** に，古典決定性チューリング機械と量子チューリング機械の比較を示します。

表 C.2　古典決定性チューリング機械と量子チューリング機械

項目	古典決定性チューリング機械	量子チューリング機械
入力（テープ）	0 か 1 かどちらか	0 と 1 の重ね合わせ状態
ヘッドの動き	右，左，停止のどれか	左右同時に移動可能
演算	決定論的に	量子的にユニタリー演算
メモリ（内部状態）	記憶装置（0,1 のデータ）	記憶装置（干渉，エンタングルメント）

C.1.4 拡張されたチャーチ-チューリングのテーゼ

チャーチ（Alonzo Church（1903-1995，米））とチューリングは，「計算アルゴリズムとは，チューリング機械で計算可能なものである」と定義することを提唱しました。これが，拡張されたチャーチ-チューリングのテーゼ（these（テーゼ），ドイツ語）です。すなわち，このテーゼは「チューリング機械の能力をはるかに超える計算アルゴリズムは，存在しない」といっていることになります。

量子コンピュータの能力 ところが，ショアの素因数分解アルゴリズムの提案によって，「古典チューリング機械を能力的にはるかに上回る計算機が存在し，それが量子コンピュータである」ということが明らかになったのです。

古典コンピュータの能力 しかし，古典アルゴリズムも簡単に負けてはいないというエピソードを紹介します。いろいろ提案された量子アルゴリズムの中の 1 つである量子推薦システムは，指数関数的な高速を実現します。推薦システムとは，それまでの履歴をもとにお勧めの商品やコンテンツをネット上で表示するおなじみのシステムです。

それで，古典に対する量子の優位性を証明しようとしたところ，逆に高速な古典推薦アルゴリズム（「量子ビットがいらない量子アルゴリズム」）を発見してしまったという話です。しかも，発見したのは 2018 年，当時 18 歳のタン（Ewin Tang (2000-)，米）という大学生だったのです（文献 [藤井]）。

古典コンピュータと量子コンピュータについての結論 結論として，古典アルゴリズムに対する量子アルゴリズムの優位性の証明は難しく，古典にも指数関数的高速性への改善の余地が隠れている可能性があるということです。

C.2 計算量問題

計算量理論（計算複雑性理論）では，コンピュータで扱うデータ量（たとえば総ビット数）が増加していくとき，計算量がどのように増えていくかを議論し，P, NP, BPP, BQP, BQNP（現在では QMA※1），PSPACE などの問題に分類します（**表 C.3**）。

ここではとくに，**判定問題**（decision problem），すなわち，yes/no で答えられる問題を扱います（判定問題という代わりに決定問題という言葉もよく使われますが，「決定性」と混同しやすいので，ここでは判定問題と呼びます）。たとえば，「ある自然数 N は素数か？」などの問いです。

※1 MA の由来は，アーサー王物語。「魔法使い Merlin（マーリン）の主張を Arthur（アーサー）王が検証する」というストーリーから。

表 C.3　計算量問題の種類と意味（英語）

問題	英語
P	Polynomial time
NP	Non-deterministic Polynomial time
BPP	Bounded-error Probabilistic Polynomial time
PSPACE	Polynomial SPACE
BQP	Bounded-error Quantum Polynomial time
BQNP(QMA)	Bounded-error Quantum Non-deterministic Polynomial time

C.2.1 計算量クラス

入力の大きさ（総ビット数）を n とするとき，「決定性／非決定性／確率的チューリング機械での計算量などが n とともにどう増加するか」という n 依存性によって，問題を P 問題，NP 問題などの計算量クラスに分類します（**表 C.4**）。多項式時間とは，解を得るまでの時間が（指数関数的でなく）$O(n^k)$, $(k \geq 0)$ で収まる場合をいいます。多項式サイズは，サイズが多項式の大きさで済む場合です。

表 C.4　判定問題の種類と性質

問題	機械の種類	判定時間など
P	決定性	多項式時間
NP	非決定性	最小時間が多項式時間（解無しは無視）†1
BPP	確率的	多項式時間，誤り率 $\leq \frac{1}{3}$ の確率†2
PSPACE	決定性	多項式サイズのメモリで解ける（時間は不問）
BQP	量子	多項式時間，誤り率 $\leq \frac{1}{3}$ の確率†2
QMA	量子	解の成否を 誤り率 $< \frac{1}{3}$ の確率で，多項式時間で検証

†1 与えられた解の正否判定は P 問題となる

†2 とくに $\frac{1}{3}$ の数字には意味はなく，適切に小さければよい

PSPACE $\supseteq$ P は明らかで，PSPACE $\supseteq$ NP も証明されています。

NP 困難問題と NP 完全問題　NP 困難（NPH，hard）は，NP と同等以上に困難な問題のクラスと定義されます。NP 完全は NPC（complete）とも書きます。NP に属する問題 A があり，NP のすべての問題が A に多項式時間で還元できるとき，問題 A を NPC と呼びます。

P, NP, NP 困難，NP 完全問題の間の関係　P, NP, NP 困難（NPH），NP 完全（NPC）問題の間の関係を考えましょう（ここでは BPP と PSPACE は除外します。理由は，BPP $\supseteq$ P は明らかですが，BPP と NP との関係および PSPACE と NPH との大小関係もよくわからないからです）。

常識的には，P のクラスは NP のクラスに含まれ，NP より小さいと思われます。つまり，NP $\supset$ P のとき，クラス P, NP, NPH, NPC の関係は**図 C.1**(a) のように描けます。

しかし，NP $\supset$ P は証明されておらず，NP $=$ P の可能性が残っています。おそらく NP $\supset$ P であろうという予想を NP $\neq$ P 予想といって，その証明はクレイ研究所の懸賞問題の 1 つとなっています。NP $=$ P の場合の P，NP，NPH，NPC の間の関係は図 C.1(b) のようになります。

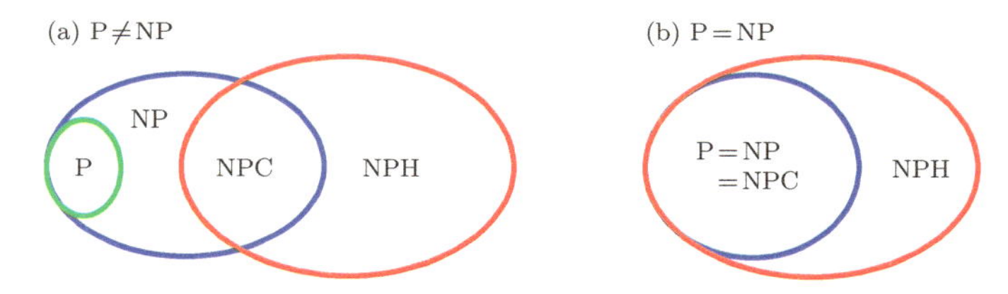

図 C.1　P, NP, NPC, NPH 問題の間の関係：(a) P $\neq$ NP，**(b)** P $=$ NP

C.2.2　NP 完全問題の例

NP 完全に属することがわかっている問題として，SAT 問題（satisfiability problem，充足可能性問題），クリーク（clique，派閥）問題，独立集合問題（または，独立点集合問題），ハミルトン閉路問題などがあります（**表 C.5**）。

1971 年，クック（Stephen A. Cook（1939-，米））は SAT が NP 完全であることを証明しました。そのことを使うと，問題 B が NP 完全であることを証明するには，B が SAT に多項式時間で帰着できることを示せばよいことになります。

C.2.3　NP 完全でない問題の例

NP 完全には属さない NP 困難問題として，**表 C.6** のような問題が知られています。

表 C.5　NP 完全問題の例

問題	対象	問題の内容
SAT	論理関数	論理変数の真偽を決めて，関数を真にできるか
クリーク（派閥）†1	グラフ†2	k 個の点からなるクリークの存否
独立集合	グラフ	要素数 k の独立集合の存否
ハミルトン閉路	グラフ	すべての点を 1 度だけ通る道の存否
有向†3ハミルトン	有向グラフ	始点から終点までの道の存否

†1 人を点で表し，知り合いの関係にある人を線で結んだ図

†2 複数の点（nodes, points）と，任意の点間を結ぶ線（edges, links, lines）からなる図

†3 点を結ぶ線に向きがある（directed）グラフ

表 C.6　NP 完全でない問題の例

問題	内容
巡回セールスマン	多数の都市を最短距離（時間，費用）で巡る経路を決める
ナップザック	総価値が最大になるように品物を詰める

C.3 量子計算量理論

古典コンピュータで確立された計算量理論を，量子コンピュータに拡張します。ここではBQP と BQNP（QMA）を概観します（より詳しくは文献 [森前] など参照）。

C.3.1 BQP 問題

量子コンピュータにおいて，誤り率 $< \frac{1}{3}$ で多項式時間に実行可能な計算量の問題をいいます。BQP の例としてはショアのアルゴリズムが挙げられます。

P, BPP, BQP, PSPACE の間には，$\mathrm{P} \subseteq \mathrm{BPP} \subseteq \mathrm{BQP} \subseteq \mathrm{PSPACE}$ が成り立ちます（P, BPP, BQP の関係については，問題 C.1 を参照のこと。$\mathrm{BQP} \subseteq \mathrm{PSPACE}$ は経路積分を使って示されました）。

「量子コンピュータが古典コンピュータより速いか」という問題は，$\mathrm{BPP} \neq \mathrm{BQP}$ が成り立つかどうかに帰着されます。その証明は難しくて，まだなされていません。$\mathrm{BQP} \subseteq \mathrm{PSPACE}$ については，PSPACE の演算時間に制限が無いため，速さの問題には直接関係がありません。

結論として，「量子コンピュータが古典コンピュータより速い」とは数学的にはま

だいえませんが，実証的にそれが示されるだろうと期待されています。

問題 C.1 $P \subseteq BPP \subseteq BQP$ が成り立つ理由を説明しなさい。ヒント：左のクラスが右のクラスの特別の場合であることを示す。 ♥

C.3.2 QMA 問題

量子コンピュータにおいて，答えが与えられたとき，その成否を，誤り率 $< \frac{1}{3}$ の確率で多項式時間で検証できる問題を QMA と呼びます。

当初 BQNP と命名されましたが，今は QMA に統一されています。

付録 D アルゴリズムの数式

この章では，グローバーの量子探索アルゴリズム，ショアの素因数分解アルゴリズム，およびショアの 9 量子ビット誤り訂正量子回路の数式をより詳しく述べます。

D.1 グローバーの量子探索アルゴリズム

大量の N 個のデータの中から目的のデータを高速に探索するグローバーの量子探索アルゴリズム（グローバーのアルゴリズム）の数式を見てみましょう。

D.1.1 初期状態

n 個の量子ビット（$2^n \geq N$）を $|0\rangle$ に初期化し，それぞれをアダマールゲートに通すと，係数（確率振幅）が等しい $|0\rangle, |1\rangle, \cdots, |2^n - 1\rangle$ の重ね合わせ状態ができます。そのうちの $|N-1\rangle$ までを用いて $|\psi_0\rangle$ とします。

状態 $|p\rangle$ が目的の状態（オラクル関数が 1 を与える状態）であるとし，次のようにおきます（簡単のため，目的の状態は 1 個だけとします）。

$$|\psi_0\rangle \equiv \frac{1}{\sqrt{N}} \sum_{j=0}^{N-1} |j\rangle \equiv \cos\theta |a\rangle + \sin\theta |p\rangle \tag{D.1}$$

(D.1) で $|a\rangle$ と $\cos\theta$，$\sin\theta$ は次のように定義しました。

$$|a\rangle \equiv \frac{1}{\sqrt{N-1}} \sum_{j=0;\ (j\neq p)}^{N-1} |j\rangle, \quad \cos\theta \equiv \sqrt{\frac{N-1}{N}}, \quad \sin\theta \equiv \sqrt{\frac{1}{N}} \tag{D.2}$$

$N \gg 1$ のとき，θ は次のように近似できます。

$$\theta \simeq \frac{1}{\sqrt{N}} \tag{D.3}$$

D.1.2 振幅増幅のための演算子

まず目的の状態 $|p\rangle$ の係数（確率振幅）を次の N 行 N 列の演算子 $\hat{U}_p$ で反転します。

$$\hat{U}_p \equiv \hat{I} - 2|p\rangle\langle p| \tag{D.4}$$

ここで $\hat{I}$ は N 行 N 列の恒等演算子，$|p\rangle\langle p|$ は状態 $|p\rangle$ を射影する射影演算子です。

$|\psi_0\rangle$ に $\hat{U}_p$ 演算子を演算した後，次に定義する演算子 $\hat{D}$ を演算します。

$$\begin{aligned}\hat{D} &\equiv \frac{2}{N}\begin{pmatrix} 1 & 1 & \cdots & 1 & 1 \\ 1 & 1 & \cdots & 1 & 1 \\ \vdots & \vdots & \cdots & \vdots & \vdots \\ 1 & 1 & \cdots & 1 & 1 \\ 1 & 1 & \cdots & 1 & 1 \end{pmatrix} - \hat{I} \\ &= \begin{pmatrix} -1+\frac{2}{N} & \frac{2}{N} & \cdots & \frac{2}{N} & \frac{2}{N} \\ \frac{2}{N} & -1+\frac{2}{N} & \cdots & \frac{2}{N} & \frac{2}{N} \\ \vdots & \vdots & \cdots & \vdots & \vdots \\ \frac{2}{N} & \frac{2}{N} & \cdots & -1+\frac{2}{N} & \frac{2}{N} \\ \frac{2}{N} & \frac{2}{N} & \cdots & \frac{2}{N} & -1+\frac{2}{N} \end{pmatrix}\end{aligned} \tag{D.5}$$

演算子 $\hat{D}$ は，平均値の周りに反転する（全係数の平均値を各係数から引いて反転し，それぞれに平均値を足す）演算を行う演算子です。

問題 D.1　演算子 $\hat{D}$ が平均値の周りに反転することを示しなさい。 ♥

問題 D.2　$\hat{U}_p$ と $\hat{D}$ がユニタリー演算子であることを示しなさい。 ♥

D.1.3 振幅増幅演算とその結果

ここでは，振幅増幅がどのように行われるのかを見ます。

1 回目の振幅増幅演算後の状態　状態 $|\psi_0\rangle$ に $\hat{D}\hat{U}_p$ を演算した後の状態 $|\psi_1\rangle$ は

$$|\psi_1\rangle \equiv \hat{D}\hat{U}_p|\psi_0\rangle = \cos(3\theta)|a\rangle + \sin(3\theta)|p\rangle \tag{D.6}$$

となります。

問題 D.3 (D.6) を示しなさい。 ♥

振幅増幅演算を k 回反復後の状態 $\hat{D}\hat{U}_p$ の演算を k 回繰り返すと

$$|\psi_k\rangle \equiv (\hat{D}\hat{U}_p)^k|\psi_0\rangle = \cos((2k+1)\theta)\,|a\rangle + \sin((2k+1)\theta)\,|p\rangle \tag{D.7}$$

となります。

問題 D.4 (D.7) を示しなさい。 ♥

振幅増幅演算反復の最適回数 (D.7) で，$|p\rangle$ の係数が 1 になるのは

$$(2k+1)\theta = \frac{\pi}{2} \tag{D.8}$$

のときですから，(D.3) より，繰り返すべき回数 k は，$N \gg 1$, $k \gg 1$ として

$$k \simeq \frac{\pi}{4}\sqrt{N} \tag{D.9}$$

と求まります。

D.1.4 複数の解がある場合

ここまでは，解が 1 個だけの場合を考えました。m 個の解があるとわかっている場合は，約 $\sqrt{\frac{N}{m}}$ の繰り返しでそのうちの 1 つの解が見つかるはずです。そのため，すべての解を見つけるためには，m 回以上このアルゴリズムの演算を繰り返す必要があります。

解の数がわからない場合は，何度か試して m を推定するしかないでしょう。

D.2 ショアの素因数分解アルゴリズム

ここでは，ショアの素因数分解アルゴリズムの，数式での理解を試みます。4.4.4

項での処方（以下に再掲）の順番に数式を書いていくことにします。

D.2.1 位数を求める具体的処方（再掲）

素因数分解アルゴリズムの量子コンピュータで行う部分である「位数 r を求める処方」を以下に再掲します（r の定義については (4.21) 参照）。

1. $L \geq \log_2 N$, $n \equiv 2L+1$ として，n 量子ビットの第 1 レジスタと L 量子ビットの第 2 レジスタを用意する。
2. 第 1 レジスタのすべての量子ビットを $|0\rangle$ に初期化した後，アダマールゲートを施す。すると，$\frac{1}{\sqrt{2^n}}\sum_{j=0}^{2^n-1}|j\rangle$ となる。
3. 第 1 レジスタの各状態（$|j\rangle$）について第 2 レジスタに $x^j \pmod N$ を代入する（x は，N と素である任意の数）。
4. 第 2 レジスタを測定する。すると第 1 レジスタには，測定結果に対応する特定の状態だけが残る。
5. 第 1 レジスタの各状態に離散フーリエ変換をする。すると $\frac{2^n}{r}$ の整数倍の状態の係数（確率振幅）の絶対値だけが大きくなる。
6. 第 1 レジスタを測定して位数 r を求める。

D.2.2 位数探索アルゴリズムでの量子状態変化

2. と 3. の後での状態は次のようになります。

$$\frac{1}{\sqrt{2^n}}\sum_{j=0}^{2^n-1}|j\rangle \otimes |x^j \pmod N\rangle \tag{D.10}$$

第 2 レジスタ測定後　第 2 レジスタを測定して，b という値を得たとします。k を $b = x^k \pmod N$ を満たす最小の数と定義し，m を $k + mr \leq N$ を満たす最大の整数とすると，第 1 レジスタは次のように書けます。

$$\sqrt{\frac{r}{2^n}}\sum_{j=0}^{m}|k+jr\rangle \tag{D.11}$$

問題 D.5　(D.11) の右辺に $\sqrt{r}$ の因子がかかる理由を説明しなさい。 ♥

離散的フーリエ変換とその結果　状態 $|a\rangle$ の離散的フーリエ変換は次のようになります。

$$|a\rangle \to \frac{1}{\sqrt{2^n}} \sum_{c=0}^{2^n-1} \exp\left(2\pi i \frac{ac}{2^n}\right) |c\rangle \tag{D.12}$$

(D.11) に離散的フーリエ変換を適用した結果は，次のように書けます。

$$\sum_{c=0}^{2^n-1} \alpha_c |c\rangle, \quad \alpha_c \equiv \frac{\sqrt{r}}{2^n} \exp\left(2\pi i \frac{kc}{2^n}\right) \sum_{j=0}^{m} \exp\left(2\pi i \frac{rcj}{2^n}\right) \tag{D.13}$$

第 1 レジスタを測定して結果が c' であったとすると，M を整数として $|\alpha_{c'}|$ は $\frac{rc'}{2^n} = M$（の近傍）で鋭いピークを持つので

$$r = M \times \frac{2^n}{c'} \tag{D.14}$$

と求まります。

例題 D.1　離散的フーリエ変換の行列表示

離散的フーリエ変換を 2^n 行 2^n 列の行列を用いて表しなさい。ただし，$N \equiv 2^n$ として，離散的フーリエ変換を施す N 行 1 列のベクトル $|\psi\rangle$ を次のようにおきなさい。

$$|\psi\rangle \equiv \sum_{j=0}^{N-1} \alpha_j |j\rangle \tag{D.15}$$

解答例　$\omega \equiv \exp\left(\frac{2\pi i}{N}\right)$ とおくと，(D.11) より，$|\psi\rangle$ への離散的フーリエ変換は

$$\frac{1}{\sqrt{N}} \begin{pmatrix} 1 & 1 & \cdots & 1 & 1 \\ 1 & \omega & \cdots & \omega^{N-2} & \omega^{N-1} \\ 1 & \omega^2 & \cdots & \omega^{2(N-2)} & \omega^{2(N-1)} \\ \vdots & \vdots & \vdots & \vdots & \vdots \\ 1 & \omega^{(N-1)} & \cdots & \omega^{(N-2)(N-1)} & \omega^{(N-1)^2} \end{pmatrix} \begin{pmatrix} \alpha_0 \\ \alpha_1 \\ \alpha_2 \\ \vdots \\ \alpha_{N-1} \end{pmatrix} \tag{D.16}$$

と書けます。◆

例題 D.2 **鋭いピークの理由**

$|\alpha_{c'}|$ が $\frac{rc'}{2^n} = M$ で鋭いピークを持つ理由を述べなさい。

解答例 $\frac{rc'}{2^n} = M$ のとき $\exp\left(2\pi i \frac{rc'j}{2^n}\right) = 1$ となり，$|\alpha'_c| \neq 0$ となります。一方，$\frac{rc'}{2^n} \neq M$ のときは，$\exp\left(2\pi i \frac{rc'j}{2^n}\right)$ の和が互いに打ち消し合って，$|\alpha'_c| \simeq 0$ となるからです（**図 D.1**）。◆

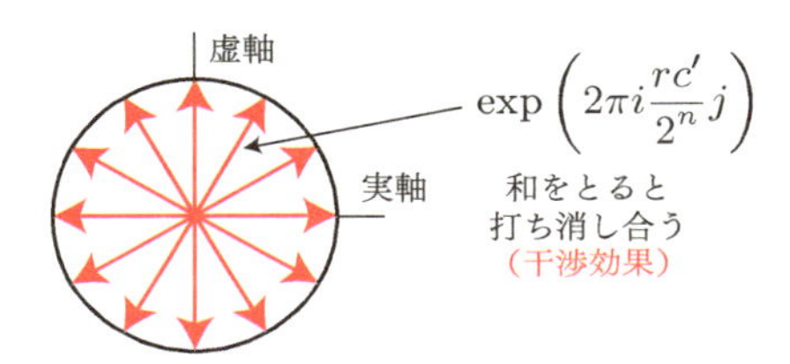

図 D.1　離散的フーリエ変換での打ち消し合い

連分数による位数の求め方　場合によっては，$\frac{rc'}{2^n}$ が M から少しずれた位置にピークが来ることがあります。そのようなときに，どのように位数 r を求めるか，次の例題で考察しておきましょう。

例題 D.3 **連分数による位数の求め方の例**

$N = 35$，$x = 3$，$2^n = 2048$，$c' = 1195$ だったとき，位数 r を連分数の方法で求めなさい。

解答例 連分数は，分母にさらに分数が含まれている分数のことです。分子を 1 にして，その分数を，次々に分子が 1 の連分数にしていきます。整数 + 分数 の分数の部分が整数に比べて十分小さい値になったところで，その分数を無視する近似を行うのです。$c' \simeq \frac{M2^n}{r}$ なので

$$\frac{M}{r} = \frac{c'}{2^n} = \frac{1195}{2048} = \frac{1}{1+\frac{853}{1195}} = \frac{1}{1+\frac{1}{1+\frac{342}{853}}} = \frac{1}{1+\frac{1}{1+\frac{169}{2+342}}}$$
$$= \frac{1}{1+\frac{1}{1+\frac{1}{2+\frac{1}{2+\frac{4}{169}}}}} \simeq \frac{1}{1+\frac{1}{1+\frac{1}{2+\frac{1}{2}}}} = \frac{7}{12} \qquad \text{(D.17)}$$

となり，$r = 12$ と求まります。

ついでながらこのとき因数は，$3^{12/2} = 3^6 = 729$ なので，

$$\gcd(729+1, 35) = 5, \quad \gcd(729-1, 35) = 7 \tag{D.18}$$

となり，因数 5 と 7 が求まりました。 ♦

D.3 ショアの 9 量子ビットの誤り訂正符号アルゴリズム

ここでは，ショアの 9 量子ビットの誤り訂正符号（12.2.3 項）が，1 量子ビットに生じるビット反転，位相反転，ビット・位相反転の誤りを正しく訂正できていることを示します（参考文献 [宮野] 第 6 章ほか）。

入力反復後の**図 D.2** の (1) の状態は次のように書き表されます。

$$\begin{aligned}\text{状態 }(1) = \ &\alpha_0 \frac{(|000\rangle + |111\rangle) \otimes (|000\rangle + |111\rangle) \otimes (|000\rangle + |111\rangle)}{2\sqrt{2}} \\ &+ \alpha_1 \frac{(|000\rangle - |111\rangle) \otimes (|000\rangle - |111\rangle) \otimes (|000\rangle - |111\rangle)}{2\sqrt{2}}\end{aligned} \tag{D.19}$$

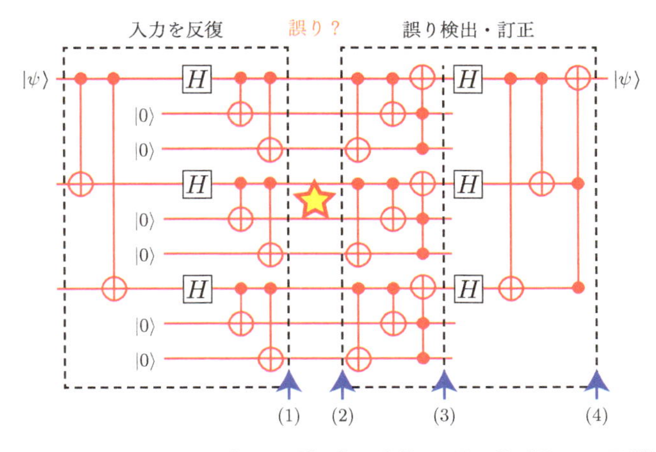

図 D.2 ショアの 9 量子ビットの誤り訂正符号の量子回路（図 12.2 再掲）

D.3.1 第 1 量子ビットの誤り訂正

まず第 1 量子ビットに誤りが生じた場合について考えます。

ビット反転誤り訂正 第 1 量子ビットにビット反転誤りが生じた場合は，図 D.2 の (2) の状態は次のようになります。

$$\begin{aligned}\text{状態 (2)} = \ & \alpha_0 \frac{(|100\rangle + |011\rangle) \otimes (|000\rangle + |111\rangle) \otimes (|000\rangle + |111\rangle)}{2\sqrt{2}} \\ & + \alpha_1 \frac{(|100\rangle - |011\rangle) \otimes (|000\rangle - |111\rangle) \otimes (|000\rangle - |111\rangle)}{2\sqrt{2}} \end{aligned} \quad \text{(D.20)}$$

図 D.2(3) では，状態は次のようになります。

$$\begin{aligned}\text{状態 (3)} = \ & \alpha_0 \frac{(|011\rangle + |111\rangle) \otimes (|000\rangle + |100\rangle) \otimes (|000\rangle + |100\rangle)}{2\sqrt{2}} \\ & + \alpha_1 \frac{(|011\rangle - |111\rangle) \otimes (|000\rangle - |100\rangle) \otimes (|000\rangle - |100\rangle)}{2\sqrt{2}} \end{aligned} \quad \text{(D.21)}$$

図 D.2(4) では，状態は次のようになって第 1 量子ビットは $|\psi\rangle$ に戻りました。

$$\text{状態 (4)} = \frac{1}{2\sqrt{2}}(\alpha_0|0\rangle + \alpha_1|1\rangle)|11\rangle \otimes |000\rangle \otimes |000\rangle \quad \text{(D.22)}$$

位相反転誤り訂正 次に第 1 量子ビットに位相反転誤りが生じた場合を考えると，図 D.2 の (2) の状態は次のようになります。

$$\begin{aligned}\text{状態 (2)} = \ & \alpha_0 \frac{(|000\rangle - |111\rangle) \otimes (|000\rangle + |111\rangle) \otimes (|000\rangle + |111\rangle)}{2\sqrt{2}} \\ & + \alpha_1 \frac{(|000\rangle + |111\rangle) \otimes (|000\rangle - |111\rangle) \otimes (|000\rangle - |111\rangle)}{2\sqrt{2}} \end{aligned} \quad \text{(D.23)}$$

図 D.2(3) では，状態は次のようになります。

$$\begin{aligned}\text{状態 (3)} = \ & \alpha_0 \frac{(|000\rangle - |100\rangle) \otimes (|000\rangle + |100\rangle) \otimes (|000\rangle + |100\rangle)}{2\sqrt{2}} \\ & + \alpha_1 \frac{(|000\rangle + |100\rangle) \otimes (|000\rangle - |100\rangle) \otimes (|000\rangle - |100\rangle)}{2\sqrt{2}} \end{aligned} \quad \text{(D.24)}$$

図 D.2(4) では，状態は次のようになって第 1 量子ビットは $|\psi\rangle$ に戻りました。

$$\text{状態 (4)} = \frac{1}{2\sqrt{2}}(\alpha_0|0\rangle + \alpha_1|1\rangle)|00\rangle \otimes |100\rangle \otimes |100\rangle \quad \text{(D.25)}$$

ビット・位相反転誤り訂正　最後に，第1量子ビットにビット反転と位相反転誤りが生じた場合を考えると，図 D.2 の (2) の状態は次のようになります。

$$\begin{aligned}\text{状態 (2)} = \ &\alpha_0 \frac{(|100\rangle - |011\rangle) \otimes (|000\rangle + |111\rangle) \otimes (|000\rangle + |111\rangle)}{2\sqrt{2}} \\ &+\alpha_1 \frac{(|111\rangle + |011\rangle) \otimes (|000\rangle - |111\rangle) \otimes (|000\rangle - |111\rangle)}{2\sqrt{2}}\end{aligned} \tag{D.26}$$

図 D.2(3) では，状態は次のようになります。

$$\begin{aligned}\text{状態 (3)} = \ &\alpha_0 \frac{(|011\rangle - |111\rangle) \otimes (|000\rangle + |100\rangle) \otimes (|000\rangle + |100\rangle)}{2\sqrt{2}} \\ &+\alpha_1 \frac{(|011\rangle + |111\rangle) \otimes (|000\rangle - |100\rangle) \otimes (|000\rangle - |100\rangle)}{2\sqrt{2}}\end{aligned} \tag{D.27}$$

図 D.2(4) では，状態は次のようになって第1量子ビットは $|\psi\rangle$ に戻りました。

$$\text{状態 (4)} = \frac{1}{2\sqrt{2}}(\alpha_0|0\rangle + \alpha_1|1\rangle)|11\rangle \otimes |100\rangle \otimes |100\rangle \tag{D.28}$$

D.3.2 第1量子ビット以外の量子ビットの誤り訂正の例

第1量子ビット以外の量子ビットに誤りが生じた場合に，第1量子ビットが誤って訂正されては困ります。ここでは，第1量子ビット以外の量子ビットに誤りが生じた場合について，いくつかの例で，そういう間違いが起きないことを確かめます。

第4量子ビット反転誤り訂正　第4量子ビットにビット反転誤りが生じた場合は，図 D.2 の (2) の状態は次のようになります。

$$\begin{aligned}\text{状態 (2)} = \ &\alpha_0 \frac{(|000\rangle + |111\rangle) \otimes (|100\rangle + |011\rangle) \otimes (|000\rangle + |111\rangle)}{2\sqrt{2}} \\ &+\alpha_1 \frac{(|000\rangle - |111\rangle) \otimes (|100\rangle - |011\rangle) \otimes (|000\rangle - |111\rangle)}{2\sqrt{2}}\end{aligned} \tag{D.29}$$

図 D.2(3) では，状態は次のようになります。

$$\begin{aligned}\text{状態 (3)} = \ &\alpha_0 \frac{(|000\rangle + |100\rangle) \otimes (|011\rangle + |111\rangle) \otimes (|000\rangle + |100\rangle)}{2\sqrt{2}} \\ &+\alpha_1 \frac{(|000\rangle - |100\rangle) \otimes (|011\rangle - |111\rangle) \otimes (|000\rangle - |100\rangle)}{2\sqrt{2}}\end{aligned} \tag{D.30}$$

図 D.2(4) では，状態は次のようになって第1量子ビットは $|\psi\rangle$ のままです。

$$\text{状態 (4)} = \frac{1}{2\sqrt{2}}(\alpha_0|0\rangle + \alpha_1|1\rangle)|00\rangle \otimes |011\rangle \otimes |000\rangle \tag{D.31}$$

第 2 量子ビット位相反転誤り訂正　第 2 量子ビットに位相反転誤りが生じた場合を考えると，図 D.2 の (2) の状態は次のようになります。

$$\begin{aligned}\text{状態 (2)} = \ & \alpha_0 \frac{(|000\rangle - |111\rangle) \otimes (|000\rangle + |111\rangle) \otimes (|000\rangle + |111\rangle)}{2\sqrt{2}} \\ & + \alpha_1 \frac{(|000\rangle + |111\rangle) \otimes (|000\rangle - |111\rangle) \otimes (|000\rangle - |111\rangle)}{2\sqrt{2}}\end{aligned} \tag{D.32}$$

この状態は (D.23) とまったく同じなので，以後は第 1 量子ビット位相反転誤り訂正と同じになります。

付録 E シュレーディンガー方程式

- この章では，シュレディンガー方程式をどのように量子計算するかについて概説します。
- まず E.1 節でシュレーディンガー方程式を示した後，E.2 節と E.3 節でそれぞれ量子ゲート方式，量子アニーラでそれをどのように解くかを見ます（参考文献 [渡邊 2] 付録 C）。

E.1 シュレーディンガー方程式

この章では，エネルギー演算子（ハミルトニアン）$\hat{\mathcal{H}}$ は時間に依らないとし，波動関数は時間 t だけの関数として $|\psi(t)\rangle$ とおきます。

すると，シュレーディンガー方程式は，次のように書けます。

$$i\hbar\frac{\partial|\psi(t)\rangle}{\partial t} = \hat{\mathcal{H}}|\psi(t)\rangle \tag{E.1}$$

問題 E.1 シュレーディンガー方程式はなぜ (E.1) の形に書けるのでしょうか。♥

ハミルトニアンが時間に依らないとしたので，シュレーディンガー方程式は次のように書けます。

$$|\psi(t)\rangle = \exp\left(-\frac{i\hat{\mathcal{H}}t}{\hbar}\right)|\psi(0)\rangle \tag{E.2}$$

(E.2) で $\exp\left(-\frac{i\hat{\mathcal{H}}t}{\hbar}\right)$ はユニタリー演算子で，時間発展演算子とも呼ばれます。

E.2 量子ゲート方式コンピュータとシュレーディンガー方程式

この節では，量子ゲート方式コンピュータの場合に，どのようにシュレーディンガー方程式を計算するかについて考察します。

E.2.1 シュレーディンガー方程式と量子ゲート

n 量子ビットでは，$\hat{\mathcal{H}}$ は $2^n \times 2^n$ の行列となり，解くのは一般に難しいです。

トロッター分解　量子ゲート方式コンピュータでは，次のトロッター（Trotter）分解を用いることが多いようです。$\hat{A}$ と $\hat{B}$ を正方行列とするとき，$M \gg 1$ として

$$\exp(\hat{A}+\hat{B}) \simeq \left(\exp\frac{\hat{A}}{M}\cdot\exp\frac{\hat{B}}{M}\right)^M \tag{E.3}$$

と近似できます。ここで一般に $\exp(\hat{A}+\hat{B}) \neq \exp\hat{A}\cdot\exp\hat{B}$ であることに注意してください。

たとえば，1次元近接相互作用イジング模型では，$\hat{\mathcal{H}} = J\sum_{j=1}^{N-1}\hat{Z}_j\hat{Z}_{j+1}$ なので

$$\begin{aligned}\exp\left(-\frac{i\hat{\mathcal{H}}t}{\hbar}\right) &= e^{-i\left(J\sum_{j=1}^{N-1}\hat{Z}_j\hat{Z}_{j+1}\right)\left(\frac{t}{\hbar}\right)}\\ &\simeq \left(e^{-iJ(\hat{Z}_1\hat{Z}_2)\frac{t}{M\hbar}}\cdot e^{-iJ(\hat{Z}_2\hat{Z}_3)\frac{t}{M\hbar}}\cdots e^{-iJ(\hat{Z}_{N-1}\hat{Z}_N)\frac{t}{M\hbar}}\right)^M\end{aligned} \tag{E.4}$$

となり，NM 個の4行4列のゲート演算に近似できます。

E.2.2 断熱型計算モデルのシュレーディンガー方程式

断熱型計算モデルのシュレーディンガー方程式は，次のように書けます。

$$i\hbar\frac{d|\psi(t)\rangle}{dt} = \hat{\mathcal{H}}|\psi(t)\rangle = ((1-s(t))\hat{\mathcal{H}}_{\text{始}} + s(t)\hat{\mathcal{H}}_{\text{終}})|\psi(t)\rangle, \quad s(t) = 0 \to 1 \tag{E.5}$$

$\hat{\mathcal{H}}_{\text{始}}$ は始状態の，$\hat{\mathcal{H}}_{\text{終}}$ は終状態のハミルトニアンです。$\hat{\mathcal{H}}_{\text{終}}$ は求めたい問題のハミルトニアンであり，$\hat{\mathcal{H}}_{\text{始}}$ には波動関数がわかっている簡単なものを選びます。$s(t)$ を適切に変化させて解を求めます。

E.3 量子アニーリング方式量子コンピュータとシュレーディンガー方程式

量子アニーリング方式量子コンピュータの場合には，シュレーディンガー方程式はどのように解かれるのでしょうか。この節でも波動関数は時間だけの関数とし，波動関数を $|\psi(t)\rangle$ とおきます。

E.3.1 量子アニーリング法のハミルトニアン

N 個の格子点を持つイジング模型（3.3.2 項参照）に対するハミルトニアンは，次のように書けます。

$$\hat{\mathcal{H}}_{終} = -\sum_{j=1}^{N}\sum_{k=1(k>j)}^{N} J_{jk}\hat{Z}_j\hat{Z}_k - \sum_{j=1}^{N} h_j\hat{Z}_j, \quad \hat{\mathcal{H}}_{始} = -\sum_{j=1}^{N}\hat{X}_j \tag{E.6}$$

$\hat{\mathcal{H}}_{終}$の 右辺第 1 項はスピン間の相互作用，第 2 項は局所的な縦磁場の効果です。また，$\hat{Z}_j$ は格子点 j での z 方向（縦方向）のスピン演算子[※1]，J_{jk} は格子点 j と k のスピン間の相互作用の強さ，h_j は格子点 j での z 方向の磁場の強さです。$\hat{\mathcal{H}}_{始}$ は**横磁場**の効果であり，$\hat{X}_j$ は x 方向のスピン演算子です。

量子アニーリング法のシュレーディンガー方程式は，(E.5) の形で解くことが多いようです。すなわち，横磁場をだんだん弱くしていってエネルギーの最小状態を求め，量子アニーリングを達成します。

量子アニーラでは，各格子点でのスピンが各量子ビットとして組み込まれています。量子ビットは，スピンが上向きを $|0\rangle$，下向きを $|1\rangle$ と定義します。j と k の量子ビットの結合を J_{jk} に，h_j もセットして，まず横磁場をかけ，だんだん弱くしていきます。横磁場が 0 になったところで，各量子ビットは $|0\rangle$ か $|1\rangle$ のどちらかに落ち着きます。解は，各量子ビットの値を測定して得られます。

量子ゲート方式コンピュータでは，(E.6) の $\hat{\mathcal{H}}_{終}$ をトロッター分解して (E.4) にして解くこともできます。

※1 物理学では通常，パウリ演算子を $\hat{\sigma}_x, \hat{\sigma}_y, \hat{\sigma}_z$ と書く。ここでは，本文と同じく量子ゲートの記号 $\hat{X}, \hat{Y}, \hat{Z}$ を用いることにする。

E.3.2 巡回セールスマン問題のシュレーディンガー方程式

量子アニーリング法で具体的にどのようにシュレーディンガー方程式を書き，計算するのでしょうか。**巡回セールスマン問題**のハミルトニアンを例にとって書いてみます（参考文献 [西森]）。巡回セールスマン問題とは，N 個の地点を各 1 回ずつ訪れ，最短距離（または，最短時間，最小費用）で巡る問題です。

ここでは，A, B, C, D, E の 5 地点（$N = 5$）を巡る場合を考えることにします。**表** E.1 のような表を作り，1 番目に訪れる地点を 1 に，他の地点には 0 を入れます。同様に N 番目まで 0 か 1 を入れます（表 E.1)。表 E.1 では，ECBDA の順で巡ることになります。

表 E.1　巡回セールスマン問題の例のための表

地点	A	B	C	D	E
第 1 番目	0	0	0	0	1
第 2 番目	0	0	1	0	0
第 3 番目	0	1	0	0	0
第 4 番目	0	0	0	1	0
第 5 番目	1	0	0	0	0

地点を α, β $(\alpha, \beta = 1, 2, \cdots, N)$ で表すことにします。表 E.1 の各数値を $q_{\alpha,j}$ $(q_{\alpha,j} = 0 \text{ or } 1;\ j = 1, 2, \cdots, N)$ とし，各量子ビットに対応させます。α, β 間の距離を $d_{\alpha\beta}$ とすると，全体の距離 L は

$$L = \sum_{\alpha=1}^{N} \sum_{\beta=1}^{N} \sum_{j=1}^{N} d_{\alpha\beta} q_{\alpha,j} q_{\beta,j+1} \tag{E.7}$$

となります。ただし，$q_{\alpha,N+1}$ は次のように定義します。

$$q_{\alpha,N+1} = \begin{cases} q_{\alpha,1}: & \text{元の地点に戻るとき} \\ 0: & \text{元の地点に戻らないとき} \end{cases} \tag{E.8}$$

各行，各列の $q_{\alpha,j}$ はどれか 1 つだけ 1 で，後は 0 です。その条件式は

$$\sum_{\alpha=1}^{N} q_{\alpha,j} = 1, \quad \sum_{j=1}^{N} q_{\alpha,j} = 1 \tag{E.9}$$

ですから，解くべきハミルトニアン $\hat{\mathcal{H}}_{終}$ は

$$\hat{\mathcal{H}}_{終} = \sum_{\alpha=1}^{N}\sum_{\beta=1}^{N}\sum_{j=1}^{N} d_{\alpha\beta} q_{\alpha,j} q_{\beta,j+1} + a\sum_{\alpha=1}^{N}\left(\sum_{j=1}^{N} q_{\alpha,j} - 1\right)^2 + b\sum_{j=1}^{N}\left(\sum_{\alpha=1}^{N} q_{\alpha,j} - 1\right)^2 \tag{E.10}$$

となります。ここで，右辺第 2 項と第 3 項はペナルティとして加えた項であり，係数 $a\ (>0), b\ (>0)$ を適切にとって (E.9) の条件を満たすように決めるのです。

参考文献

量子情報科学既存書

[ニールセン] 『量子コンピュータと量子通信 I, II, III』, M.A. Nielsen・I.L. Chuang 著, 木村達也訳, オーム社, 2005 年。少し古いが量子情報の世界的に定番の参考書。演習問題も豊富だが略解は載っていない（ネットに一部出回っている（英語))。翻訳には（原書にも）ミスプリがあるので注意；Quantum Computation and Quantum Information 10th Anniversary Edition, Michael A. Nielsen and Isaac L. Chuang, Cambridge, 2014. この翻訳は無いようだ。内容がどれだけ新しくなっているのかはよくわからない（目次では 1 つの節だけなくなっている)。

[石坂] 『量子情報科学入門』, 石坂智・小川朋宏・河内亮周・木村元・林正人著, 共立出版, 2012 年, 2024 年第 2 版。定番の教科書としてきちんと書かれている。しかし, とくに数学的に厳密を期して書かれている章は, 初めて量子情報科学を学ぼうとする読者にはハードルが高そう。演習問題が豊富でその略解もきちんと書かれているのはありがたい。

[佐々木] 『量子情報通信』, 佐々木雅英・松岡正浩監修, オプトロニクス社, 2006 年。光通信に関して技術面についても発刊当時までの進歩がきちんと書かれている。

[バウミースター] 『量子情報の物理』, D. Bouwmeester, A. Ekert, A. Zeilinger 編, 西野哲朗・伊藤公平・津本哲史・川畑史郎・森越文明訳, 共立出版, 2007 年。理論的過ぎず実験的側面もわかりやすい。文献が詳細。問題・解答はない。

[富田] 『量子情報工学』, 富田章久著, 森北出版, 2017 年。例外はあるが一般にわかりやすく書かれている。演習問題はあるが解答は無い。

[佐川] 『量子情報理論第 3 版』, 佐川弘幸・吉田宣章著, 丸善出版, 2019 年。量子情報分野をカバーしているが, 密度行列や POVM などの記述は無い。

[細谷 2] 『量子と情報』, 細谷曉夫著, 裳華房, 2024 年。量子情報全般をカバーしてはいないが, 一読に値する。

[堀田] 『入門 現代の量子力学——量子情報・量子測定を中心として』, 堀田昌寛著, 講談社, 2021 年。量子力学を情報理論としてとらえ直した書。しかし, 量子情報科学の教科書ではない。

第 1 章

[渡邊 1] 『入門講義 量子論』, 渡邊靖志著, 講談社, 2023 年。

[渡邊 2] 『入門講義 量子コンピュータ』, 渡邊靖志著, 講談社, 2021 年。

第 2 章

［嶋田］『量子コンピューティング』，嶋田義皓著，オーム社，2020 年。

［宮野］『量子コンピューター入門』，宮野健次郎・古澤明著，日本評論社，第 2 版，2016 年。

［Hotta］「実験で実証された量子エネルギーテレポーテーション」，Hotta Masahiro, https://note.com/quantumuniverse/n/n2980661b69ec, 2023 年。

［Xie］"Extracting and Storing Energy From a Quasi-Vacuum on a Quantum Computer", by Songbo Xie, Manas Sajjan, and Sabre Kais, arXiv:2409.03973 (2024)；ほかの文献もこれに引用（arXiv（https://arxiv.org/）は，誰でも見られるので非常に便利）。

第 3 章

［小柴］『観測に基づく量子計算』，小柴武史・藤井啓佑・森前智行著，コロナ社，2017 年。

［東大］「伝搬する光の論理量子ビットの生成——大規模誤り耐性型量子計算への第一歩」，東京大学ほか，https://www.jst.go.jp/pr/announce/20240119/index.html

［後藤 1］「量子コンピュータ用誤り訂正技術の高効率化に成功——高性能な誤り耐性量子コンピュータの実現に道」，後藤隼人ほか（理研），https://www.riken.jp/press/2024/20240905_1/index.html

［IBM］「What's the difference between error suppression, error mitigation, and error correction?」，https://www.ibm.com/quantum/blog/quantum-error-suppression-mitigation-correction

［グランブリング］『米国科学・工学医学アカデミーによる量子コンピュータの進歩と展望』(Quantum Computing: Progress and Prospects)，Emily Grumbling and Mark Horowitz 編，西森秀稔訳，共立出版，2020 年。

［後藤 2］「シミュレーテッド分岐マシンの原理と応用」，後藤隼人著，表面と真空 Vol. 63, No. 3, pp. 129–133, 2020；https://www.jstage.jst.go.jp/article/vss/63/3/63_20180508/_pdf/-char/ja

［小林］『自然計算へのいざない』，小林聡・萩谷昌己・横森貴編著，近代科学社，2015 年。

第 4 章

［細谷］『量子コンピュータの基礎』，細谷曉夫著，サイエンス社，第 2 版，2009 年。

［西野］『量子計算』，西野哲朗・岡本龍明・三原孝志著，近代科学社，2015 年。

［御手洗］「量子コンピュータを用いた変分アルゴリズムと機械学習」，御手洗光祐・藤井啓祐著，日本物理学会誌 74, No. 9, 604–611 (2019).

［東野］『量子コンピュータの頭の中』，東野仁政著，技術評論社，2023 年。

［湊］『IBM Quantum で学ぶ量子コンピュータ』，湊雄一郎・比嘉恵一朗・永井隆太郎・加藤拓己著，秀和システム，2021 年。

第 5 章

［リープリーパー］「1,000 量子ビット超の量子コンピューター実現で I BM のライバル出

現！」，リープリーパー，https://www.leapleaper.jp/2023/11/09/ibms-rival-realize-over-1k-qbits-computing/
［古田］「光で原子をあやつる量子コンピューター」，古田彩著，日経サイエンス 2024 年 7 月号，日経サイエンス社，pp.31–47.
［MCPC］「量子コンピューティング最前線 2023」，MCPC，https://www.mcpc-jp.org/pdf/20230331_potential.pdf など。
［高橋］「イオントラップによる光接続型誤り耐性量子コンピュータ」，高橋優樹著，https://www.jst.go.jp/moonshot/sympo/20240327/pdf/06_takahashi.pdf
［理研 1］「【研究成果】超伝導量子コンピュータにおける新しい 2 量子ビットゲート方式の発明・実証——製造ばらつきに対する高い耐性、超伝導量子ビットの集積化を加速へ」，理研，https://www.riken.jp/press/2023/20230630_2/index.html, 2023 年；S.Shirai *et al.*, Phys. Rev. Lett. 130.260601 (2023); S.Shirai *et al.*, ArXiv:2303.06930[quant-ph].
［理研 2］「シリコン量子ビットの高精度読み出しを実現」，理研，https://www.riken.jp/press/2024/20240213_2/index.html
［東大 NTTNICT］「光量子計算プラットフォームに世界で初めて量子性の強い光パルスを導入——スパコンを超える光量子コンピュータへ突破口」，東京大学・NTT・NICT，https://group.ntt/jp/newsrelease/2025/01/17/250117a.html
［武田］「3 個の光パルスで様々な計算ができる 独自の光量子コンピュータを開発——日本発「究極の大規模光量子コンピュータ」のプロトタイプを実現」，武田俊太郎，https://www.t.u-tokyo.ac.jp/press/pr2023-07-26-001
［赤間］『DNA コンピュータがわかる本』，赤間世紀著，工学社，2015 年。

第 6 章

［wiki］“POVM”，https://en.wikipedia.org/wiki/POVM

第 8 章

［Deutsch］“Quantum privacy amplification and the security of quantum cryptography over noisy channels”, D. Deutsch *et al.*, ArXiv:9604039v1: Phys. Rev. Lett. 77, 2816 (1996); “On the analytical convergence of the QPA procedure”, C. Macchavello, ArXiv:9807074v1; Phys. Lett. A246, 385 (1998); “Purification of Noisy Entanglement and Faithful Transportation via Noisy Channels”, C. H. Bennett *et al.*, Phys. Rev. Lett. 76, 722 (1996).
［wikicat］“Cat state”，https://en.wikipedia.org/wiki/Cat_state
［中島］「量子情報で解き明かす重力理論」，中島林彦著，日経サイエンス 2021 年 6 月号，日経サイエンス社，pp.38–47.
［ギディングス］「ブラックホールの情報パラドックス解決への糸口」，Steven B. Giddings 著，野澤真人・白水哲也訳，日経サイエンス 2021 年 6 月号，日経サイエンス社，pp.28–36.

第 9 章

[ブリルアン]『科学と情報理論』，L. ブリルアン著，佐藤洋訳，みすず書房，1969 年 初版，2022 年 新装版。

第 10 章

[福井]「光の連続性を活用した量子誤り耐性向上手法」，福井浩介・富田章久・岡本淳・藤井啓祐著，日本物理学会誌 74, No. 10, 726 (2019).

[京大]「小さなエネルギーの励起光を用いて，特定の色中心からの単一光子発生に成功——ノイズが小さく良質な高効率単一光子源の実現に期待」，京都大学ほか，https://www.jst.go.jp/pr/announce/20240906/pdf/20240906.pdf

[Optipedia]「光ファイバーの損失特性」，Optipedia，https://optipedia.info/laser/fiberlaser/loss-1/

[Nagayama]「猫でもわかる量子インターネット」，Shota Nagayama，2019 年，https://shota.io/2019/12/24/quantum-internet.html

[木村]「情報から生まれる量子力学」，木村元著，日経サイエンス 2013 年 7 月号，日経サイエンス社，pp.46–53.

第 11 章

[XenoSpectrum]「中国，量子コンピュータで軍事レベルの暗号を解読——サイバーセキュリティに衝撃」，XenoSpectrum，https://xenospectrum.com/china-deciphers-military-level-encryption-with-quantum-computers/

[石井]『量子暗号——絶対に解読されない暗号をつくる』，石井茂著，日経 BP 社，2017 年。

[稲村]「暗号化／認証技術とその応用」，稲村雄著，https://www.nic.ad.jp/ja/materials/iw/1999/notes/C2.PDF

[二見]「光通信量子暗号 (Y-00) による超大容量光ファイバ暗号通信システムに関する研究 (継続)」，二見史生著，電気通信普及財団 研究調査報告書，2015 年，https://www.taf.or.jp/files/items/566/File/041.pdf

第 13 章

[CRDS]「量子コンピューティング・通信」，CRDS，2024，https://www.jst.go.jp/crds/pdf/2024/FR/CRDS-FY2024-FR-04/CRDS-FY2024-FR-04_20305.pdf

[NEDO]「量子コンピューター・ユースケース事例集」，NEDO，https://www.nedo.go.jp/news/press/AA5_101809.html

[阪大富士通]「数万量子ビットの量子コンピュータでも，現行コンピュータを超える速度で実用アルゴリズムを実行する方法を確立」，大阪大学・富士通，https://pr.fujitsu.com/jp/news/2024/08/28.html

[遠藤]「量子エラー抑制とその進展」，遠藤傑著，NTT 技術ジャーナル 2023 年 9 月号，pp.21–25，https://journal.ntt.co.jp/article/23092

[佐藤]「50 万量子ビットでスパコン超えも、エラー訂正で早まる量子計算機の実用

化」, 佐藤雅哉著, https://xtech.nikkei.com/atcl/nxt/column/18/00138/061601545/ 2024.06.19.

[zero2one] 「人工知能研究のブームと冬の時代」, zero2one, https://zero2one.jp/ai-word/progression-of-ai/

[富士通] 「超伝導量子コンピュータを開発し、量子シミュレータと連携可能なプラットフォームを提供」, 富士通, https://pr.fujitsu.com/jp/news/2023/10/5.html

[日本総研 1] 「量子コンピュータの動向と展望」, 日本総研, 2024 年 11 月 7 日 Ver.1.1, https://www.jri.co.jp/MediaLibrary/file/advanced/advanced-technology/pdf/15330.pdf

[インターフェース] 「第 1 章 量子コンピュータ」, インターフェース 2023 年 9 月号, p.44.

[鈴木] 「超伝導量子コンピュータのシステムの設計と開発」, 鈴木泰成著, NTT 技術ジャーナル 2023 年 9 月号, pp.17–20.

[京大 2] 「2 種類の同位体が拓く量子ビット読み出しの新展開――中性原子型量子コンピュータにおける課題を克服」, 京都大学, https://www.kyoto-u.ac.jp/ja/research-news/2024-12-11-1

[日立] 「シリコン量子コンピュータの実用化に向け、大規模集積に適した新たな量子ビット制御方式を提案」, 日立製作所, News Release, 2023 年 6 月 12 日, https://www.hitachi.co.jp/New/cnews/month/2023/06/0612.pdf

[理研古澤] 「新方式の量子コンピュータを実現――世界に先駆けて汎用型光量子計算プラットフォームが始動」, 理研, 東大, JST, NTT, FixstarsAmplify, ニュースレリース, https://group.ntt/jp/newsrelease/2024/11/08/241108a.html

[國廣] 「耐量子計算機暗号――標準化動向とアイデア」, 國廣昇著, KAGAKU Vol. 94 No. 3, pp.210–214 (2024).

[ニッポンドットコム] 「中国最新鋭の量子暗号衛星『墨子』」, ニッポンドットコム編集部, 2019 年 8 月 20 日, https://spc.jst.go.jp/hottopics/1909/r1909_npcom1.html

[松田] 「世界がしのぎ削る量子暗号通信」, 松田麻希著, 2024 年 1 月 27 日. https://www.sankei.com/article/20240127-5OXPPVRF75KGVBMJQZEJQBW7AY/

[カラパイア] 「インターネットケーブルを介した量子テレポーテーションを初めて実証」, カラパイア, https://karapaia.com/archives/476603.html ; arXiv:2404.10738v4

[日本総研 2] 「量子暗号通信に関する動向」, 日本総合研究所先端技術ラボ, 2021 年 2 月 1 日, https://www.jri.co.jp/MediaLibrary/file/advanced/advanced-technology/pdf/14523.pdf

[総務省] 「宇宙戦略基金実施方針(総務省計上分)」, https://www8.cao.go.jp/space/kikin/jissihousin_soumu.pdf ; 「衛星通信における量子暗号技術の研究開発 基本計画書」, https://www.soumu.go.jp/main_content/000544563.pdf ; 「グローバル量子暗号通信網構築のための研究開発 基本計画書」, https://www.soumu.go.jp/main_content/

000700928.pdf
［フォン・ベイヤー］「Q ビズム——量子力学の新解釈」，H.C. フォン・ベイヤー著，杉尾一訳，日経サイエンス 2013 年 7 月号，日経サイエンス社，pp.54–60；『QBism 量子 × ベイズ——量子情報時代の新解釈』，クリスチャン・フォン・バイヤー著，松浦俊輔訳，森北出版，2018 年。

付録 B

［早坂］「イオントラップを用いた量子計算」，早坂和弘著，電子情報通信学会「知識ベース」S2 群 5 編 3 章 3-9，2010 年，
https://www.ieice-hbkb.org/files/S2/S2gun_05hen_03.pdf
［Wilczek］“Quantum Mechanics of Fractional-spin Particles”, Frank Wilczek, Phys. Rev. Lett. 49, 057 (1982).

付録 C

［森前］『量子計算理論』，森前智行著，森北出版，2017 年。
［藤井］『驚異の量子コンピュータ——宇宙最強マシンへの挑戦』，藤井啓佑著，岩波書店，2019 年。

付録 E

［西森］『量子コンピュータが人工知能を加速する』，西森秀稔著，日経 BP 社，2016 年；『量子アニーリングの基礎』，西森秀稔・大関真之著，共立出版，2018 年；「量子アニーリング法と D-Wave」，西森秀稔著，情報処理，55，716–722（2014）

索　引

数字・欧字

あ行

か行

さ行

た行

な行

は行

ま行

や行

ら行

著者紹介

渡邊靖志

1944 年長野県生まれ。東京工業大学名誉教授。Ph.D.。1967 年東京工業大学理工学部物理学科卒業，東京大学大学院理学系研究科物理学専攻博士前期課程修了，米国コーネル大学大学院理学研究科物理学専攻博士後期課程修了，米国アルゴンヌ国立研究所研究員，東京大学理学部助手，現高エネルギー加速器研究機構助教授，東京工業大学大学院理学研究科教授，神奈川大学工学部教授，同大学非常勤講師。専門は素粒子物理学実験。著書に『入門講義　量子コンピュータ』，『入門講義　量子論』（以上，講談社），『素粒子物理入門』，『基礎の電磁気学』（以上，培風館），『理工系の物理学入門』，『理工系のリテラシー物理学入門』（以上共著，裳華房）などがある。

NDC421　297p　21cm

入門講義 量子情報科学

2025 年 4 月 22 日　第 1 刷発行

著　者　渡邊靖志
発行者　篠木和久
発行所　株式会社　講談社
〒 112-8001　東京都文京区音羽 2-12-21
販売　(03)5395-5817
業務　(03)5395-3615

KODANSHA

編　集　株式会社　講談社サイエンティフィク
代表　堀越俊一
〒 162-0825　東京都新宿区神楽坂 2-14　ノービィビル
編集　(03)3235-3701

本文データ制作　藤原印刷株式会社
印刷・製本　株式会社ＫＰＳプロダクツ

落丁本・乱丁本は，購入書店名を明記のうえ，講談社業務宛にお送りください。送料小社負担にてお取替えします。なお，この本の内容についてのお問い合わせは，講談社サイエンティフィク宛にお願いいたします。定価はカバーに表示してあります。

Printed in Japan

ISBN 978-4-06-539253-9